LED 封测及其应用丛书

光转换材料工业评估及应用

邹　军　　石明明　　杨波波　　郭春凤　**主编**

上海科学技术出版社

内 容 提 要

光转换材料是组成 LED 器件的必要元素,并且在 LED 的光学性能中起着十分关键的作用。《光转换材料工业评估及应用》共 8 章,全面介绍了光转换材料的概念、发展历程和专利分布等基础知识,以及不同光转换材料的发光原理、光学性能、可靠性及在 LED 中的应用实践等专业知识。

本书可以为从事光学相关领域的技术人员提供参考,也可作为高等院校、职业技术院校相关专业的教材。

图书在版编目(CIP)数据

光转换材料工业评估及应用 / 邹军等主编. -- 上海:
上海科学技术出版社, 2022.2(2024.7重印)
ISBN 978-7-5478-5615-4

Ⅰ. ①光⋯ Ⅱ. ①邹⋯ Ⅲ. ①发光材料-研究 Ⅳ.
①TB39

中国版本图书馆CIP数据核字(2021)第270323号

光转换材料工业评估及应用

邹　军　石明明　杨波波　郭春凤　主编

上海世纪出版(集团)有限公司
上海 科 学 技 术 出 版 社 出版、发行
(上海市闵行区号景路 159 弄 A 座 9F-10F)
邮政编码 201101　www.sstp.cn
上海当纳利印刷有限公司印刷
开本 787×1092　1/16　印张 15.75
字数: 350 千字
2022 年 2 月第 1 版　2024 年 7 月第 2 次印刷
ISBN 978-7-5478-5615-4/TN·31
定价: 85.00 元

编 委 会

主 编

邹 军　石明明　杨波波　郭春凤

副主编

李 杨　陈 跃　朱雨轩　耿宇晓

编 委

钱幸璐　上海应用技术大学

刘自转　上海应用技术大学

郑巧瑜　上海应用技术大学

郑 飞　上海应用技术大学

苏晓锋　烟台华创智能装备有限公司

杨 杰　宁波朗格照明电器有限公司

钱 麒　惠创科技(台州)有限公司

徐 欢　浙江安贝新材料股份有限公司

南青霞　嘉兴迪迈科技有限公司

陈 启　西双版纳承启科技有限公司

倪卫荣　浙江天惠钮扣股份有限公司

崔天艺　智慧芽信息科技(苏州)有限公司

杨雪舟　宁波朗格照明电器有限公司

赵 巍　烟台华创智能装备有限公司

于朝蓬　惠创科技(台州)有限公司

杨　磊　浙江亿米光电科技有限公司

马久金　江苏派锐电子有限公司

林森茂　天长市富安电子有限公司

安志国　苏州伟通成电子科技有限公司

苏维波　嘉兴润弘科技有限公司

徐　华　广东皇智照明科技有限公司

王才祥　广东皇智照明科技有限公司

李回城　上海肇民新材料科技股份有限公司

前 言

近年来,随着科学技术的不断进步,我国半导体照明事业也得到了充分的发展,尤其是 LED 照明技术得到了空前的发展,这也使人们的日常生活发生了翻天覆地的变化。据相关数据统计,就现阶段国内而言,总计 6 亿家庭中每个家庭最少使用 3 只 LED 照明灯,这意味着 LED 照明灯拥有巨大的需求市场。我国城市化进程不断加快,每年将新建各种公共场所 2000 万 m^2,这对 LED 照明灯的市场发展是难得的机遇。而光转换材料是组成 LED 器件的必要元素,在 LED 的光学性能中起着关键的作用。由于涉及的基本概念较多,在分析具体问题时又常常灵活多变,不少初学者虽然能看懂教材内容,但分析具体问题,尤其是一些综合问题时,却常常感到无从下手,难以掌握要领。本书是以国内高校普遍采用的光转换材料教材为基架,在作者长期的教学改革与创业实践的基础上编写而成的。

本书由 8 章组成:第 1 章整体介绍了光转换材料的概念、发光原理及产业发展和专利布局情况;第 2 章对荧光粉进行了详细的说明;第 3 章介绍了荧光薄膜的核心技术;第 4 章介绍了荧光玻璃陶瓷;第 5 章介绍了荧光晶体;第 6 章介绍了荧光陶瓷;第 7 章介绍了复合荧光体在白光 LED 中的应用;第 8 章介绍了蓄光型发光材料及其应用。

本书既有较为深入的理论阐述,又有实用性较强的应用技术,旨在为读者提供一本介绍 LED 光转换材料工业评估及应用的指南。希望本书的出版能够对我国 LED 光转换材料在工业应用及大面积推广中起到积极的作用。

本书由邹军、石明明、杨波波、郭春凤制定编写大纲并组建编写组以收集近年来国内外发展成果和工程实践案例,由李杨、陈跃、朱雨轩、耿宇晓、钱幸璐、刘自转、郑巧瑜、郑飞、苏晓锋、倪卫荣、杨杰、钱麒、徐欢、南青霞、陈启、崔天艺、杨雪舟、赵巍、于朝蓬、杨磊、马久金、林森茂、安志国、苏维波、徐华、王才祥和李回城等专家分工研写,最后由石明明、杨波波审定成稿。

本书在编写过程中得到了上海应用技术大学、宁波朗格照明电器有限公司、嘉兴迪迈科技有限公司、西双版纳承启科技有限公司、上海宬祺科技有限公司、浙江天惠钮扣股份有限公司、惠创科技(台州)有限公司、浙江安贝新材料股份有限公司、智慧芽信息科技(苏州)有限公司、烟台华创智能装备有限公司、浙江亿米光电科技有限公司、江苏派锐电子有限公司、天长市富安电子有限公司、苏州伟通成电子科技有限公司、嘉兴润弘科技有限公司、广东皇智照明科技有限公司、上海肇民新材料科技股份有限公司等单位的大力支持，以上单位的研究成果为本书编写提供了丰富的数据，在此表示衷心的感谢。

由于编写工作时间紧迫，加之编者水平有限，书中内容难免有不妥之处，恳请专家、读者批评指正。

编者

2022 年 01 月

目 录

第 1 章

绪　　论

1.1　光转换材料的发展历程

　　光转换材料是组成 LED 器件的必要元素，在 LED 的光学性能中起着关键的作用。在工作情况下，光转换材料被来自 LED 芯片的高密度光子能量和热能激发，由于热量、荧光晶体处于高激发态，并导致 LED 激发能量通过晶格弛豫转化为更多的热辐射而不是光辐射，这种过程称为斯托克斯位移，降低 LED 的光学性能，而且光转换材料产生的热能难以散发，导致光转换材料的温度积聚，并进一步降低光转换材料的光学性能。

　　高效光转换材料的设计合成一直是这个领域研究的重点，其核心设计思路是将 Ce^{3+} 或 Eu^{2+} 等发光中心引入具有特殊结构的基质材料中。例如，国外的 Daicho 等设计合成了一种具有层状结构的 $(Ca_{1-x}Sr_x)_7(SiO_3)_6Cl_{12}$ 基质材料，Eu^{2+} 在这种特殊的氯氧化物中实现了不刺眼的黄光发射；慕尼黑大学的 W. Schmick 等设计合成了一种无氧氮化物 $SrLiAl_3N_4$：Eu^{2+} 红色荧光粉，这种荧光粉能够在 GaN 蓝光芯片的驱动下发射出高效的窄带红光，并且表现出了优异的荧光热稳定性（在 200 ℃时，荧光量子效率保持为室温时的 95% 以上）。这一方面说明基质材料的结构设计对荧光粉的性能至关重要；另一方面说明这些具有特定光发射的荧光粉都需配合其他颜色的荧光粉来实现白光发射，而这必然带来不同荧光粉间的匹配性和色彩调控等一系列问题。虽然单相白光发射荧光粉由于自身高度的集成性而被广泛地研究，但是传统的多发光中心单相荧光粉制备基本是将发光中心统一地引入基质材料中。在微观结构角度上，多个发光中心被不加区分地分布在一个局部空间中，发光中心间的交叉弛豫现象变得尤为明显，这是导致多发光中心的单相白光发射荧光粉发光效率偏低的主要原因。因此，使用特殊的方法实现荧光粉的微结构调控，将不同的发光中心隔离开，为发光中心离子的跃迁构建一个足够合适的晶体场环境，同时降低发光中心间的交叉弛豫，将是提高荧光粉量子效率的有效手段。

　　光转换材料的选择一定要满足以下两个需求才可以应用于 LED 器件：①荧光材料的激发（PLE）谱必须与 LED 芯片的发射（PL）谱相匹配，这样才能使光转换材料被充分激发得到较高的光转换效率；②光转换材料的 PL 谱可与近紫外光或蓝光混合形成暖白光或白光。

　　目前常用的芯片波长有 355～365 mm、395～405 nm 和 455～465 nm，因此光转换材料的 PLE 谱也应在这些范围之内。同时，为了保证白光 LED 的发光品质，光转换材料还应具有化学及物理的高稳定性、不与基板芯片等材料产生化学反应、不易水解、颗粒细小不易团聚,且高热导率等特性。白光 LED 器件在点亮过程中会产生热量,此过程荧光粉处于高温状态,而荧光粉在高温下会出现猝灭效应,且复合荧光粉制备的 LED 器件在点亮过程中也会产生色坐标漂移。M. Meneghini 等研究指出,色温 4 000 K、显色指数 80 的 LED 器件在工作 1 000 h 后色坐标发生严重偏移,即从 ($x = 0.382$,$y = 0.376$) 变为($x = 0.387$,$y = 0.367$)。Daoguo Yang 团队研究发现,对 LED 灯具进行老化测试,LED 色坐标会出现明显的蓝移,其是由荧光粉在高温或高温高湿等环境下出现波长的偏移所致。复合荧光粉封装 LED 不仅要考虑其初态下的耦合机理,还需保证点亮过程中色坐标变化小、色容差基本不变,而目前国内外尚没有能够有效解决色坐标漂移问题的理论或实际方法,这是高品质白光 LED 面临的又一大挑战。目前白光 LED 封装技术会使荧光层受到芯片结温的影响产生光衰、荧光粉沉淀而导致光色不一致、色坐标漂移等问题。

1.2 光转换材料的概念及发光原理

人工照明始于 50 万年以前,自原始人类开始学会使用火以来,火焰就成为照明光源的主要形式。虽然人类文明的发展也促进了照明光源形式的进步,先后出现了各种人工照明的灯具,但是其发光光源一直采用燃烧火焰。直到 19 世纪末,爱迪生发明了白炽灯,人类才逐渐开始告别火焰照明的历史,进入人工照明新的历史阶段。随着工业技术革命的进步,20 世纪初又出现了荧光灯等新一代照明光源,1962 年 Ga($As_{1-x}P_x$)发光二极管的研制成功标志着以半导体照明为代表的第四代人工照明光源的出现。

1993 年,日本日亚化学公司首先在蓝光 GaN 发光二极管上取得技术突破,并于 1996 年采用光转换技术实现了白光 LED。白光 LED 相对于传统的白炽灯、荧光灯具有节能(低电压、低电流启动)、环保(无汞、废弃物可回收)和长寿命(大于 10 000 h)等优点。目前白光 LED 的实现方式主要有芯片组合型和光转换型。芯片组合型是指通过红、绿、蓝三色 LED 芯片混色实现白光。由于红光 LED 的光转化效率明显高于绿光 LED 和蓝光 LED 而必须通过复杂的控制电路才能实现混色平衡,因此该方法的成本较高、工艺性较差。光转换型是指通过蓝光 LED 激发荧光材料发射黄光,剩余的蓝光透射出来与黄光互补混合产生白光;或者利用涂敷在紫外或近紫外 LED 芯片上的荧光材料完全吸收 LED 发射产生的红光、绿光、蓝光,进而混合形成白光。发光模型如图 1-1 所示。

光转换材料都是由基体材料和掺杂离子(过渡金属离子或稀土离子)组成,其光转换特性是指光转换材料吸收外界激发光源的能量,引起电子能级跃迁,从而产生发射光源的性质。关于光转换特性的影响因素,概括起来主要有光转换材料的晶体场结构、猝灭效应、激发光源种类及颗粒形态等。

适用于白光 LED 的光转换材料至少应满足如下条件:

(1)良好的热稳定性。材料要有高的猝灭温度,因为白光 LED 芯片的激发密度约为 200 W/cm^2,比传统荧光灯高出 3 个数量级,这就要求光转换材料能承受 200 ℃的高温。

(2)化学与物理稳定性好,不潮解,不变色。

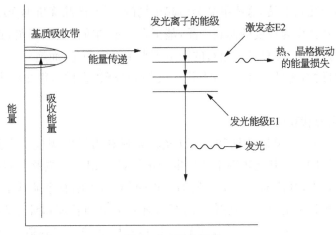

图 1-1　发光模型

（3）与封装材料不起化学反应。

（4）抗紫外线辐照能力强。

（5）在紫外区、紫区及蓝区有强吸收能力。

（6）光转换材料各种光色发射的激光谱峰位置应相同或相近，并与光源芯片的发射波长匹配。

此外，针对光谱特性要求，还应满足如下条件：

（1）在期望的光谱区域内，激发谱带要宽。

（2）期望的发射中心波长范围应是窄带。

（3）在激发波长下要有高的量子效率（＞90％）。

（4）高温下要有稳定的发射特性和高量子效率。

1.3　光转换材料专利宏观分析

1.3.1　产业发展概况

1962—2002 年，LED 光转换材料的"襁褓期"。这个阶段参与者少，为数不多的几家工厂互相鼓励。认证的怀疑、量产的掣肘、客户的担忧、公司的货源和配套的稚嫩，任何一点问题都足以毁灭这个产业。

2002—2006 年，这个阶段为光转换材料的"青春期"。巨大的利润增长空间和火箭般的发展速度吸引诸多同行进入。而行业的多元性和客户的强烈需求成为推动市场规模的两只巨大引擎，推动这个刚刚走出"襁褓"的产品快速走向主流。在巨大的利益驱动下，先前的认证问题、配套问题、成本问题、客户问题变得容易解决，早期的参与者已经赚得盆满钵满，未参与的厂商也希望分得一杯羹。

到 2016 年，行业也从"青春期"走向"成熟期"，成熟阶段的诸多特质也在慢慢显现出来，其中最核心的就是同质化产品和碾压性的价格。在这个阶段，光转换材料的主流量产品将会被压缩到十几款单品,这些单品会引起市场的降价,产品降价继而压缩供应商的利润空间。这些单品将成为极度的薄利产品,甚至在一定的阶段会出现负利润销售。此时,大厂的优势将会显现得淋漓尽致,绝对的渠道带来绝对的通量,而绝对的通量就带来巨大的成本优势,这时候市场虽然巨大,但不是人人都能分到"蛋糕",很多中小型工厂的订单甚至会"枯竭"。

1.3.2 市场现状和前景分析

在销量方面,2015—2020 年期间,LED 光转换材料市场的规模扩大到 2 倍以上,但是,考虑到价格明显下滑,其销售额不会发生变化。对于 LED 光转换材料的生产,如果采用最常用的构成要素,其技术门槛是很低的。正因如此,不断有企业涉足 LED 光转换材料市场。对于这些新进企业而言,它们几乎完全不需要品质管理和研发费用,因此这些新进企业能够以与荧光灯采用的三波长光转换材料一样低的成本制造 LED 光转换材料。为了获取市场份额,新进企业发起了激烈的价格竞争。

随着主要的 LED 光转换材料——钇铝石榴石($Y_3Al_5O_{12}$,YAG)荧光粉相关专利于 2017 年到期:一方面,中国大型 LED 厂商能更轻松地进入海外市场,北京宇极有限公司、有研稀土有限公司、烟台希尔德新材料有限公司、江西依路玛稀土发光材料有限公司及新力光源有限公司等将企业市场扩大,使 YAG 进一步变成大路货。另一方面,荧光材料厂商开始将业务重心转向氮化物等附加值更高的荧光材料。氮化物荧光材料虽然在过去20 年里也经历了价格大幅下滑,但仍保持着比较高的利润率。新兴供应商及英特美(Intematix)这样的老牌供应商都向通过强化知识产权在该领域有稳固领导地位的三菱化学发起了挑战。高附加值光转换材料价格急剧下降,其中一个原因就是供应商数量增加。中国出现了很多荧光材料供应企业,其中一部分在中国市场上还是有竞争力的。

虽然竞争环境发生变化,但光转换材料仍是一个特殊的市场,技术和知识产权是决定市场竞争力的一大因素。各厂商产品的性能和材料稳定性存在明显差异,其中只有很少一部分企业拥有这项技术专利。

从技术层面来讲,虽然黄色荧光材料 YAG 仍是主流,但附加值更高的是红色荧光材料,因为高显色指数的照明市场需要红色荧光材料。通用电气公司(GE)成功研发出了氟硅酸钾(PFS)荧光材料(窄带发光的红色荧光材料),目前已向夏普和日亚化学工业提供了授权,被用于多款高色域液晶电视机。量子点技术已经在显示器领域与传统荧光材料开始竞争。量子点技术的特点是可调节的窄带发光,能够实现色域、效率与有机 EL 显示器(OLED)同等或更高的液晶显示器。在 OLED 做好准备之前,量子点液晶显示器已迎来与 OLED 缩小性能差异的绝佳机会。如果大多数消费者不知道两种技术的差异,那么选购显示器时考虑的关键因素可能就是价格。另一方面,传统光转换材料也尚未退出历史舞台。如果 PFS 荧光材料的稳定性和衰减期得到改进并出现窄带绿色荧光材料,那么就能够在与 OLED 的竞争中占优势。与此同时,主要知识产权所有者与高性能荧光材料厂商会努力寻找市场新的增长领域,也就是因为需要高品质而能够维持高价格的领域。对于一般照明和平板显示器而言,消费者始终最重视的还是质量,故对高品质的需求不会消失。

因此,对于 LED 光转换材料来说,需要探究的方向主要有以下几点:首先,寻求高显色指数和高转换效率的光转换材料;其次,提高光转换材料的热导率,在高温下量子效率稳定和发射特性稳定,并且光衰要小;最后,由于大功率 LED 发展的需求,光转换材料不应该限制于荧光粉的研究,无机发光材料等也是有益的尝试。因此,新型光转换材料的开发是白光 LED 的核心与关键。此外,采用导热性好的透明无机发光材料替代荧光粉和有机封装材料是一种很好的解决方法。

1.3.3　专利现状

1.3.3.1　专利总量

截至 2020 年 12 月 31 日,在智慧芽专利检索平台检索全球范围内光转换材料方面的专利,检索范围包括中国(包括台湾地区)、美国、韩国、日本等 70 多个国家或地区,共得到光转换材料相关专利申请 7 545 件。

将 7 545 件专利检索进行专利失效分析,最后得到仍然生效的专利为 3 993 件、失效专利为 3 552 件,可见相当一部分光转换材料专利已经失效。专利失效原因是发明专利未授权、撤回、权利终止、放弃、避重授权、因未缴年费而提前失效或专利权届满。

1.3.3.2　申请年度趋势

将 7 545 件检索专利按照专利优先权年份统计可见,光转换材料专利申请数量在2002 年之前增长幅度基本不大,2002 年后专利申请数量一直快速增长,到 2006 年的申请量达到高峰。2006 年后呈现专利申请数量整体下降的趋势,到 2008 年光转换材料专利已下降到 120 件,而从 2008 年开始专利申请数量又呈现出增长的趋势,直到 2018 年达到历史最高峰,从此专利申请数量急剧下降,直到 2020 年光转换材料专利下降到227 件。

从年度专利申请总量分析,光转换材料专利在 2003 年后基本保持在每年 100 件以上,但美国和德国等国家在申请数量上一直是稳定的,说明这些国家对光转换材料的技术研究未进行大量的资金投入。中国在申请专利数量上有一定的波动,2015 年申请专利数量超过美国和德国,达到顶峰后持续降低。

从申请国家上看,光转换材料技术申请国家主要为中国、美国和德国,在三国之中,我国的申请专利数量占有很大比例。

专利检索至 2020 年 12 月 31 日,因部分申请的专利处于未公开状态,因此检索到的不包括该部分。

1.3.3.3　主要专利权人

在光转换材料专利申请的 7 545 件中,专利权人主要为哈佛大学、三星电子株式会社、奥斯兰姆奥普托半导体有限责任公司、普林斯顿大学、普廷数码影像控股公司、美光科技公司、达纳-法伯癌症研究所股份有限公司、加利福尼亚大学董事会、荣创能源科技股份有限公司、纪念斯隆-凯特琳癌症中心。它们共拥有专利 1 709 件,占世界总专利数的22.65%。其中,哈佛大学拥有 256 件,占世界总专利数的 3.39%;三星电子株式会社拥有 236 件,占世界总专利数的 3.13%;奥斯兰姆奥普托半导体有限责任公司拥有 234 件,占世界总专利数的 3.10%;普林斯顿大学拥有 205 件,占世界总专利数的 2.72%。

1.3.3.4 主要发明人

对7545件检索结果的专利发明人进行分析,排名前10位发明人信息见表1-1。

表1-1 全球光转换材料专利前10位发明人信息

序号	人名	专利数量	所属公司
1	Forrest,Stephen R	122	普林斯顿大学
2	Jang,Eun Joo	86	三星电子株式会社
3	Jun,Shin Ae	85	三星电子株式会社
4	Bulovic,Vladimir	70	普林斯顿大学
5	Rhodes,Howard E	61	普廷数码影像控股公司
6	Myers,Andrew G	59	哈佛大学
7	Mouli,Chandra	57	普廷数码影像控股公司
8	Derkacs,Daniel	53	索埃尔科技公司
9	Dranoff,Glenn	53	达纳-法伯癌症研究所股份有限公司
10	Harvey,Christopher	53	达纳-法伯癌症研究所股份有限公司

通过对排名前10位发明人的专利进行列表分析,可以看出发明人主要分布在索埃尔科技公司、普林斯顿大学、三星电子株式会社、普廷数码影像控股公司、哈佛大学和达纳-法伯癌症研究所股份有限公司。

1.3.3.5 专利技术领域分布

对7545件检索结果进行IPC分类号分析,具体分布如图1-2所示。

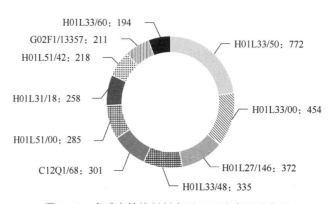

图1-2 全球光转换材料专利IPC分类号分布图

全球光转换材料专利IPC分类号专利数量包括:①772件属于H01L33/50(即波长转换元件);②454件属于H01L33/00(即至少有一个电位跃变势垒或表面势垒的、专门适用于光发射的半导体器件);③372件属于H01L27/146(即图像结构);④335件属于H01L33/48(即以半导体封装体为特征的);⑤301件属于C12Q1/68(即包括核酸);⑥285

件属于 H01L51/00（即使用有机材料作有源部分或使用有机材料与其他材料的组合作有源部分的固态器件）；⑦258 件属于 H01L31/18（专门适用于制造或处理这些器件或其部件的方法或设备）；⑧218 件属于 H01L51/42（专门适用于感应红外线辐射、光、较短波长的电磁辐射或微粒辐射）；⑨211 件属于 G02F1/13357（对红外辐射、光、较短波长的电磁辐射或微粒辐射敏感的，并且专门适用于把这样的辐射能转换为电能的，或者专门适用于通过这样的辐射进行电能控制的半导体器件）；⑩194 件属于 H01L33/60（反光元件）。

1.3.4 专利宏观分析

1.3.4.1 专利申请热点国家及地区

图 1-3 为全球光转换材料专利申请热点国家、地区和组织分布，其专利申请主要集中于美国、中国、欧洲专利局等。美国是该领域专利申请数量最多的国家，达到 2 189 件。中国、欧洲专利局等申请专利数量相对较多，世界上其他的国家及地区申请专利数量相对较少，说明这些国家和地区主要倾向于应用光转换材料。

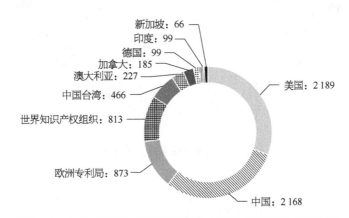

新加坡：66
印度：99
德国：99
加拿大：185
澳大利亚：227
中国台湾：466
世界知识产权组织：813
欧洲专利局：873
美国：2 189
中国：2 168

图 1-3 全球光转换材料专利申请热点国家、地区和组织分布图

1.3.4.2 专利技术点

对 7 545 件检索结果按照文本聚类分析可以得到近年全球专利主要技术点，如图 1-4 所示，可以发现光转换材料的专利研究主要集中在半导体、发光元件、组合物和光转换层。

1.3.4.3 技术来源国分析

将检索结果按照专利权人国籍统计分析发现，光转换材料的发明专利主要来自美国、中国、韩国、日本和德国等，如图 1-5 所示。这说明来自这几个国家的专利权人（发明人所在企业或研究机构）为该领域专利申请数量的主导，其中美国、中国遥遥领先，这两国几乎占据了光转换材料技术来源的一半，其次是韩国和日本。

1.3.4.4 各主要技术来源国光转换材料特点分析

1）美国

（1）光转换材料技术专利年度申请趋势。按国家（美国）进行筛选后得到 2 773 件专利，再按照专利优先权年份统计可知，其光转换材料技术的专利申请数量在 2002—2006

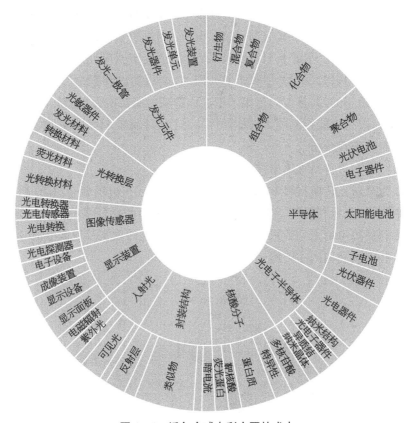

图 1-4　近年全球专利主要技术点

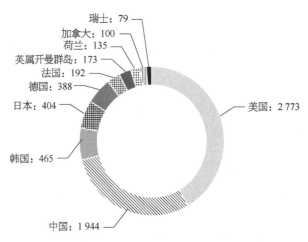

图 1-5　光转换材料专利主要技术来源国分析

年一直呈现增加趋势,2006 年专利申请数量增幅最大,达到顶峰(211 件)后逐渐下降,于 2008 年开始继续增长,直到 2014 年达到最大后又开始持续下降,说明美国比较注重光转换材料技术开发及应用。专利申请方主要来自美国、世界知识产权组织、欧盟和中国。

　　(2)光转换材料专利主要技术点。将美国光转换材料专利进行文本聚类分析,发现美国光转换材料专利研究主要集中在组合物、成像装置和光电器件三大核心领域。技术主要集中在化合物、衍生物、混合物和埃坡霉素等方面,其中化合物最多,尤其以治疗癌症、治疗性肽等医药方面居多,说明美国对光转换材料应用方面的专利申请大多集中在医药领域,这与美国重视医疗科技的政策导向相关。

2)中国

(1)光转换材料技术专利年度申请趋势。按国家(中国)进行筛选后得到1944件专利。按照专利优先权年份统计,专利权人为中国的光转换材料专利年度趋势如图1-6所示。从图中可见,光转换材料的专利申请数量在2002年前比较少,都只有1~2件;2002年以后开始逐渐增加,也有波动,并于2011年达到顶峰(141件)后减少,直到2018年又达到最大。专利申请方主要来自中国、世界知识产权组织和美国。

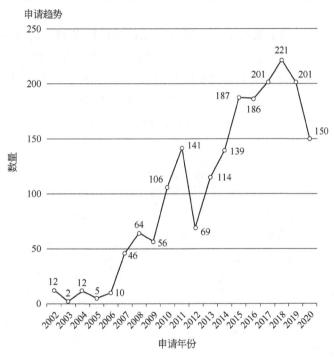

图 1-6 专利权人为中国的光转换材料专利年度申请趋势

(2)光转换材料专利主要技术点。将中国光转换材料专利进行文本聚类分析,发现发光元件和白光受激光这两个领域是中国在申请数量上最多的。技术主要集中在发光元件、白光受激光和显示设备方面,其中发光元件主要是发光二极管、发光器件和发光单元等,这些都与LED的光源材料应用有关。这是由于中国十分注重在LED光源材料方面的保护,在LED领域已占有一定的影响力。

3)韩国

(1)光转换材料技术专利年度申请趋势。按国家(韩国)进行筛选后得到465件专利。按照专利优先权年份统计,专利权人为韩国的光转换材料专利年度趋势如图1-7所示。

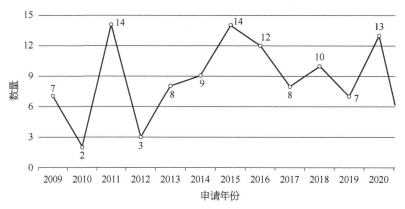

图1-7 专利权人为韩国的光转换材料专利年度申请趋势

（2）光转换材料专利主要技术点。将韩国光转换材料专利进行文本聚类分析，技术来源国为韩国的光转换材料技术点如图1-8所示。发现组合物和复合材料这两个领域是韩国申请数量上最多的。技术主要集中在组合物和复合材料上，其中组合物主要是量子点、照明装置等，复合材料主要是量子点聚合物、复合物等，这些都与半导体的光转换材料有关。这是由于韩国十分注重在半导体产品应用方面的保护。

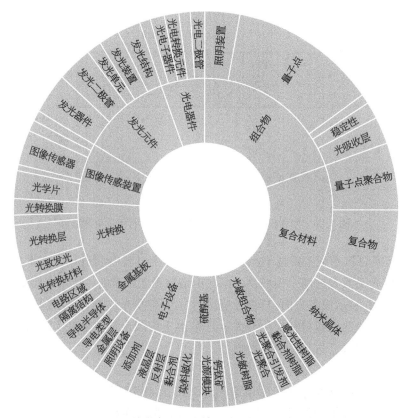

图1-8 技术来源国为韩国的光转换材料技术点

4) 日本

(1) 光转换材料技术专利年度申请趋势。按国家(日本)进行筛选后得到 404 件专利。按照专利优先权年份统计,专利权人为日本的光转换材料专利年度趋势如图 1-9 所示。从图中可见,其光转换材料技术的专利申请数量在 2002—2020 年有波动,但总体是呈增加再降低趋势,2011 年专利申请数量增幅最大,达到顶峰(30 件),而在 2016 年后逐渐下降。

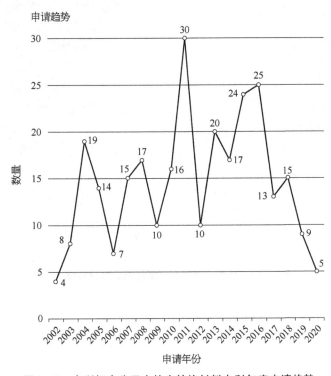

图 1-9 专利权人为日本的光转换材料专利年度申请趋势

(2) 光转换材料专利主要技术点。对日本光转换材料专利进行文本聚类分析,技术来源国为日本的光转换材料技术点如图 1-10 所示,可以发现光电转换、有机硅和氧化物这三个领域是日本申请数量上最多的。技术主要集中在光电转换、有机硅和氧化物方面,其中光电转换主要集中在光电转换元件、光电转换装置和光电二极管。

1.3.4.5 各主要技术来源国光转换材料专利对比汇总分析

根据光转换材料来源国专利量时间分布图分析可知,美国的专利数量以 2 773 件位居第一,中国和韩国分别以 1 944 件、465 件位居第二、第三。这说明该技术被美国、中国和韩国的企业所关注,也表明此三个国家在光转换材料上拥有较多的技术优势。

1.3.5 专利诉讼案分析

将全球光转换材料申请专利件筛选是否有诉讼案件进行检索,发现 13 件专利有过诉讼,可以看到光转换材料的诉讼整体数量较少,其年度诉讼如图 1-11 所示。从图中可知 2010 年最多达到 4 件,说明这些年企业在有关光转换材料方面的专利诉讼案件比较少。

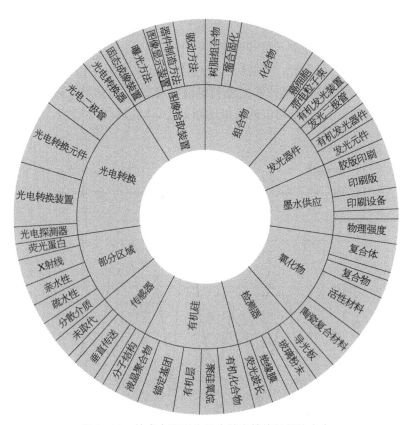

图 1-10　技术来源国为日本的光转换材料技术点

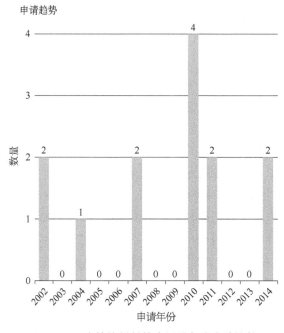

图 1-11　光转换材料技术诉讼年度申请趋势

涉及光转换材料诉讼的相关单位分别为浙江迈勒斯照明有限公司、哈佛大学、手持产品公司和杭州创元光电科技有限公司。

1.3.6　中国光转换材料专利分布

1.3.6.1　申请趋势分析

经智慧芽专利检索平台检索，截至 2020 年 12 月 31 日，共检索到中国光转换材料专利申请 1947 件。中国光转换材料专利申请与公开趋势如图 1-12 所示。由图可知，中国 2000 年以后光转换材料相关的专利申请才开始增长，第一个真正意义上的光转换材料是在 2000 年由中国科学院长春光学精密机械与物理研究所提出的白色电致发光（EL）材料，其主要由无机荧光材料和蓝色或蓝绿色发光材料组合而成。该材料利用蓝色或蓝绿色发光材料的电致发光与无机荧光材料的光致发光转换按比例混合，形成白色电致发光，其中蓝色或蓝绿色发光材料包含激活剂和共激活剂。该发明具有亮度高、使用寿命长和发射光谱稳定等优点，可以广泛用于液晶背景照明、仪器仪表显示等领域。

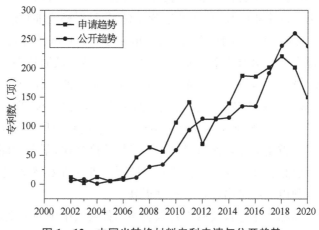

图 1-12　中国光转换材料专利申请与公开趋势

2000—2004 年，中国的光转换材料专利申请一直处于缓慢的发展阶段，仅仅有小幅增加，在这一阶段，专利的申请主要集中在材料、结构技术分支及应用分支上，前期主要以发光材料专利为主，后期逐渐出现了各种发光二极管的专利。

例如，由中国科学院长春光学精密机械与物理研究所提出的稀土掺杂锗酸盐玻璃及其制备方法，这种玻璃由 $(Ca_{1-x-y}R_xCd_y)_3Al_2(Ge_{1-z-x}Si_zAl_x)_3O_{12}$ 组成，R 为 15 种稀土元素，少量 Sc^{3+} 可直接取代 Al^{3+}。这类玻璃性能稳定、折射率高，在紫外至近红外区具有宽的吸收和发射光谱，以及优良的光传输特性，可有效地被紫外—可见—近红外光激发，实现上转换和下转换发光，转换效率高。由其制成的各种型材和细纤维在光通信、激光、发光、红外探测、特种玻璃及光电子技术中有着重要和广泛用途。

浙江迈勒斯照明有限公司提出用玻璃管封装的 LED 灯泡，包括至少有两个发光二极管芯片，它们被安装在至少一个反射体上，反射体被安装在基板和散热器上，透光容器安装在反射体上方，透光容器内壁有光转换材料，可将发光二极管芯片发出的光转变成所需颜色的光。该灯泡至少需要一个驱动电路和一个电连接器,电连接器与外电源相连,其输出与发光二极管芯片相连。

沈阳方大半导体照明有限公司提出含有复合发光材料的白光发光器件和发光材料的制备方法,器件包括 LED、封装材料和复合荧光体,其特点是白光发光器件中含有一种或多种有机/无机复合荧光体,该荧光体是采用溶胶-凝胶或原位合成的湿化学方法将有机光学活性分子掺杂在无机基质材料中制得,可将 LED 发射的 $350\sim500$ nm 波长的光转换为其他波长的光,通过不同颜色光的混合产生令人舒适的白光。白光发光器件具有光转换效率高、发光亮度大、节能环保及光色接近自然光等优点,而且其生产工艺简单、成本低廉。

2005—2011 年,光转换材料相关专利在中国增长很快,各技术分支这一阶段都在全面增长,说明该阶段中国的光转换材料市场开始显现,各申请国都注意到了光转换材料的未来市场。比如,深圳光峰科技股份有限公司在 2006 年申请了高效荧光转换的 LED 光源及背光模块,包括设置在反射杯或准直透镜底部的 LED 以及设置在顶部一预定厚度的荧光粉层;还包括第一截止滤波片,介于前述荧光粉层、反射杯或准直透镜顶部之间,来自 LED 预定波长范围的光子以小于预定值的入射角穿透该截止滤波片,而背向荧光光子则为之所反射,从而提高荧光萃取效率。此外,还把与该滤波片波通特性相反的第二截止滤波片设置在所述荧光粉层上,便于荧光光子穿透该第二截止滤波片,同时由该两个滤波片所构成的腔结构将多次反射未被荧光粉吸收的激励光子,以充分提高激励光子的被吸收率。本产品具有突出的荧光转换效果,同时结构和工艺简单,便于低成本实现。这一阶段,一些关键技术的突破使得光转换材料技术的发展速度加快,很多方面已经达到了实际应用的要求,越来越引起企业的重视,吸引了一批国内外企业加入光转换材料的研发行列,使光转换材料专利申请数量出现较大幅度提高。

在这一阶段中,以深圳光峰科技股份有限公司为代表的中国内地企业,以中山大学为代表的中国内地高校和科研机构,以荣创能源科技股份有限公司(台湾)为代表的中国台湾企业开始大量申请中国专利。比如,中山大学提出的一种白光 LED 用荧光粉及其制备方法,其化学组成表示式为 $m(M_{1-x-y}RE_xAy_S)\cdot n(Al_2S_3)$,其中,M 为 Mg、Ca、Sr、Ba、Zn、Cd 中至少一种元素;RE 为 Ce、Eu 中至少一种元素;A 为 Mn、Pr、Sm、Tb、Dy 中一种元素;m 和 n 为相应硫化物 $(M_{1-x-y}RE_xAy_S)$ 和 (Al_2S_3) 的摩尔系数,x 和 y 分别为 RE 和 A 相对 M 所占的摩尔百分比系数,$0.001\leqslant x<1$;$0\leqslant y<1$;$1\leqslant m\leqslant5$;$n=1$ 或 $n=2$。该荧光粉的制备方法为:按化学式的配比使用所选元素的单质或化合物进行配料,研细混匀后,在还原保护气氛中煅烧,冷却后粉碎过筛而成。该荧光粉在 $300\sim500$ nm 光线激发下发出 $420\sim700$ nm 不同颜色的光,适用于近紫外光或蓝光 LED 芯片,具有发光强度高、激发波长宽等特点。展晶科技(深圳)有限公司申请的化合物半导体元件的封装模块结构及其制造方法,除了提供薄型化的应用外,该化合物半导体封装模块结构的整个下表面均为散热薄层,可有效逸散化合物半导体元件所发出的热,增加散热速率,进而增加化合物半导体的亮度、热稳定度和使用寿命。在这一阶段不仅仅在国内进行专利布局,也在国外进行专利布局,主要集中在世界知识产权组织和美国。

　　2012—2019 年,专利的申请数量在 2012 年突然降低,说明此时光转换材料遇到部分技术瓶颈,原先有的技术有部分开始应用,但从 2013 年开始每年逐渐递增。此阶段,中国的荣创能源科技股份有限公司、广东晶科电子股份有限公司、京东方科技集团股份有限公司、江苏诚睿达光电有限公司等纷纷建立起了生产线,表明光转换材料技术开始由实验阶段走向了实际应用。此阶段很多专利申请开始倾向于光转换材料的量产和工业使用的技术。例如,京东方科技集团股份有限公司在申请号 201910009463.7 公开的显示装置、制作方法及利用其进行信息采集的方法,其中,显示装置中的显示面板具有多个子像素,部分子像素为设置有光转换材料的信息采集子像素,光转换材料可吸收信息采集子像素发出的光并向外界物体发射红外光;信息接收器件设置在显示面板显示区的至少一侧,信息接收器件用于接收被外界物体反射后的红外光信号,并根据红外光信号获取所述外界物体的深度信息。发明人发现,该显示装置结构简单、易于实现、成本低,可以同时实现显示功能、信息采集或空间定位功能,获得外界物体的深度信息的精度高,且显示装置的优良率高、产品性能优异。广东晶科电子股份有限公司在申请号为 201410480126.3 公开的广色域 LED 发光器件及其背光组件,提供一种广色域 LED 发光器件及含有该发光器件的 LED 背光组件,采用本发明结构的 LED 发光器件,其在荧光转换层中添加在 460~510 nm 波段范围有强吸收的荧光转换材料,利用在 460~510 nm 波段范围有强吸收的荧光转换材料将影响色纯度的 G/B 之间重叠的蓝绿光波段吸收,同时不影响 G/B 峰值的强度,在原有 NTSC 基础上可实现更广的色域,这些专利的提出都为光转换材料的发展和量产奠定了基础。

1.3.6.2　申请人分析

　　图 1-13 为各国家在中国的专利申请分布情况。由图可知,在专利技术申请中,中国本土申请人的专利申请数量所占比例最大,申请数量达到 1 947 件,而美国在中国仅有少量专利申请。

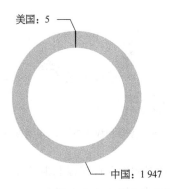

美国: 5

中国: 1 947

图 1-13　各国家在中国申请专利分布

　　而对中国申请人来说,广东省以 412 件专利申请数量位居第一,说明广东省特别重视光转换材料在国内的市场;江苏省以 254 件专利申请数量位居第二;浙江省以 151 件专利申请数量位居第三;北京、台湾、上海的光转换材料专利申请分别为 141 件、119 件、83 件,此三省(市)在中国光转换材料专利申请中也具有一定的优势。另外,山东、福建、吉林、辽宁分别以 70 件、67 件、42 件、27 件专利申请数量位居其后,如图 1-14 所示。

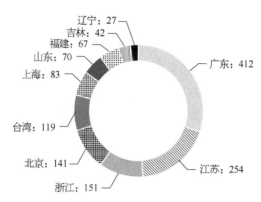

图 1-14　中国主要省(市)在中国申请专利分布

将各国在中国申请专利的状况展开得到主要申请专利权人在中国申请专利的分布情况,如图 1-15 所示。从图中可以看出,在前 10 位的专利权人中,分别为荣创能源科技股份有限公司(台湾)、Jiangsu Cherrity Optronics Co., Ltd、广东晶科电子股份有限公司、京东方科技集团股份有限公司、展晶科技(深圳)有限公司、荣创能源科技股份有限公司(深圳)、群创光电股份有限公司、江苏诚睿达光电有限公司、纳晶科技股份有限公司和中山大学,其申请数量分别为 54 件、43 件、38 件、35 件、35 件、35 件、34 件、28 件、28 件和27 件。

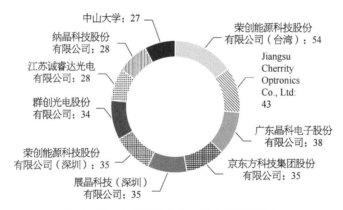

图 1-15　各专利权人在中国申请专利分布

图 1-16 为中国各高校、研究所申请光转换材料专利排名前 10 位的专利权人,由图可以看出,中山大学、中国计量学院、华南师范大学位于前三名,其申请的光转换材料专利数分别为 27 件、18 件、18 件,中国科学院长春光学精密机械与物理研究所为 16 件,福建农林大学、上海师范大学、苏师大半导体材料与设备研究院有限公司、江苏师范大学、中国科学院上海硅酸盐研究所和上海应用技术大学的专利数量分别为 14 件、14 件、14 件、13件、12 件、11 件。

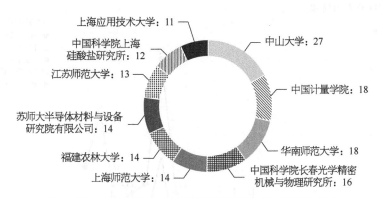

图 1-16　中国各高校、研究所申请光转换材料专利前 10 位

1.3.6.3　技术分类

对中国 LED 光转换材料专利技术分类构成做分析,得到其技术分类各年申请情况及趋势(图 1-17)。中国光转换材料专利技术分类各省(市)分析如图 1-18 所示,各省(市)按技术分类的专利申请数量见表 1-2。

表 1-2　各省(市)按技术分类的专利申请数量

IPC 分类号	广东	江苏	浙江	台湾	北京	吉林	山东	江西	上海	陕西
H01L33/50	106	63	27	25	21	15	13	10	9	7
H01L33/48	76	26	10	12	4	0	6	2	0	1
H01L33/00	34	23	27	12	7	2	3	0	3	0
G02F1/13357	67	11	20	15	1	0	3	0	1	2
H01L33/60	45	5	5	6	2	0	2	3	0	0
H01L27/32	16	8	3	16	14	0	0	0	0	0

由表 1-2 可知:关于 H01L33/50 方面的专利申请,广东、江苏、浙江位居前三名,申请数量分别为 106 件、63 件、27 件。关于 H01L33/48 方面的专利申请,广东以 76 件位居第一,江苏以 26 件排名第二,浙江则以 10 件位居第三名。关于 H01L33/00 方面的专利申请,广东以 34 件位居第一,浙江以 27 件排名第二,江苏则以 23 件位居第三名。关于 G02F1/13357 方面的专利申请,广东以 67 件位居第一,浙江以 20 件排名第二,台湾则以 15 件位居第三名。关于 H01L33/60 方面的专利申请,广东以 45 件位居第一,台湾以 6 件排名第二,浙江、江苏则以 5 件并居第三名。关于 H01L27/32 方面的专利申请,广东、台湾、北京分别以 16 件、16 件、14 件位居前三名。

1.3.6.4　广东省光转换材料专利分析

广东是全球光电产品生产制造基地,其光电材料产业发达,有规模的生产企业达 5 000 多家,关联企业 30 000 多家,年产值 3 000 多亿元人民币,占全国照明行业总产值近

IPC分类申请趋势

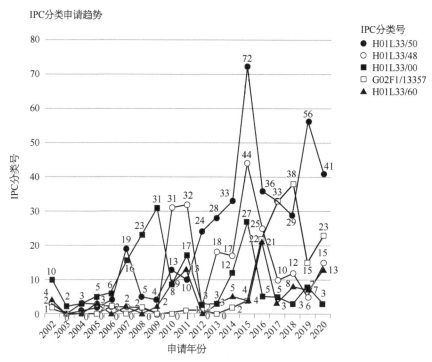

图1-17 中国光转换材料专利技术年度申请趋势

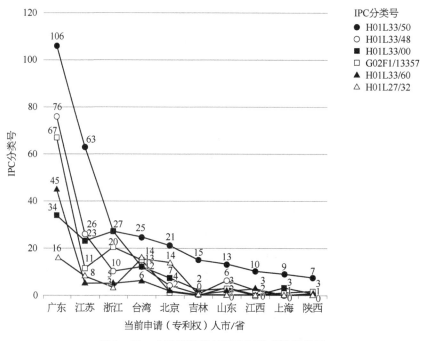

图1-18 中国光转换材料专利技术地区分析

60%。广东光电行业总出口额超过331亿美元。广东省拥有比较完整的产业链、自主核心技术和知识产权,随着行业规模的扩大,企业亟须拓宽国际市场,因此本小节详细介绍广东省的光转换材料专利情况。

1) 专利年度趋势

由图 1-19 可知,对广东省而言,LED 光转换材料专利申请直到 2004 年才开始,然后是一个缓慢增长的过程,此时以中山大学和荣创能源科技股份有限公司(深圳)为主;2009—2018 年,广东省申请数量比较多,广东省很多企业开始大量申请相关专利。

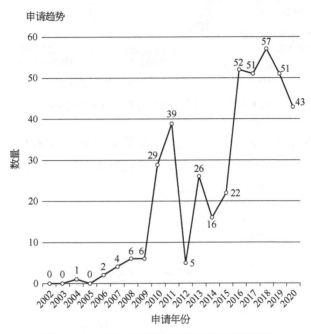

图 1-19　广东省光转换材料专利年度趋势图

2) 申请人构成(图 1-20)

广东晶科电子股份有限公司:38 件。技术主要集中在 H01L33/50、H01L33/48、H01L33/60、H01L33/56、H01L33/62 等,将其按照文本聚类分析,前三为波长转换层、显示模组和防蓝光。其中,波长转换层主要包括微发光二极管、光转换层、荧光胶层、蓝光芯片和导电发光;显示模组包括直下式、反射式、背光组件、背光模组、光学膜片;防蓝光包括单色光、高色域、转换光、广色域。

展晶科技(深圳)有限公司:35 件。技术主要集中在 H01L33/48、H01L33/00、H01L33/60、H01L33/62、H01L33/64 等,将其按照文本聚类分析,主要为电路结构、反射结构和封装结构等。

荣创能源科技股份有限公司(深圳):35 件。技术主要集中在 H01L33/48、H01L33/00、H01L33/60、H01L33/62、H01L33/64 等,将其按照文本聚类分析,主要为电路结构、反射结构和封装结构等。

中山大学:27 件。技术主要集中在 C09K11/78、H0L33/50、C03C4/12、H0L33/00、C09K11/79 等,将其按照文本聚类分析,主要为光转换材料、化学组成、无机钙和玻璃原料等。

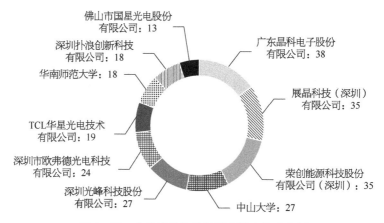

图 1-20 广东省光转换材料申请人构成分析

深圳光峰科技股份有限公司：27 件。技术主要集中在 G0B21/20、C04B35/64、C04B35/622、C04B35/10、C04B35/581 等，将其按照文本聚类分析，主要为 LED 球泡灯、LED 光源组件、电源模块、散热外壳、LED 灯珠。

3）技术分类构成

广东省技术分类专利申请数目见表 1-3。

表 1-3 广东省技术分类专利申请数目

IPC 分类号	专利数	IPC 分类号	专利数
H01L33/50	86	H01L25/075	28
G02F1/13357	64	H01L33/64	25
H01L33/48	61	H01L33/62	23
H01L33/00	33	C09K11/02	21
H01L33/60	32	C09K11/78	17

由表 1-3 中可以看出，广东省的企业和高校的光转换材料专利申请主要集中在：波长转换元件；照明装置；以半导体封装体为特征的；至少有一个电位跃变势垒或表面势垒的专门适用于光发射的半导体器件；专门适用于制造或处理这些半导体器件或其部件的方法或设备；这些半导体器件的零部件（H01L51/00 优先；由在一个公共衬底中或其上形成有多个半导体组件并包括具有至少一个电位跃变势垒或表面势垒，专门适用于光发射的器件入 H01L27/15；半导体激光器入 H01S5/00）；包含在 H01L33/00 组类型的器件。

1.3.7 光转换材料专利现状

1.3.7.1 中国光转换材料专利现状

我国在光转换材料技术方面的研究起步并不晚。1994 年，国内已经有人开始研究光转换材料。至今为止，已经有几十家高校和研究所在从事光转换材料的研发工作，其中中山大学、中国计量学院、华南师范大学、中国科学院长春光学精密机械与物理研究所、福建农林大学、上海师范大学、苏师大半导体材料与设备研究有限公司、江苏师范大学、中国科学院上海硅酸盐研究所和上海应用技术大学等在机理研究、材料开发、器件结构设计等方面做了很多工作,尤其在材料与工艺技术方面取得了很大的进展。自 1995 年起,国内已有广东、浙江、福建、上海、江苏等地的多家公司开始介入光转换材料产业。

1.3.7.2　光转换材料专利技术发展方向及建议

当前,世界光转换材料产业还处于产业化初期,我国拥有良好的发展基础和巨大的市场需求,前景广阔,是难得的发展机遇。因此,可采取如下措施实现光转换材料产业的快速发展:

(1)积极参与国家光转换材料产业联盟建设。我国需要在国家层面加快建立光转换材料产业联盟,形成以企业为龙头,集聚高等院校、科研机构、海外力量建立国家级光转换材料工程技术中心,并进行合理分工,协同攻关光转换材料核心技术,构建光转换材料专利库,促进我国光转换材料产业的稳步发展。

(2)设立光转换材料发展基金。光转换材料构造简单、生产流程不复杂,极大地降低了市场进入门槛和投资风险。可以通过设立产业发展基金、直接参股、科研经费直接拨款等方式,支持光转换材料技术研发和产业推广。企业可以通过股权融资、国家开发银行优惠贷款、商业银行贷款等方式解决资金问题。

(3)引进国内外光转换材料研发和生产机构。我国光转换材料产业化基础良好,企业已建立光转换材料量产线,一批高校和科研院所也取得了较大的研究成果,因此可优化发展环境,有针对性地引进光转换材料研发和生产机构,大力发展光转换材料产业。

(4)发展光转换材料配套行业。目前,光转换材料技术还有巨大的发展潜力,在材料和器件的研制及制造工艺方面率先取得突破的就可能取得行业的主导权。我国在光转换材料器件研发方面已掌握了很多关键技术,这是一个巨大的优势。但我国光转换材料还缺乏产业配套,可选择发展我国紧缺的或已取得重大突破并适合本地情况的配套行业,在光转换材料产业链中找到适合的位置。

总之,光转换材料产业只有获得政府的持续支持、企业的长期投入和坚持不懈的努力,才可以推动我国在该领域实现跨越式发展。

参考文献

[1] Shur M S, ukauskas A. Solid-state lighting: toward supe-rior illumination [J]. Proc IEEE, 2005, 93(10): 1691.

[2] Holonyak N, Bevacqua S F. Coherent (visible) light emis-sion from Ga(As$_{1-x}$P$_x$) junctions [J]. Appl Phys Lett, 1962,1(4): 82.

[3] Nakamura S, Mukai T, Senoh M. Candela-class high-brightness InGaN/AlGaN double-heterostructure blue-light-emitting diodes [J]. Appl Phys Lett, 1994,64(13): 1687.

[4] Nakamura S, Fasol G. The blue laser diode: GaN basedlight emitters and lasers [M]. Berlin: Springer-Verlag, 1997.

[5] 苏锵. 稀土元素——您身边的大家族[M]. 北京: 清华大学出版社,2000.

［6］ Kim J S, Jeon P E, Choi J C, et al. Warm-white-light emit-ting diode utilizing a single-phase full-color $Ba_3 MgSi_2 O_8$: Eu^{2+} , Mn^{2+} phosphor [J]. Appl Phys Lett, 2004,84(15): 2931.

［7］ Kim J S, Jeon P E, Park Y H, et al. White-light generation through ultraviolet-emitting diode and white-emitting phos-phor [J]. Appl Phys Lett, 2004,85(17): 3696.

［8］ Li Qiang, Gao Lian, Yan Dongsheng. The crystal structure and spectra of nano-scale YAG: Ce^{3+} [J]. Mater Chem Phys, 2000,64: 41.

［9］ Lu C H, Jagannathan R. Cerium-ion-doped yttrium aluminum garnet nanophosphors prepared through sol-gel pyrolysis for luminescent lighting [J]. Appl Phys Lett, 2002,80(19): 3608.

［10］ Zhou Shihong, Fu Zuoling, Zhong Jingjun, et al. Spectral properties of rare-earth ions in nanocrystalline YAG-Re(Re＝Ce^{3+} , Pr^{3+} , Tb^{3+})[J]. J Luminesc, 2006,118: 179.

［11］ Blasse G, Bril A. A new phosphor for flying-spot cathode-ray tubes for color television: yellow-emitting $Y_3 Al_5 O_{12} - Ce^{3+}$ [J]. Appl Phys Lett, 1967,11(2): 53.

［12］ Schlotter P, Schmidt R, Schneider J. Luminescence conversion of blue light emitting diodes [J]. Appl Phys A, 1997,64: 417.

［13］ Tamura T, Setomoto T, Taguchi T. Illumination characteristics of lighting array using 10 candela-class white LEDs under AC 100 V operation [J]. J Luminesc, 2000,87 - 89: 1180.

［14］ 姚光庆,冯艳娥,等. 氮化镓发光二极管蓝光材料的合成和发光性质[J]. 物理化学学报,2003,19(3): 226.

［15］ Pan Yuexiao, Wu Mingmei, Su Qiang. Tailored photolumi-nescence of YAG-Ce phosphor through various methods [J]. J Phys Chem Solids, 2004,65: 845.

［16］ Li Yongxiu, Min Yulin, Zhou Xuezhen, et al. Coating and stability of YAG: Ce^{3+} phosphor synthesized using inor-ganic-organic hybrid gel method [J]. Chinese J Inorganic Chem, 2003,19(11): 1169.

［17］ Yao Guangqing, Duan Jiefei, Ren Min, et al. Preparation and luminescence of blue light conversion material YAG: Ce [J]. Chinese J Luminesc, 2001,22: 21.

［18］ Xia Guodong, Zhou Shengming, et al. Structural and optical properties of YAG - Ce^{3+} phosphors by sol-gel combus-tion method [J]. J Crystal Growth, 2005,279: 357.

［19］ Li J G, Ikegami T, Lee J H, et al. Co-precipitation synthe-sis and sintering of yttrium aluminum garnet(YAG) pow-ders: the effect of precipitant [J]. J Eur Ceram Soc, 2000,20: 2395.

［20］ Kang Y C, Park S B, Lenggoro I W, et al. Preparation of non-aggregation YAG-Ce phosphor particles by spray pyrol-ysis [J]. J Aerosol Sci, 1998,29(suppl. 1): S911.

［21］ Qi Faxin, Wang Haibo, Zhu Xianzhong. Spherical YAG: Ce^{3+} Phosphor particles prepared by spray pyrolysis [J]. J Chinese Rare Earth Society, 2005,23(5): 568.

［22］ Souriau J C, Jiang Y D, Penczek J, et al. Cathodolumines-cent properties of coated $SrGa_2 S_4$: Eu^{2+} and ZnS: Ag, Cl phosphors for field emission display applications [J]. Mater Sci Eng, 2000,B76: 165.

［23］ Huh Y D, Shim J H, Kim Y, et al. Optical properties of three-band white light emitting diodes [J]. J Electrochem Soc, 2003,150: H57.

［24］ Murakami K, Kudo H, Taguchi T, et al. Compound semi-conductor lighting based on InGaN ultraviolet LED and ZnS phosphor system [C]. IEEE International Symposium on Compound Semiconductors Proceedings, 2000. 449.

［25］ Zhang Xinmin, Liang Lifang, Zhang Jianhui, et al. Luminescence properties of ($Ca_{1-x} Sr_x$) Se: Eu^{2+} phosphors for white LEDs application [J]. Mater Lett, 2005,59: 749.

［26］ Sato Y, Takahashi N, Sato S. Full-color fluorescent display devices using a near-UV light-emitting diode ［J］. Jpn J Appl Phys，1996，35(7A)：L838.

［27］ Zhang J, Takahashi M, Tokuda Y, et al. Preparation of Eu-doped $CaGa_2S_4$-CaS composite bicolor phosphor for white light emitting diode ［J］. J Ceram Soc Japan，2001，112：511.

［28］ Park J K, Lim M A, Kim C H, et al. White light emitting diodes of GaN-based Sr_2SiO_4：Eu and the luminescent properties ［J］. Appl Phys Lett，2003，82(5)：683.

［29］ Park J K, Kim C H, Park S H, et al. Application of stron-tium silicate yellow phosphor for white light-emitting diodes ［J］. Appl Phys Lett，2004，84(10)：1647.

［30］ Park J K, Choi K J, Yeon J H, et al. Embodiment of the warm white-light-emitting diodes by using a Ba^{2+} codoped Sr_3SiO_5：Eu phosphor ［J］. Appl Phys Lett，2006，88(4)：043511.

［31］ Sun Xiaoyuan, Zhang Jiahua, Zhang Xia, et al. A single white phosphor suitable for near ultraviolet excitation applied to new generation white LED lighting ［J］. Chinese J Luminesc，2005，26(3)：404.

［32］ Yamada M, Naitou T, Izuno K, et al. Red-enhanced white-light-emitting diode using a new red phosphor ［J］. Jpn J Appl Phys，2003，42(1A/B)：L20.

第2章

荧　光　粉

2.1　荧光粉研究背景

近几十年来，得益于半导体材料和封装材料技术的快速发展，由 Holonyak 和 Bevacqua 发明的发光二极管(light emitting diode，LED)的封装工艺和应用等也取得了显著的成果。20 世纪 90 年代初，Nakamura 等在蓝宝石衬底上镀 InGaN 膜制备出了大功率蓝 LED 芯片，蓝光芯片激发黄色荧光粉耦合封装获得白光，使得 LED 通用照明产业化成为可能。白光 LED 具有光电转换效率高、环境友好、寿命长等优点，被认为是可以取代白炽灯、荧光灯和高压钠灯的第四代照明光源。LED 产业链包含芯片、光源封装和灯具应用等环节，如图 2-1 所示。近年来，LED 光源的应用主要分为信息显示、信号灯、车用灯具、背光源、通用照明五大类。

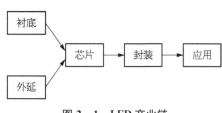

图 2-1　LED 产业链

LED 产业正处于高速发展期，以通用照明为主的欧美地区，要求产品具有高可靠性和高亮度。通用照明和背光显示技术全面的日本，其发展方向兼顾通用照明、汽车、手机和电视。我国 LED 应用领域主要为户外显示屏、广告屏和照明灯等。近年来，在国家大力扶持下，我国 LED 产业链各环节均得到快速发展，部分国内 LED 企业已达到世界领先水平。虽然 LED 照明在应用领域不断扩大，但是仍然存在很多问题，如发光效率、散热、光致衰退和灯珠不亮等可靠性问题。发光效率主要由芯片决定，通过提高衬底质量、优化芯片的结构和制作工艺、提高芯片的内外量子效率，从而提高 LED 的发光效率。LED 光源散热结构如图 2-2 所示，给 LED 芯片正负极接入正向电流，一定时间后会累计一部分热能量，如果散热结构不好，芯片产生的热能无法及时疏散，就会引起 PN 结的温度升高，PN 结的温度超过一定值时，就会造成芯片功能衰减或失效，从而

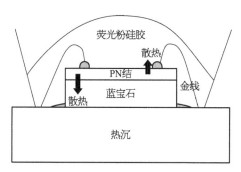

图 2-2　LED 光源散热结构

导致 LED 光源的光衰和死灯等可靠性不良问题。因此,散热问题成为 LED 尤其是 LED 发展阶段必须解决的关键问题。

芯片的封装结构相继出现了垂直 LED 封装和倒装 LED 封装,以改善原有 LED 结构的散热局限性,LED 芯片封装结构如图 2-3 所示。封装材料主要为黏结材料、荧光粉、灌封胶和散热基板等。其中,黏结材料是与芯片直接接触的硅胶,对于 PN 结的导热至关重要。硅胶是有机材料,如果将其改为无机材料,在 PN 结的散热方面将会有很大的改善。

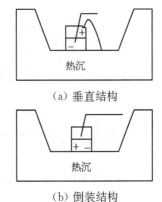

(a) 垂直结构

(b) 倒装结构

图 2-3　LED 芯片封装结构
示意图

2.2　荧光粉研究进展

目前,产业化的三色荧光粉分别是 YAG:Ce^{3+} 体系荧光粉、BaSrSiO:Eu^{2+} 体系荧光粉和 CASN:Eu^{2+} 体系荧光粉。其中,YAG:Ce^{3+} 荧光粉凭借高的量子效率、较强的蓝光吸收效率、优异的化学和热稳定性成为白光 LED 封装中常用的一种荧光粉材料。研究发现,在产业化 LED 封装方式中,常用 YAG:Ce^{3+} 黄色荧光粉或绿色荧光粉加红色荧光粉均匀混合在硅胶中的方式来封装白光 LED,以解决单一粉封装时缺少红光和绿光发射,且发出的光为冷白光的问题。Eu^{2+} 激发的 $CaAlSiN_3$ 荧光粉因其具有较长的发射波长、较宽的激发带、较高的热猝灭温度成为一种理想的补充红光的荧光粉而应用于白光 LED 的封装。

不同的荧光粉有不同的发光机理,下面主要针对 YAG:Ce^{3+} 荧光粉中 Ce^{3+} 和 $CaAlSiN_3$:Eu^{2+} 荧光粉中的 Eu^{2+} 的发光机理进行阐述。

稀土发光 Ce 原子的核外电子排布方式为 $[Xe]4f^1 5d^1 6s^2$,Ce^{3+} 是 Ce 原子失去了 5d 上的一个电子和 6s 上的两个电子后形成的,此时 Ce^{3+} 的核外电子排布方式为 $[Xe]4f^1$。当 Ce^{3+} 取代 YAG 晶体中的 Y^{3+} 时,由于受到 YAG 晶体场效应的作用,导致 Ce^{3+} 的 5d 简并轨道能级被分裂,从而形成了 5 个新的斯托克斯能级。由于 $5s^2 5p^6$ 的电子轨道对于 4f 能级存在屏蔽效应的影响,因此 4f 能级保持其原本就存在的两个 $^2F_{7/2}$、$^2F_{5/2}$ 光谱支项不发生变化,这两个本来就存在的光谱支项是由于自旋耦合效应产生的。Ce^{3+} 的发光过程是 5d→4f 的特征跃迁发射形成的,4f 轨道的电子吸收能量并跃迁至 5d 轨道,然后由 5d 轨道跃迁至 $^2F_{7/2}$ 和 $^2F_{5/2}$ 轨道时以光子的形式释放出一部分能量。Ce^{3+} 的 PLE 光谱在 230 nm、350 nm、450 nm 左右处分别形成了一个激发峰,但是 230 nm 的激发峰在 YAG 的导带内基本上被猝灭,350 nm 的激发峰靠近导带,只是有一部分会被猝灭,450 nm 的激发带激发峰最强,因此 Ce^{3+} 的 PLE 光谱具有典型的双峰结构。PL 光谱是一个宽的包峰,530 nm 左右处的峰为 5d→$^2F_{5/2}$ 跃迁,560 nm 左右处的峰为 5d→$^2F_{7/2}$ 跃迁。Ce^{3+} 的能级分布如图 2-4 所示。

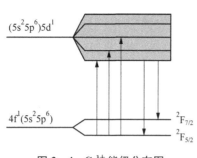
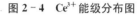

图 2 - 4　Ce^{3+} 能级分布图

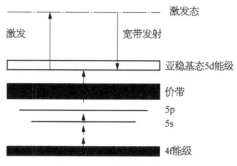

图 2 - 5　Eu^{2+} 能级分布图

稀土发光 Eu 原子的核外电子排布方式为 $[Xe]4f^{7}6s^{2}$，在 Eu 原子中 6s 上的两个电子参与了反应过程，便形成了 Eu^{2+}，并且形成了价带，Eu^{2+} 的核外电子排布方式为 $[Xe]4f^{7}$。Eu^{2+} 的能级分布如图 2 - 5 所示，在反应过程中，分子趋向于稳定的状态，导致价带的能量降低，能级也下降，价带处在 5d 能级和 5s、5p 能级的中间。Eu^{2+} 的 $4f^{7}$ 能级中一共有 7 个电子，因此存在不成对的电子，这些不成对的电子形成的电子云会很容易发生形变现象，在形变力的作用之下，电子就会发生向高能级跃迁的现象。这些电子在跃迁的过程中，由 4f 能级开始跃迁，首先跃迁穿过 $5s^{2}5p^{6}$ 电子层然后又跃迁穿过了价带，最终在禁带中产生了一个新的能级，通常称之为亚稳态 5d 能级。反应合成荧光粉之后，通过吸收外部能量，在 5d 能级上的电子首先跃迁到激发态，然后再从激发态跃迁返回到基态，在这整个跃迁的过程中把吸收到的一些能量通过光的形式释放出来，这就是 Eu^{2+} 的整个发光过程和跃迁机理。亚稳态能级位于 5s5p 能级的上面，$5s^{2}5p^{6}$ 电子层的屏蔽效应对亚稳态能级没有影响，但是亚稳态能级却很容易受到周围电场的影响，会导致亚稳态能级在形变过程中分裂出来的各个单个能级又重新组合在一起，因此 Eu^{2+} 发出的光谱为宽谱带发射光谱。在这个发光过程中，是由最开始的 f 轨道上的电子在亚稳态 5d 轨道上发生的跃迁行为，因此称为 f—d 跃迁。

2.3　荧光粉在 LED 中的应用

目前为解决单一粉封装时缺少红光和绿光发射，且发出的光为冷白光的问题，产业化 LED 封装方式主要有三种，其中常用 YAG：Ce^{3+} 黄色荧光粉或绿色荧光粉加红色荧光粉均匀混合在硅胶中的方式来封装白光 LED。

目前白光 LED 主要通过三种形式实现：

（1）采用红、绿、蓝三色 LED 组合发光，即多芯片白光 LED。

（2）采用蓝光 LED 芯片和黄色荧光粉，由蓝光和黄光两色互补得到白光，或者用蓝光 LED 芯片配合红色和绿色荧光粉，由芯片发出的蓝光、荧光粉发出的红光和绿光三色混合获得白光。其中，Eu^{2+} 激发的 $CaAlSiN_{3}$ 荧光粉因其具有较长的发射波长、较宽的激发带、较高的热猝灭温度成为一种理想的补充红光的荧光粉而应用于白光 LED 封装中。

（3）利用紫外 LED 芯片发出的近紫外光激发三基色荧光粉得到白光。

后两种方式获得的白光 LED 都需要用到荧光粉,统称为荧光粉转换 LED(phosphor converted Light Emitting Diode,pc-LED),它与多芯片白光 LED 相比在控制电路、生产成本、散热等方面具有优势,在目前 LED 产品市场上占主导地位,并且已成为半导体照明技术中的关键材料之一。其特性直接决定了荧光粉转换 LED 的亮度、显色指数、色温及流明效率等性能。目前黄色荧光粉主要有铈激活钇铝石榴石($Y_3Al_5O_{12}$:Ce^{3+},YAG:Ce^{3+})和铕激活碱土金属硅酸盐;红色荧光粉主要有 $Ca_{1-x}Sr_xS$:Eu^{2+}、YVO_4:Bi^{3+},Eu^{3+} 和 $M_2Si_5N_8$:Eu^{2+}(M=Ca、Sr、Ba)等;绿色荧光粉主要有 $SrGa_2S_4$:Eu^{2+}、M_2SiO_4:Eu^{2+}(M=Ca、Sr、Ba)和 $MSi_2N_2O_2$:Eu^{2+}(M=Ca、Sr、Ba)等;蓝色荧光粉主要有 $BaMg_2Al_{16}O_{27}$:Eu^{2+}、$Sr_5(PO_4)Cl$:Eu^{2+}、$Ba_5SiO_4Cl_6$:Eu^{2+} 和 $LiSrPO_4$:Eu^{2+} 等。

2.4　YAG:Ce^{3+} 体系荧光粉

2.4.1　光学性能

对制备好的粉末样品晶体结构用 X 射线衍射(XRD)方法(Rigaku,Ultima Ⅳ,Japan)通过 Cu Ka 辐射进行了确认(k=0.154178 nm)。扫描速率为 $0.02°$/步和 $4°$/min,扫描范围为 $10°\sim70°$。扫描电镜(SEM)图是用日立 S-3400N 场发射扫描电子显微镜拍摄的。以爱丁堡仪器公司的氙灯为光源,测量了 PL 光谱和 PLE 光谱。以 460 nm 氙灯为光源,采用 PE-Ⅱ型 LED 荧光粉激发器,利用 HAAS-2000 型高精度阵列光谱辐射计测量了 PL 光谱。样品的衍射图谱显示,$Y_{2.95}Al_{5-x}Ga_xO_{12}$:0.05Ce 相位的所有衍射峰均与 JCPDS 卡(no.33-0040)完全一致。其结果表明,掺杂 Ga^{3+} 对衍射数据的影响可以忽略不计。因此,样品具有纯立方相,当前的掺杂水平没有引起任何明显的衍射峰的变化。

将离子掺杂剂 Ga^{3+} 引入后,荧光粉的 XRD 图如图 2-6 所示。由于 Ga^{3+} 的离子半径

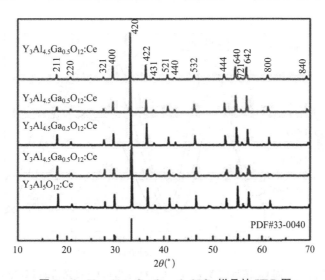

图 2-6　$Y_{2.95}Al_{5-x}Ga_xO_{12}$:0.05Ce 样品的 XRD 图

（0.062 nm）略大于 Al^{3+}（0.053 5 nm），随 Ga^{3+} 掺杂浓度的增加，Y$_{2.95}$Al$_{5-x}$Ga$_x$O$_{12}$：0.05Ce 样品的晶格常数增大，如果仔细观察，还可以看到主衍射峰（420 nm）向低角度轻微偏移。

注意到 Ga^{3+} 的引入导致了 Ce^{3+} 发射蓝移。当 x 值从 0 增加到 2 时，Ce^{3+} 的最大值发射从 560 nm 转移到 520 nm。值得注意的是，发射强度并没有像图 2-7 中的 Ga^{3+}一样增加。图 2-8 为不同 Ga 浓度的 Y$_{2.95}$Al$_{5-x}$Ga$_x$O$_{12}$：0.05Ce 荧光粉的 PL 光谱图。由图 2-8 可知，Ga^{3+} 取代可减少 Ce^{3+} 5d 水平的分裂，并提高其最低激发态能级为 5d。有证据表明，当用 Ga^{3+} 代替 Al^{3+} 后与立方对称性的偏差变小。因此，5d 态的分裂较小，最低的 5d 次能级与基态的能量差较小，Ce^{3+} 的 4f 层更大，故 Ce^{3+} 的能级和 Y$_3$Al$_{5-x}$Ga$_x$O$_{12}$ 中 5d 轨道的晶体场分裂可以用图 2-7 来描述。越来越多的 Al^{3+} 被 Ga^{3+} 取代，晶体分裂随 x 值的增大而减小，而斯托克斯位移基本保持 95 nm 不变，见表 2-1。

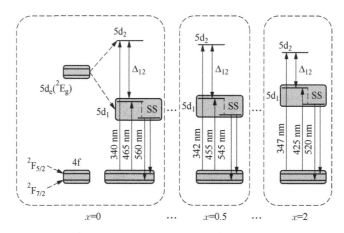

图 2-7　Ce^{3+} 掺杂 Y$_{2.95}$Al$_{5-x}$Ga$_x$O$_{12}$ 后的激发和发射对应能级图

（Δ_{12} 表示 5d$_1$ 和 5d$_2$ 晶体分裂能级差，SS 为斯托克斯位移）

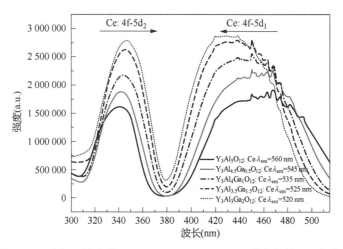

图 2-8　不同 Ga 浓度的 Y$_{2.95}$Al$_{5-x}$Ga$_x$O$_{12}$：0.05Ce 荧光粉的 PL 光谱图

表 2-1 Ce^{3+} 掺杂 $Y_3Al_{5-x}Ga_xO_{12}$ 荧光粉的光学性能参数

x	5d_1 激发峰(nm)	5d_2 激发峰(nm)	晶体场分裂能级差 Δ_{12}(eV)	发射峰(nm)	5d_1 和 5d_2 斯托克斯位移
0	465(2.666 7 eV)	340(3.647 1 eV)	0.980 4	560	95
0.5	455(2.725 3 eV)	342(3.625 7 eV)	0.900 4	545	90
1	440(2.818 2 eV)	344(3.604 7 eV)	0.786 5	535	95
1.5	430(2.883 7 eV)	346(3.583 8 eV)	0.700 1	525	95
2	425(2.917 6 eV)	347(3.573 5 eV)	0.655 9	520	95

利用 HAAS-2000 高精度阵列光谱辐射计测量蓝光芯片与荧光粉的 PL 光谱,并对混合光信号进行分析,图 2-7 显示了 Ce^{3+} 掺杂 $Y_{2.95}Al_{5-x}Ga_xO_{12}$ 后的激发和发射对应能级。从图中可以看出,Ga^{3+} 的引入导致了 Ce^{3+} 的发射峰,蓝移荧光粉的发射峰随着 x 值的增加而增加。

图 2-9 为与 Ce 发射移动相关的色坐标的变化,研究了 $Y_{2.95}Al_{5-x}Ga_xO_{12}$:0.05Ce 荧光粉的色度:a~e 为 $Y_{2.95}Al_{5-x}Ga_xO_{12}$:0.05Ce($x=0\sim2$)荧光粉,f 为蓝光,g~k 为 $Y_{2.95}Al_{5-x}Ga_xO_{12}$:0.05Ce($x=0\sim2$)荧光粉与蓝光,l 为商用红色荧光粉的色坐标,m 为商用红色荧光粉与蓝光混合后的色坐标。

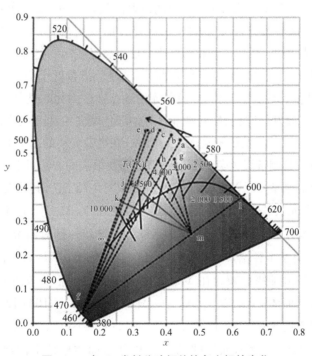

图 2-9 与 Ce 发射移动相关的色坐标的变化

当 Ga^{3+} 含量从 0 增加到 2 时,坐标移动了较短的波长范围,这个区域被表示为点 a 到点 e。激发源的蓝光在 460 nm 处达到峰值,此时 $x=0.14$,$y=0.03$。结合点 f 和 a~e

的线表示发射光和蓝光可能的混合光颜色,用 $Y_{2.95}Al_{5-x}Ga_xO_{12}$:$0.05Ce$ 荧光粉与蓝光 LED 芯片组合,不能获得白光。为了获得理想的高显色指数白光,需要一个分离的红光光源,采用商业红色荧光粉与 $Y_{2.95}Al_{5-x}Ga_xO_{12}$:$0.05Ce$ 荧光粉混合,在蓝光 LED 芯片激发下,获得白光 LED。利用 HAAS-2000 高精度阵列光谱辐射仪测量红色荧光粉与蓝色荧光粉的光致发光特性,对混合光信号进行分析,并研究红色荧光粉在 460 nm 蓝光激发下的色坐标和混合色坐标。

光在图中以点 l 和点 m 的形式出现。点 m 与 g～k 结合的谱线表示 $Y_{2.95}Al_{5-x}Ga_xO_{12}$:$0.05Ce$ 荧光粉与商品红色荧光粉及蓝色荧光粉可能混合发光,将 $Y_{2.95}Al_{2.10}Ga_{1.5}O_{12}$:$0.05Ce$(或 $Y_{2.95}Al_3Ga_2O_{12}$:$0.05Ce$)荧光粉与商业红色荧光粉按一定比例混合,可获得高显色指数的理想白光。

2.4.2 热稳定性及可靠性研究

Ce:YAG 荧光粉是 LED 光源封装中应用最普遍的荧光粉。在 InGaN 蓝光芯片的激发下,Ce:YAG 荧光粉能发射出非常宽波段的黄光,在没有高显色、低色容差要求的 LED 光源中,就是采用 InGaN 蓝光芯片和 Ce:YAG 荧光粉耦合成白光而封装制备的,批量产品 GaN 基蓝光芯片的发射波长范围为 450～480 nm。在色坐标中可看出,可与蓝光匹配成白光的黄光波段很窄,直接应用 Ce:YAG 荧光粉与蓝光芯片耦合封装对蓝光芯片的中心波长要求极为苛刻,极大增加了白光 LED 光源的制作成本,不利于其推广应用。因此,通过组分微调,适当调整 Ce:YAG 荧光粉的发射波长,使其可以灵活匹配蓝光芯片发射波长 450～480 nm,这是改善荧光粉的一个重要方面。此外,为了实现照明光源的真实度,目前市场对白光 LED 的需求越来越多地增加了高显色这一指标。传统的蓝光芯片与黄色荧光粉耦合出的白光光源缺少了红光部分,其显色指数低于 70,增大了 LED 光源失真度。为了提高显色,绿色荧光粉和红色荧光粉逐渐被应用到高显色(大于 70)白光 LED 中,尤其是各种可微调发射波长、发光性能良好的绿色荧光粉和红色荧光粉。

与新组分体系的绿色荧光粉相比,在 Ce:YAG 黄色荧光粉的基础上进行组分微调可以实现发光波长的调整是制备绿色荧光粉的一个实用性很强的方法,该方法形成的绿色荧光粉可以充分利用已有制备 Ce:YAG 黄色荧光粉的成熟生产工艺,其研发和生产速度更快。

通常 Ce^{3+} 的发光波长在紫外和蓝光波段,但是在 $Y_3Al_5O_{12}$ 晶体场效应的作用下,Ce^{3+} 的 5d 发生能级分裂,其发光波长变化到红绿光波段。已有研究显示,在 YAG 晶格的十二面体位置的离子半径增加可以增加 Ce^{3+} 的 5d 能级分裂,而八面体上离子半径的增加却减小 Ce^{3+} 的 5d 能级分裂。在 YAG 单位晶胞中,每个 Y^{3+} 处于十二面体格位,Al^{3+} 处于八面体格位和四面体格位。$Y_{2.94}(Al_{1-x}Ga_x)_5O_{12}$:$0.06Ce$ XRD 图如图 2-10 所示。

Ga:YAG 绿色荧光粉的分子式为 $Y_{2.94}(Al_{1-x}Ga_x)_5O_{12}$:$0.06Ce$($x=0.15$、$0.2$、$0.25$、$0.3$、$0.35$),$Ga^{3+}$ 取代八面体的 Al^{3+} 可以使八面体格位上的离子半径变大,减小 Ce^{3+} 的 5d 能级分裂可以使 Ce^{3+} 4f 基态和 5d 激发态跃迁能量增加,因此理论上 Ga^{3+} 取代 Al^{3+} 可以使荧光粉的发射波长蓝移。$Y_{2.94}(Al_{1-x}Ga_x)_5O_{12}$:$0.06Ce$ 的晶格常数随 x 值变化的晶格常数如图 2-11 所示。

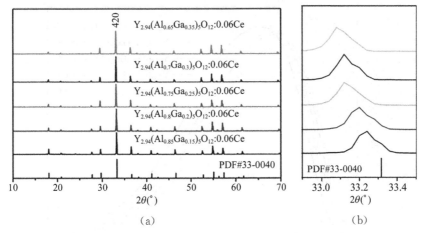

图 2-10 $Y_{2.94}(Al_{1-x}Ga_x)_5O_{12}:0.06Ce$ 的 XRD 图

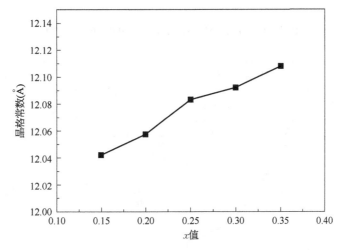

图 2-11 $Y_{2.94}(Al_{1-x}Ga_x)_5O_{12}:0.06Ce$ 的晶格常数随 x 值变化的晶格常数

通过实验进一步测试分析 Ga^{3+} 取代 Al^{3+} 后,荧光粉发光性能和可靠性能的变化趋势。

图 2-12 为 460 nm 激发 $Y_{2.94}(Al_{1-x}Ga_x)_5O_{12}:0.06Ce$ PL 光谱,随着 Ga^{3+} 取代 Al^{3+} 含量由 0.15 增加到 0.35,荧光粉的发光波长从 545 nm 蓝移到 525 nm,而且 Ga^{3+} 取代含量越大,蓝移波长幅度越大,与理论分析 XRD 结果吻合。

热稳定性是荧光粉实用性的一个指标。当荧光粉受热时,因无辐射,其跃迁概率增加,荧光光谱发射强度会逐渐降低。为了研究绿色荧光粉的热稳定性,实验测试了 $Y_{2.94}(Al_{0.85}Ga_{0.15})_5O_{12}:0.06Ce$ 和 $Y_{2.94}(Al_{0.65}Ga_{0.35})_5O_{12}:0.06Ce$ 的热稳定性。图 2-13 为在 460 nm 蓝光激发下 $Y_{2.94}(Al_{1-x}Ga_x)_5O_{12}:0.0Ce$ 光谱图。随着温度从 300 K 升高到 500 K,$Y_{2.94}(Al_{0.85}Ga_{0.15})_5O_{12}:0.06Ce$ 和 $Y_{2.94}(Al_{0.65}Ga_{0.35})_5O_{12}:0.06Ce$ 荧光粉发光强度分别比最初的发光强度降低了 11.20% 和 16.60%。实验结果显示,Ga^{3+} 取代破坏了荧光粉的热稳定性。

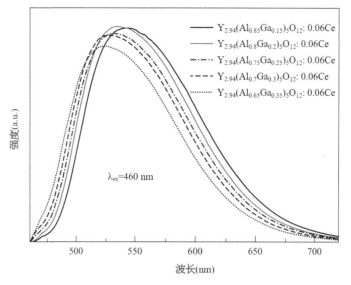

图 2-12 $Y_{2.94}(Al_{1-x}Ga_x)_5O_{12}$: 0.06Ce PL 光谱图

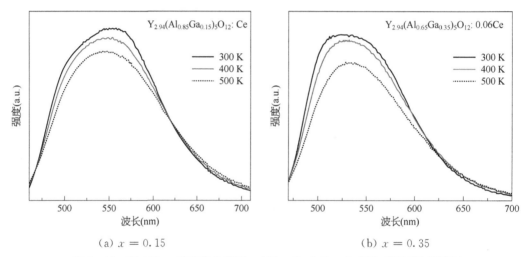

（a）$x=0.15$ （b）$x=0.35$

图 2-13 在 460 nm 蓝光激发下 $Y_{2.94}(Al_{1-x}Ga_x)_5O_{12}$: 0.06Ce 变温 PL 光谱图

　　荧光粉的可靠性也是一项重要的性能指标，是直接决定其能否用在 LED 光源的关键因素。本节对荧光粉 $Y_{2.94}(Al_{1-x}Ga_x)_5O_{12}$: 0.06Ce 进行了高温高湿（85 ℃、RH 85%）168 h 和沸水煮 4 h 可靠性实验。

　　将可靠性实验后的样品进行 XRD 和荧光光谱测试。高温高湿后 XRD 测试结果见表 2-2，所有样品的衍射峰值没有发生变化。如图 2-13 所示，高温高湿后 460 nm 蓝光激发下的荧光光谱显示发射峰值波长也没有变化，说明 168 h 高温高湿实验条件没有改变荧光粉的晶格结构和带隙能量，但是 PL 光谱峰值强度有了一定程度的衰减。随着 Ga^{3+} 取代 Al^{3+} 含量从 0.15 增加到 0.35，PL 光谱强度降为高温高湿实验前的 95.30%～99.69%。沸水煮 4 h 后的荧光粉发射峰值强度也出现了衰减，如图 2-14 所示，随着 Ga^{3+} 取代含量的增加，发射峰值强度为实验前样品的 91.80%～99.50%。可靠性实验说明，Ga^{3+} 取代会降低荧光粉的可靠性。

表 2 - 2   高温高湿前后 $Y_{2.94}(Al_{0.85}Ga_{0.15})_5O_{12}$：0.06Ce 衍射峰值

样本	条件	2θ				
		400	420	422	640	642
0.06Ce：$Y_{2.94}(Al_{0.85}Ga_{0.15})_5O_{12}$	暴露前	29.638	33.240	36.522	54.885	57.133
	暴露后	29.644	33.244	36.526	54.890	57.154
0.06Ce：$Y_{2.94}(Al_{0.8}Ga_{0.2})_5O_{12}$	暴露前	29.610	33.206	36.479	54.811	57.070
	暴露后	29.611	33.202	36.465	54.807	57.066
0.06Ce：$Y_{2.94}(Al_{0.75}Ga_{0.25})_5O_{12}$	暴露前	29.535	33.130	36.411	54.692	56.955
	暴露后	29.533	33.124	36.380	54.686	56.921
0.06Ce：$Y_{2.94}(Al_{0.7}Ga_{0.3})_5O_{12}$	暴露前	29.531	33.128	36.368	54.670	56.916
	暴露后	29.522	33.123	36.365	54.655	56.912
0.06Ce：$Y_{2.94}(Al_{0.65}Ga_{0.35})_5O_{12}$	暴露前	29.508	33.101	36.335	54.605	56.836
	暴露后	29.479	33.068	36.298	54.569	56.809

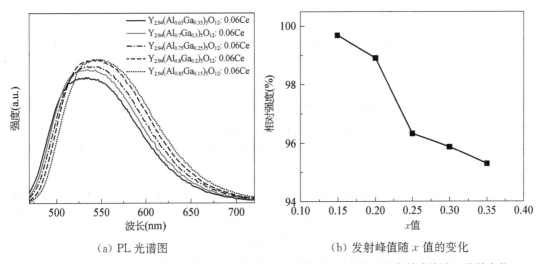

(a) PL 光谱图   (b) 发射峰值随 x 值的变化

图 2 - 14 $Y_{2.94}(Al_{1-x}Ga_x)_5O_{12}$：0.06Ce 荧光粉高温高湿后 PL 光谱图及发射峰值随 x 值的变化

2.5   CASN：Eu^{2+} 体系荧光粉

2.5.1   光学性能

图 2 - 15 为 $Sr_xCa_{1-x}AlSiN_3$：0.05Eu^{2+}（x=0.2、0.35、0.5、0.65、0.8）荧光粉的 XRD 图。由图可以看出,所有的荧光体都具有高结晶度,这可以从小谱带宽度和衍射图中不存在宽背景来判断。$Sr_{0.2}Ca_{0.8}AlSiN_3$：Eu^{2+} 荧光粉的所有衍射峰都指向 $CaAlSiN_3$

的相,表明向 $CaAlSiN_3$:$0.05Eu^{2+}$ 中掺杂少量 Sr^{2+} 不会引起显著变化。由于 Sr^{2+} 比 Ca^{2+} 半径大,随着 x 值的增加,衍射峰向较小的角度偏移,其主衍射峰接近 $CaAlSiN_3$ 和 $SrAlSiN_3$ 的混合相,并且出现了一些其他衍射峰,这些衍射峰被标为杂质相,如 Sr_2N、Si_3N_4 和 $Sr_2Si_5N_8$。当 x 值增加到 0.8 时,可以看出荧光体的所有衍射峰都指 $SrAlSiN_3$ 的相。

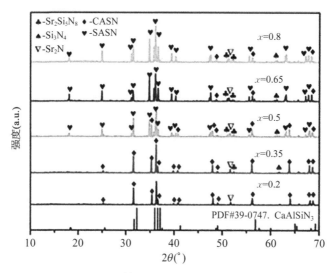

图 2-15　$Sr_xCa_{1-x}AlSiN_3$:$0.05Eu^{2+}$(x=0.2、0.35、0.5、0.65、0.8)荧光粉的 XRD 图

$Sr_xCa_{1-x}AlSiN_3$:$0.05Eu^{2+}$(x=0.2、0.5、0.8)荧光粉的 SEM 图如图 2-16a 所示。$Sr_{0.2}Ca_{0.8}AlSiN_3$:$0.05Eu^{2+}$ 荧光粉的晶粒呈规则的多面体结构,晶面发育成六边形如图 2-16d 所示。前人的研究表明,$CaAlSiN_3$ 的结构与六方纤锌矿结构有关。晶粒的结晶形态如图 2-16a 所示。Sr^{2+} 含量的增加改变了 $Sr_xCa_{1-x}AlSiN_3$:$0.05Eu^{2+}$ 的晶体形态。

从图 2-16c、f 可以看到,$Sr_xCa_{1-x}AlSiN_3$:$0.05Eu^{2+}$ 晶体形态不再具有六方晶系的外观,晶粒变大,平均晶粒尺寸从 5 mm 增加到 10 mm,观察到的晶体结构变化与图 2-15 分析结果一致。Sr^{2+} 取代 Ca^{2+} 使晶胞体积增大,与 $CaAlSiN_3$ 相比,$Sr_xCa_{1-x}AlSiN_3$ 能使 b 轴和 c 轴长度变大,但 a 轴长度变小。随着晶粒尺寸的增大,Eu^{2+} 的晶场环境发生变化,影响荧光粉的光学性能。

图 2-17 为 $Sr_xCa_{1-x}AlSiN_3$:$0.05Eu^{2+}$(x=0.2、0.35、0.5、0.65、0.8)荧光粉的 PLE 光谱。测试结果为 $Sr_xCa_{1-x}AlSiN_3$:$0.05Eu^{2+}$(x=0.2、0.35、0.5、0.65、0.8)的最大发射波长为 656 nm、650 nm、640 nm、624 nm 和 617 nm。从 PLE 光谱中可以看出,宽吸收带在紫外区延伸到大约 600 nm。随着 x 值的增加,$Sr_xCa_{1-x}AlSiN_3$:$0.05Eu^{2+}$ 荧光粉的激发强度增加,与 PL 光谱相符,550 nm 左右的 PLE 光谱肩部由于晶体场强的减弱而向短波长方向移动。激发波段在 440~480 nm,这是由于氙灯强度的变化,尽管 PLE 光谱得到了校正,但仍然有一些明显的特征。

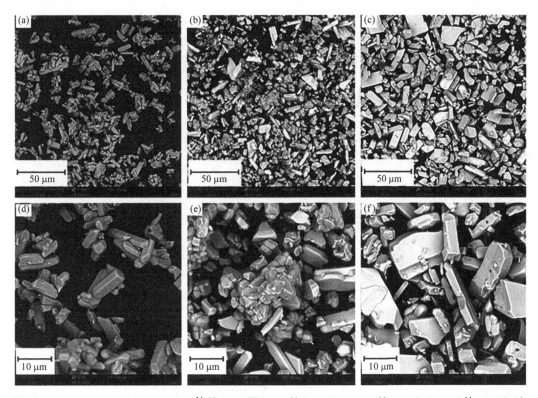

图 2 - 16　$Sr_x Ca_{1-x} AlSiN_3$：0.05 Eu^{2+} 的 SEM 图(a、d 的 $x = 0.2$，b、e 的 $x = 0.5$，c、f 的 $x = 0.8$)

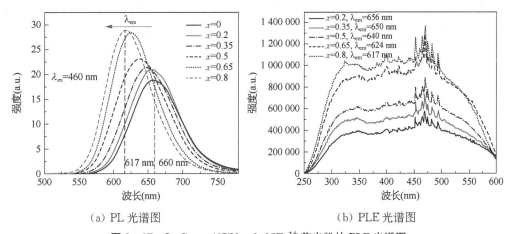

（a）PL 光谱图　　　　　　　　　（b）PLE 光谱图

图 2 - 17　$Sr_x Ca_{1-x} AlSiN_3$：0.05Eu^{2+} 荧光粉的 PLE 光谱图

　　为分析晶场分裂现象的变化细节，将每个 PLE 光谱用三个高斯峰进行反卷积，反映了相对峰强度随 Sr^{2+}/Ca^{2+} 含量的变化，如图 2 - 18 和表 2 - 3 所示。结合 $Sr_x Ca_{1-x}$ $AlSiN_3$：0.05Eu^{2+} 荧光粉的 PL 光谱细节，描述 $Sr_x Ca_{1-x} AlSiN_3$ 中 Eu^{2+} 能级和 5d 轨道的晶场分裂，如图 2 - 19 所示。图 2 - 20 为 $Sr_x Ca_{1-x} AlSiN_3$：0.05Eu^{2+} 荧光粉的组态坐标图，其中能量 E 表示金属离子振动过程中变化的能量参数，g 和 e 的曲线分别代表了 Eu^{2+} 排放中心的基态和激发态。

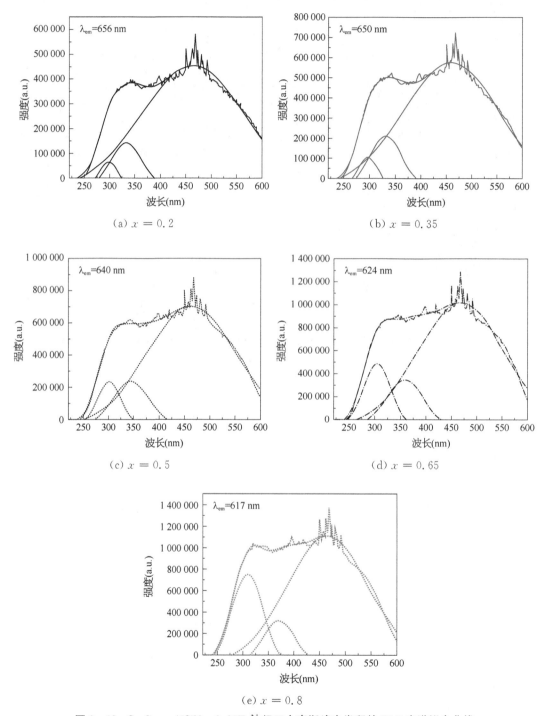

(a) $x = 0.2$

(b) $x = 0.35$

(c) $x = 0.5$

(d) $x = 0.65$

(e) $x = 0.8$

图 2-18 $Sr_x Ca_{1-x} AlSiN_3$：$0.05Eu^{2+}$ 经三个高斯峰去卷积的 PLE 光谱拟合曲线

表 2-3 $Sr_xCa_{1-x}AlSrN_3$：0.05Eu^{2+} 晶场分裂现象的能级和光学性能参数

x 值	激发峰 5d¹(nm)	激发峰 5d²(nm)	激发峰 5d³(nm)	晶体场分裂能 (eV)	发射峰 (nm)	斯托克斯位移 5d¹ 和 4f(nm)
0.2	464(2.6724 eV)	333(3.7237 eV)	298(4.1611 eV)	1.4887	656	192
0.35	459(2.7015 eV)	331(3.7462 eV)	297(4.1751 eV)	1.4736	650	191
0.5	464(2.6724 eV)	344(3.6047 eV)	302(4.1060 eV)	1.4336	640	176
0.65	469(2.6439 eV)	358(3.4637 eV)	305(4.0656 eV)	1.4217	624	155

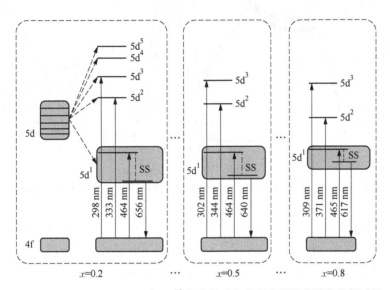

图 2-19 $Sr_xCa_{1-x}AlSiN_3$ 中 Eu^{2+} 部分能级和晶场分裂及其激发发射过程

（其中 SS 表示斯托克斯位移）

电子跃迁可以分为四个步骤：①一个处于基态 O(基态平衡位置)的电子被激发到激发态 A,而位形坐标没有任何变化;②电子从激发态 A 弛豫到最小位置 B(激发态的平衡位置),这种弛豫是一个非辐射过程,伴随着声子的发射;③荧光是由最小位置 B 到基态 C 的电子跃迁而产生的,位形坐标没有任何变化;④电子从基态位置 C 弛豫到最小基态位置 O。当 Sr^{2+} 取代 Ca^{2+} 位时,Eu^{2+} 周围的晶场强度降低,5d 激发态的能隙变小,相应 5d 激发态具有更高的能级,这可以通过位形坐标图来解释。用 Sr^{2+} 代替 Ca^{2+} 后,e 曲线的最小点 B 明显上升到 e′ 曲线的最小点 B′。因此,Eu^{2+} 的发射波段向短波长方向移动,图 2-21

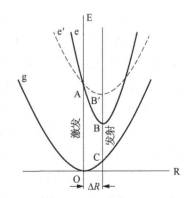

图 2-20 $Sr_xCa_{1-x}AlSiN_3$：0.05Eu^{2+} 荧光粉的组态坐标图

为 $Sr_xCa_{1-x}AlSiN_3：0.05Eu^{2+}$ 的归一化 PL 光谱和 PLE 光谱。放大的区域表示发射和激发对不同 Sr^{2+}/Ca^{2+} 量的交叉作用。随着 x 值从 0.2 增加到 0.8，交叉波长向更短的波长移动。根据位形坐标理论，从激发态到基态的非辐射跃迁的能量损失与 PL 光谱和 PLE 光谱的积分成正比。然而，每个样品 PL 光谱和 PLE 光谱重叠区域的面积随着 x 值的增加而保持稳定不变。因此，电子从 $5d^1$ 激发态沿势能抛物曲线弛豫到 4f 基态的非辐射跃迁不是能量损失的主要机制。

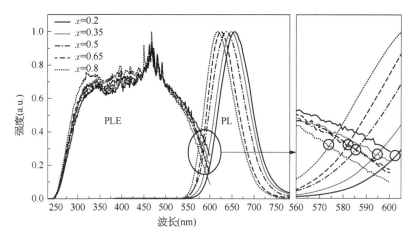

图 2-21　归一化强度 $Sr_xCa_{1-x}AlSiN_3：0.05Eu^{2+}$ 的 PL 光谱和 PLE 光谱图

$Sr_xCa_{1-x}AlSiN_3：0.05Eu^{2+}$（$x$＝0.2、0.35、0.5、0.65、0.8）样品的发射波长为 656 nm、650 nm、640 nm、624 nm 和 617 nm，在 460 nm 蓝光激发下的荧光衰减曲线如图 2-22 所示。所有荧光粉的荧光衰减曲线都用单指数函数进行了拟合，见下式：

$$I = I_0 + A \exp(-t/\tau) \tag{2-1}$$

式中，I 为时间 t 的荧光强度；A 和 τ 分别为重量系数和衰变时间。通过拟合上述方程，得到各种荧光粉的衰变曲线。从图 2-22 中可以看出，随着 Sr^{2+} 浓度的增加，荧光粉的衰减寿命从 776.96 ns（x＝0.2）缩短到 642.35 ns（x＝0.8）。

为了研究 $Sr_xCa_{1-x}AlSiN_3：0.05Eu^{2+}$ 系荧光粉的色度特性，分析荧光粉发光色坐标随 Eu^{2+} 发射光的变化情况。如图 2-23 所示，随着 x 从 0.2 增加到 0.8，坐标发生较短范围的移动，即点（a）到点（e）。蓝光的激发源峰值在 460 nm，对应色坐标为 x＝0.14、y＝1.03 显示为点（f）。将点（f）与（a）或（b）（c）（d）（e）连接起来的线表示发射光和蓝光可能混合的光色。为了获得高显色指数的理想白光，需要另一种由激发绿色荧光粉而得到的绿光，这里选择商品化的绿色荧光粉 $Y_3Al_{5-x}Ga_xO_{12}：Ce^{3+}$，其发射峰波长为 520 nm。$Y_3Al_{5-x}Ga_xO_{12}：Ce^{3+}$ 荧光粉在 460 nm 蓝光激发下的色坐标如图 2-23 中的点（g）。用 $Sr_xCa_{1-x}AlSiN_3：0.05Eu^{2+}$ 荧光粉和 $Y_3Al_{5-x}Ga_xO_{12}：Ce^{3+}$ 荧光粉在点（f）、点（g）和点（a）或（b）（c）（d）（e）形成的三角形区域的蓝光 LED 芯片上制备了多种荧光粉 LED。

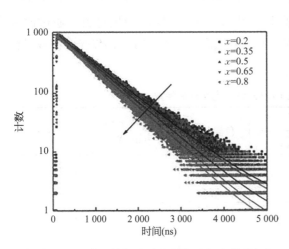

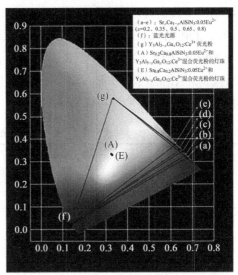

图 2 - 22　随着 Sr^{2+} 浓度的增加荧光粉的衰减寿命　　图 2 - 23　　$Y_3Al_{5-x}Ga_xO_{12}$：Ce^{3+} 荧 光 粉 在 460 nm 蓝光激发下的色坐标

图 2 - 24 为由蓝光 LED 芯片(波长为 450 nm)与多种荧光粉混合制成的大功率白光 LED 器件在 300 mA 电流驱动下的 EL 光谱图。多种荧光粉为 $Sr_{0.2}Ca_{0.8}AlSiN_3$：$0.05Eu^{2+}$(或 $Sr_xCa_{1-x}AlSiN_3$：$0.05Eu^{2+}$)和 $Y_3Al_{5-x}Ga_xO_{12}$：Ce^{3+}。从图 2 - 24 中可以看出,所得到的白光 LED 包含蓝色、绿色和红色成分的 PL 光谱。

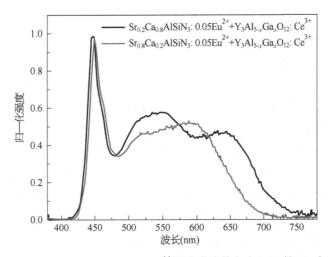

图 2 - 24　$Sr_xCa_{1-x}AlSiN_3$：$0.05Eu^{2+}$ 混合荧光体白光 LED 的 EL 光谱图

两种白光 LED 器件的发光色坐标在图 2 - 23 中由(A)和(E)表示。两种白光 LED 器件的相关光学性能参数见表 2 - 4。当荧光粉由 $Sr_{0.2}Ca_{0.8}AlSiN_3$：$0.05Eu^{2+}$ 和 $Y_3Al_{5-x}Ga_xO_{12}$：Ce^{3+} 转换为 $Sr_{0.8}Ca_{0.2}AlSiN_3$：$0.05Eu^{2+}$ 和 $Y_3Al_{5-x}Ga_xO_{12}$：Ce^{3+} 时,得到白光 LED 的发光效率由 62.23 增加到 81.4,而显色指数由 92.6 降低到 88.2。当然,

该显色指数也远远高于仅使用 YAG：Ce^{3+} 作为光转换材料的商业白光 LED(显色指数约 70)。上述结果表明,由 $Sr_xCa_{1-x}AlSiN_3$：$0.05Eu^{2+}$ 和 $Y_3Al_{5-x}Ga_xO_{12}$：Ce^{3+} 组成的多色荧光粉是替代 YAG：Ce^{3+} 荧光粉制备高显色指数白光 LED 的理想材料。通过改变 $Sr_xCa_{1-x}AlSiN_3$：$0.05Eu^{2+}$ 中 Sr^{2+} 的含量,可以调整所制备白光 LED 的发光效率或显色指数,用以满足照明环境的需求。

表 2-4　两种白光 LED 器件的光学性能参数

荧光粉	色坐标		色温(K)	发光效率(lm/W)	显色指数
	x	y			
$Sr_{0.2}Ca_{0.8}AlSiN_3$：$0.05Eu^{2+}$	0.325 5	0.346 2	5 802	62.23	92.6
$Y_3Al_{5-x}Ga_xO_{12}$：Ce^{3+}					
$Sr_{0.8}Ca_{0.2}AlSiN_3$：$0.05Eu^{2+}$	0.327 2	0.337 7	5 739	81.46	88.2
$Y_3Al_{5-x}Ga_xO_{12}$：Ce^{3+}					

2.5.2　热稳定性

进一步研究红色荧光粉 $Sr_xCa_{1-x}AlSiN_3$：$0.05Eu^{2+}$：$0.05Eu^{2+}$($x=0.2$、0.5、0.8)在 467 nm 蓝光激发下温度相关的 PL 光谱变化,如图 2-25 所示。因无辐射跃迁概率的增加,三种荧光粉的发射光谱峰强度随着温度的升高而降低。当温度从 300 K 升高到 500 K 时,$x=0.2$、0.5、0.8 三种荧光粉的发射峰强度分别降低 66.24%、27.87% 和 16.66%。热稳定性结果表明,Sr^{2+} 取代 Ca^{2+} 后提高了红色荧光粉的热稳定性。已有研究表明,$Sr_{0.8}Ca_{0.2}AlSiN_3$：$0.05Eu^{2+}$ 热稳定性高于 $Sr_2Si_5N_8$：Eu^{2+}、$SrLiAl_3N_4$：Eu^{2+} 和 $SrSi_2N_2O_2$：Eu^{2+}。

2.5.3　可靠性研究

Ce：YAG 荧光粉封装的白光 LED 光源因缺少红光部分,显色指数普遍低于 70,这对于市场关于高显色 LED 光源的要求有非常大的阻碍,因此用于调高色温的高性能红色荧光粉的研发至关重要。

目前,研究的红色荧光粉主要有 Eu^{2+} 发光的氧化物、硫化物、氮化物和氮氧化物基质荧光粉。与其他基质的红色荧光粉相比,氮化物 $CaAlSiN_3$：Eu^{2+} 红色荧光粉因其在紫外和蓝光波段的强吸收、高量子效率、红光波段的发光范围宽、良好的热稳定性和化学稳定性而被广泛应用在现有 LED 光源的生产中。然而,$CaAlSiN_3$：Eu^{2+} 的发射波长在 640 nm 的深红色波段,离符合人眼舒适的可视范围 620 nm 有一定的偏差。已有研究表明,Sr^{2+} 取代 Ca^{2+} 可以将深红波段的发光调整到橙色波段。本节研究的 $Sr_xCa_{1-x}AlSiN_3$：$0.05Eu^{2+}$ 可以将发光中心波长从 660 nm 调整到 610 nm,进一步研究了该荧光粉其他发光性能和可靠性性能。

图 2-26 为 $Sr_xCa_{1-x}AlSiN_3$：$0.05Eu^{2+}$($x=0.2$、0.35、0.5、0.65、0.8)荧光粉 PL 光谱和 PLE 光谱显示,Sr^{2+} 的引入引起了荧光粉发光的蓝移,并且增大了发光强度,与现象符合。

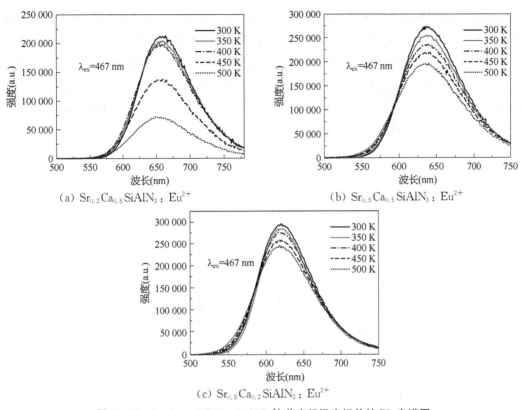

(a) $Sr_{0.2}Ca_{0.8}SiAlN_3$：Eu^{2+}

(b) $Sr_{0.5}Ca_{0.5}SiAlN_3$：Eu^{2+}

(c) $Sr_{0.8}Ca_{0.2}SiAlN_3$：Eu^{2+}

图 2-25　$Sr_xCa_{1-x}AlSiN_3$：$0.05Eu^{2+}$ 荧光粉温度相关的 PL 光谱图

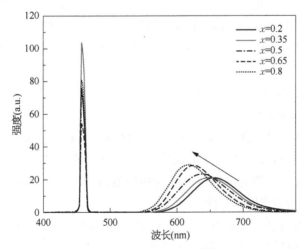

图 2-26　$Sr_xCa_{1-x}AlSiN_3$：$0.05Eu^{2+}$ 荧光粉 PL 光谱和 PLE 光谱图

为进一步测试研究荧光粉的转换效率，测试 $Sr_{0.8}Ca_{0.2}AlSiN_3$：$0.05Eu^{2+}$ 荧光粉的绝对光谱，如图 2-27 所示。E_S 是荧光粉的发射光谱和未被荧光粉吸收的 PLE 光谱在积分球内探测到的混合光谱，E_R 是积分球探测到的没有荧光粉时的 PLE 光谱。从图 a 中，无法真正算出荧光粉的内量子效率。因为，荧光粉被放在积分球中，以 $BaSO_4$ 作为反射面，没有被荧光粉吸收的激发光首先被积分球表面反射,然后会激发到荧光粉,$BaSO_4$ 对激发光的影响没有扣除,因此须进一步测试荧光粉间接内量子效率。图 b 为 $Sr_{0.8}Ca_{0.2}AlSiN_3$:$0.05Eu^{2+}$ 荧光粉被积分球 $BaSO_4$ 反射的激发光所激发的绝对值荧光光谱。结合图 2-27,测出 $Sr_{0.8}Ca_{0.2}AlSiN_3$:$0.05Eu^{2+}$ 的量子效率为 91.82%。相同方法测出其他 $Sr_xCa_{1-x}AlSiN_3$:$0.05Eu^{2+}$ 荧光粉,当 $x=0.2$、0.35、0.5、0.65 时的量子效率分别为 78.31%、79.60%、81.77%、84.79%。

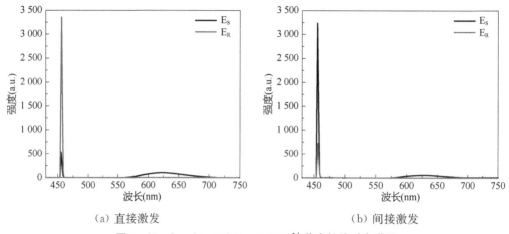

（a）直接激发 （b）间接激发

图 2-27 $Sr_{0.8}Ca_{0.2}AlSiN_3$:$0.05Eu^{2+}$ 荧光粉绝对光谱图

实验进一步研究红色荧光粉 $Sr_xCa_{1-x}AlSiN_3$:$0.05Eu^{2+}$（$x=0.2$、0.5、0.8）在 467 nm 蓝光激发下温度相关的 PL 光谱,如图 2-28 所示。因无辐射跃迁概率的增加,三种荧光粉的发射光谱峰值强度随着温度的升高而降低。当温度从 300 K 升高到 500 K 时,$x=0.2$、0.5、0.8 三种荧光粉的发射峰值强度分别降低 66.24%、27.87%、16.66%。热稳定性结果表明,Sr^{2+} 取代 Ca^{2+} 提高了红色荧光粉的热稳定性。已有研究表明,$Sr_{0.8}Ca_{0.2}AlSiN_3$:$0.05Eu^{2+}$ 热稳定性高于 $Sr_2Si_5N_8$:Eu^{2+}、$SrLiAl_3N_4$:Eu^{2+} 和 $SrSi_2N_2O_2$:Eu^{2+}。

为进一步确认 Sr^{2+} 引入对荧光粉温度相关性的影响,对荧光粉进行了 120 ℃ 加热 1 h 和 -40 ℃ 冷却 1 h,冷热循环 5 次实验,如图 2-29 所示。实验结果显示,从 $x=0.2\sim0.8$,冷热循环实验后荧光粉的发光峰值强度降为初始值的 96.87%~98.67%。因此,Sr^{2+} 取代 Ca^{2+} 有利于荧光粉的温度稳定性。

实验进一步研究红色荧光粉 $Sr_xCa_{1-x}AlSiN_3$:$0.05Eu^{2+}$ 高温高湿（85 ℃、RH 85%）168 h 和沸水煮 3 h 前后的发射峰值强度的变化,如图 2-30 和图 2-31 所示,高温高湿 168 h 以后,从 $x=0.2\sim0.8$,荧光粉的发光峰值强度降到实验前的 95.87%~86.51%;水煮以后,从 $x=0.2\sim0.8$,荧光粉的发光峰值强度降到实验前的 99.86%~92.45%。可靠性实验结果显示 Sr^{2+} 取代 Ca^{2+} 降低了荧光粉的耐湿性能。

为了研究耐湿性能降低的原因,实验测试了水煮实验前后红色荧光粉的 XRD 图,如图 2-32 所示,随着 Sr^{2+} 含量的变化出现了不同的相组分。但是,对比水煮实验前后相同组分的红色荧光粉衍射图谱显示,没有出现衍射峰值的不同。结果显示,水煮实验没有改变红色荧光粉的晶格结构。ICSD No. 161796 是 $CaAlSiN_3$ 标准图,ICSD No. 419410 是 $Sr_{0.99}Eu_{0.01}AlSiN_3$ 标准图。

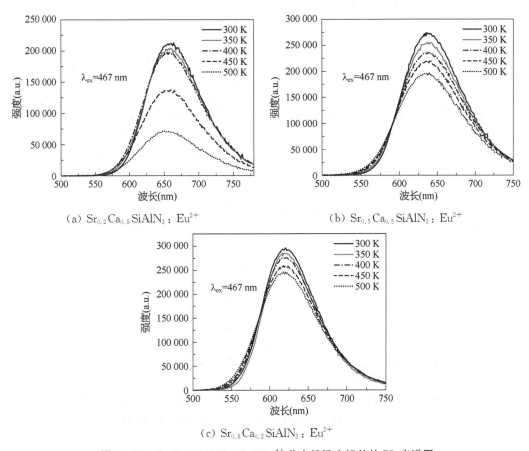

（a）$Sr_{0.2}Ca_{0.8}SiAlN_3$：Eu^{2+}

（b）$Sr_{0.5}Ca_{0.5}SiAlN_3$：Eu^{2+}

（c）$Sr_{0.8}Ca_{0.2}SiAlN_3$：Eu^{2+}

图 2 - 28　$Sr_xCa_{1-x}AlSiN_3$：$0.05Eu^{2+}$ 荧光粉温度相关的 PL 光谱图

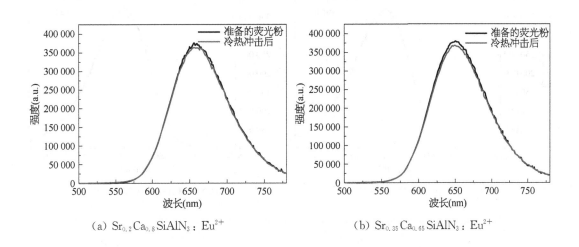

（a）$Sr_{0.2}Ca_{0.8}SiAlN_3$：Eu^{2+}

（b）$Sr_{0.35}Ca_{0.65}SiAlN_3$：$Eu^{2+}$

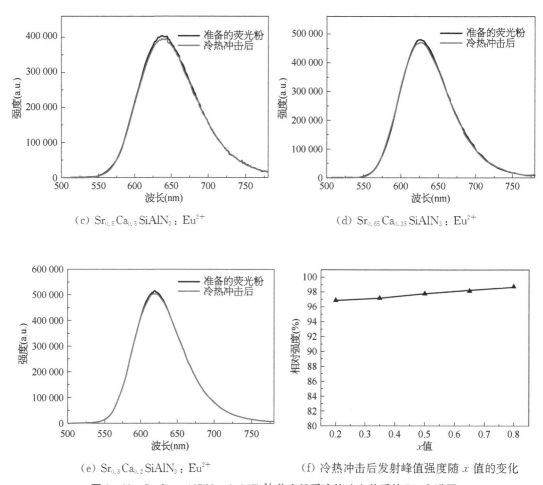

（c）$Sr_{0.5}Ca_{0.5}SiAlN_3：Eu^{2+}$　　　　　　（d）$Sr_{0.65}Ca_{0.35}SiAlN_3：Eu^{2+}$

（e）$Sr_{0.8}Ca_{0.2}SiAlN_3：Eu^{2+}$　　　（f）冷热冲击后发射峰值强度随 x 值的变化

图 2‐29　$Sr_xCa_{1-x}AlSiN_3：0.05Eu^{2+}$ 荧光粉受冷热冲击前后的 PL 光谱图

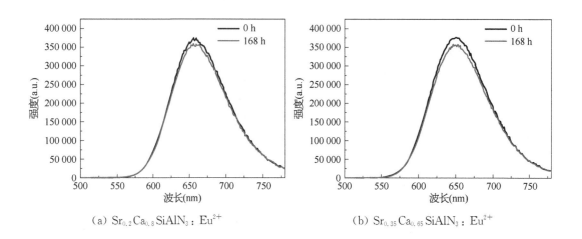

（a）$Sr_{0.2}Ca_{0.8}SiAlN_3：Eu^{2+}$　　　　　　（b）$Sr_{0.35}Ca_{0.65}SiAlN_3：Eu^{2+}$

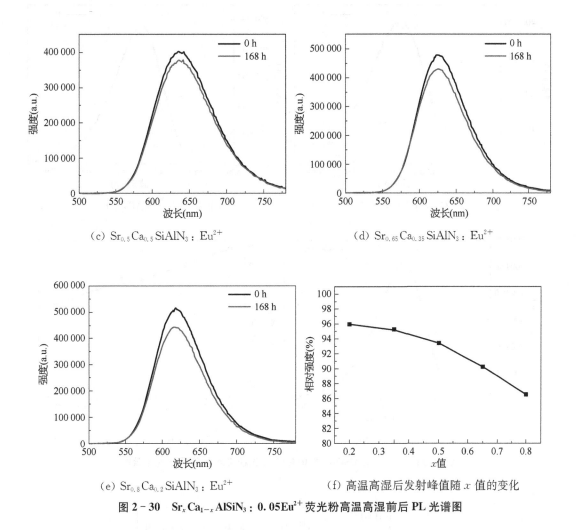

(c) $Sr_{0.5}Ca_{0.5}SiAlN_3：Eu^{2+}$

(d) $Sr_{0.65}Ca_{0.35}SiAlN_3：Eu^{2+}$

(e) $Sr_{0.8}Ca_{0.2}SiAlN_3：Eu^{2+}$

(f) 高温高湿后发射峰值随 x 值的变化

图 2 - 30 　$Sr_xCa_{1-x}AlSiN_3：0.05Eu^{2+}$ 荧光粉高温高湿前后 PL 光谱图

(a) $Sr_{0.2}Ca_{0.8}SiAlN_3：Eu^{2+}$

(b) $Sr_{0.35}Ca_{0.65}SiAlN_3：Eu^{2+}$

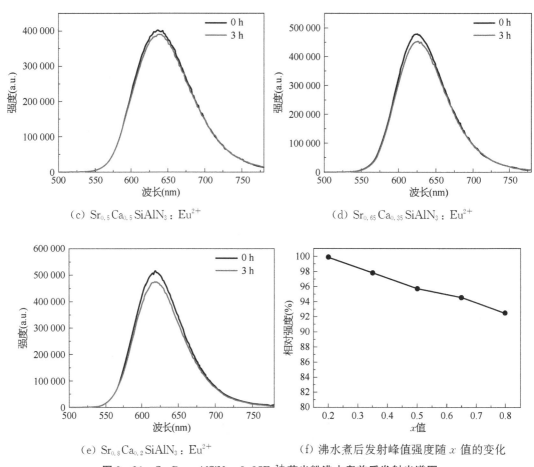

（c）$Sr_{0.5}Ca_{0.5}SiAlN_3：Eu^{2+}$

（d）$Sr_{0.65}Ca_{0.35}SiAlN_3：Eu^{2+}$

（e）$Sr_{0.8}Ca_{0.2}SiAlN_3：Eu^{2+}$

（f）沸水煮后发射峰值强度随 x 值的变化

图 2-31　$Sr_xCa_{1-x}AlSiN_3：0.05Eu^{2+}$ 荧光粉沸水煮前后发射光谱图

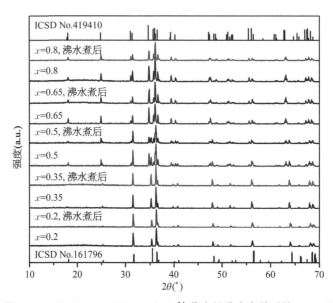

图 2-32　$Sr_xCa_{1-x}AlSiN_3：0.05Eu^{2+}$ 荧光粉沸水煮前后的 XRD 图

为进一步分析水煮前后发射峰值强度变化的原因,对比测试水煮前后红色荧光粉 $Sr_xCa_{1-x}AlSiN_3$:$0.05Eu^{2+}$($x=0.2$、0.5、0.8)表面 SEM 图,如图 2 - 33 所示。 $Sr_{0.2}Ca_{0.8}AlSiN_3$:$0.05Eu^{2+}$ 红色荧光粉基本没有变化,$Sr_{0.5}Ca_{0.5}AlSiN_3$:$0.05Eu^{2+}$ 水煮 之后表面略有粗糙,$Sr_{0.8}Ca_{0.2}AlSiN_3$:$0.05Eu^{2+}$ 表面变化较大。研究表明水的存在会使 $(Sr,Ca)AlSiN_3$:Eu^{2+} 分解为 $(Sr,Ca)Al_2Si_2O_8$、$Ca(OH)_2$ 和 NH_3。可靠性实验结果显示,Sr^{2+} 多的情况下容易引起 $(Sr,Ca)AlSiN_3$:Eu^{2+} 在水中的降解反应。同时检测 $Sr_xCa_{1-x}AlSiN_3$:$0.05Eu^{2+}$ 在水中的 pH,没有发现明显的变化,可能是反应量太少无法 检测,也可能是有更深层次的反应目前没有被发现,后续实验会进一步深入分析。

(a) 实验前($x=0.2$)　　　　　　(d) 实验后($x=0.2$)

(b) 实验前($x=0.5$)　　　　　　(e) 实验后($x=0.5$)

(c) 实验前($x=0.8$)　　　　　　(f) 实验后($x=0.8$)

图 2 - 33　$Sr_xCa_{1-x}AlSiN_3$:$0.05Eu^{2+}$ 荧光粉沸水煮实验前后 SEM 图

2.6 BaSrSiO：Eu^{2+}体系荧光粉

2.6.1 光学性能

所有 $Sr_{1.9-x}Ba_xSiO_4$：Eu^{2+} 样品均为单相，如图 2 - 34 所示。根据其 XRD 图，所有图谱均与 α - Sr_2SiO_4 的标准图谱一致。但是，当掺杂 Ba^{2+} 时，其峰向低角度移动，因为在晶格中较大的 Ba^{2+}（离子半径为 1.56 Å）替代了较小的 Sr^{2+}（离子半径为 1.4 Å）。该图显示没有 β - Sr_2SiO_4，因为添加了 Ba^{2+} 和 Eu^{2+} 阻止了它的形成。Sr_2SiO_4 分子式中每单位 0.1 mol 的 Eu^{2+} 掺杂几乎没有影响 XRD 图，因为 Sr^{2+} 和 Eu^{2+} 的离子半径非常接近，分别为 1.4 Å 和 1.39 Å。因此，$Sr_{1.9}SiO_4$：Eu^{2+} 衍射峰与纯 Sr_2SiO_4 衍射峰之间的位移可以忽略。

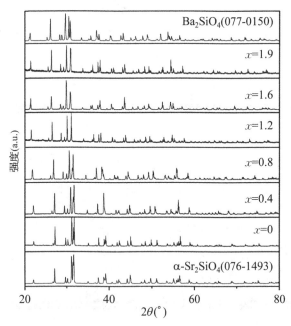

图 2 - 34 $Sr_{1.9-x}Ba_xSiO_4$：Eu^{2+} 样品的 XRD 图

图 2 - 35 为一系列 $Sr_{1.9-x}Ba_xSiO_4$：Eu^{2+} 样品的 PLE 光谱和 PL 光谱图，这些样品均被波长为 460 nm 的蓝光激发。PLE 光谱显示增加 Ba^{2+}/Sr^{2+} 比会增加总的激发带强度。但是，当用常规蓝色 LED 所用的 460 nm 光激发时，$Sr_{0.3}Ba_{1.6}SiO_4$：Eu^{2+} 样品产生最高的 PL 强度随 Ba^{2+}/Sr^{2+} 中 x 比值的下降而增加。因此，$Sr_{1.9-x}Ba_xSiO_4$：Eu^{2+} 从转换效率的角度来看，与 $Ba_{1.9}SiO_4$：Eu^{2+} 相比，固溶体更适合作为绿色荧光体，与蓝光 LED 一起使用。随着 Ba^{2+} 含量 x 的增加，发射峰从 585 nm 移到 519 nm，发射带的半高峰宽从 101 nm 减小到 62 nm。

当 Eu^{2+} 掺杂到 Ba_2SiO_4 和 Sr_2SiO_4 中时，其主体可以占据两个非等价的阳离子位点

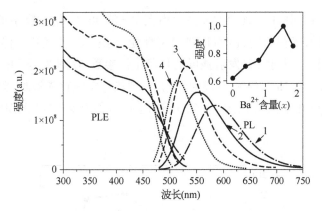

图 2-35 $Sr_{1.9-x}Ba_xSiO_4$：Eu^{2+} 在 460 nm 蓝光激发下的 PLE 光谱和 PL 光谱图

（Ⅰ和Ⅱ），故该结构具有两个发射中心。在 Sr_2SiO_4：Eu 中,这些中心在 490 nm 和 570 nm 处发射。位置（Ⅰ）与氧原子十位坐标,位置（Ⅱ）与氧原子九位坐标。较短波长的发射归因于（Ⅱ）位的 Eu^{2+},而较长波长的发射归因于（Ⅰ）位的 Eu^{2+}。尽管 Ba_2SiO_4 和 $\alpha-Ba_2SiO_4$ 具有非常相似的晶体结构,但它们的发光特性是不同的。其主要区别在 Sr_2SiO_4：Eu^{2+} 中（Ⅰ）和（Ⅱ）位置 Eu^{2+} 的 PL 强度比取决于激发波长,而 Ba_2SiO_4：Eu^{2+} 中的 PL 强度几乎与激发波长无关。当 Sr_2SiO_4：Eu^{2+} 在紫外光的激发下,归因于 Eu(Ⅱ) 的 490 nm 短波发射相对来说占主导。然而,在较长的波长激发下,归因于 Eu(Ⅱ)位的 490 nm 发射对光谱的贡献不大,仅获得了归因于 Eu(Ⅰ)位的发射峰,峰值波长在 570～580 nm。

温度升高会通过热声子辅助降低 $Sr_{1.9-x}Ba_xSiO_4$：Eu^{2+} 的发射强度,$Sr_{1.9-x}Ba_xSiO_4$：Eu^{2+} 归一化 PL 强度对温度的依赖性,如图 2-36 所示。

$$I_T = I_0/[1 + c \exp(-E_a/kT)] \qquad (2-2)$$

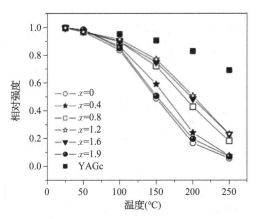

图 2-36 $Sr_{1.9-x}Ba_xSiO_4$：Eu^{2+} 归一化 PL 强度对温度的依赖性

式中,I_0 代表初始 PL 强度;I_T 是温度 T 下的强度;E_a 是热猝灭或非辐射跃迁势垒的活化能;c 是特定主体的常数;k 是玻尔兹曼常数（$8.62×10^5$ eV）。图 2-37 为淬火温度与

$Sr_{2-x}Ba_xSiO_4$：Eu^{2+} 中 Ba^{2+} 含量的关系。由图 2-36 可知，化合物中的 Ba^{2+}/Sr^{2+} 的比例变化强烈影响 PL 的热稳定性，而且热稳定性随 x 呈非线性变化。淬火温度（PL 强度为其初始值的一半）是表示 PL 发射强度的热稳定性参数，在图 2-37 中作为 x 的函数绘制。如果将 Sr_2SiO_4：Eu^{2+}（$x=0$）视为起始点，则热稳定性首先增加，到 Ba^{2+} 的含量，即 x 值达到 1.2 为止几乎保持恒定，直到 x 到达 1.6，但结果向仅含钡的成分 Ba_2SiO_4：Eu^{2+} 急剧下降。

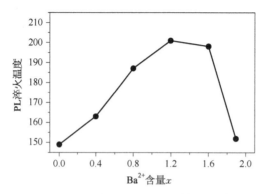

图 2-37　淬火温度与 $Sr_{2-x}Ba_xSiO_4$：Eu^{2+} 中 Ba^{2+} 含量的关系

文献中关于 $Sr_{2-x}Ba_xSiO_4$：Eu^{2+} 的 PL 对温度依赖性的数据引起争议，根据 Kim 等的研究，所有 $Sr_{2-x}Ba_xSiO_4$：Eu^{2+} 的固溶体淬火温度均随 x 线性增加。有人发现 Sr_2SiO_4：Eu^{2+} 的淬火温度超过 Ba_2SiO_4：Eu^{2+}。$Sr_{2-x}Ba_xSiO_4$：Eu^{2+} 荧光粉的另一个特征是热发射峰的驱动位移朝较短的波长（蓝移）移动多达 9 nm，$Sr_{2-x}Ba_xSiO_4$：Eu^{2+} 在不同温度下 $x=0.19$ 的 PL 光谱图，如图 2-38 所示，其行为不同于 Varshiny 理论预测的通常的红移公式：

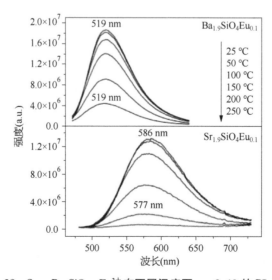

图 2-38　$Sr_{2-x}Ba_xSiO_4$：Eu^{2+} 在不同温度下 $x=0.19$ 的 PL 光谱图

$$E(\mathrm{T}) = E_0 - aT^2/(T+b) \qquad (2-3)$$

其中，$E(\mathrm{T})$ 是温度 T 时激发态与基态之间的能量差，E_0 是 0 K 时的能量差，而 a 和 b 是拟合参数。先前的工作表明，仅含 Sr 的组合物 Sr_2SiO_4：Eu^{2+} 其 PL 通常随温度升高而红移。结果的不一致可能是由于本研究中使用的 Eu^{2+} 含量高（每个配方单位为 0.1）导致的，而 Kim 等使用的 Eu^{2+} 含量较低，为 0.01～0.02。在低掺杂浓度下，Sr_2SiO_4：Eu^{2+} 以单斜晶 b 相存在，在 490 nm 波长处具有较高的 PL 强度，对应于 Eu(Ⅱ)发射。如上所述，它利用了紫外线激发，促进了 Sr_2SiO_4：Eu^{2+} 在 490 nm 处的发射。因此，在这种情况下，490 nm 和 570 nm 处 Sr_2SiO_4：Eu^{2+} 的两个谱带都得到了很好的分辨，并且都以正常方式显示出红移。

温度引起 Ba_2SiO_4：Eu^{2+} 发生蓝移，国内外多名研究者已进行了讨论。在 Ba_2SiO_4：Eu^{2+} 中，Eu(Ⅱ)和 Eu(Ⅰ)在 500 nm 和 520 nm 处有两个发射带，分别反向穿梭，它们完全重叠，并且随着温度的升高其光谱发生蓝移。在较高的温度下，处于较低激发能级[位点(Ⅰ)/Ba 上的 Eu^{2+}]的电子跃迁到更高的位置。如图 2-39 所示，在热声子的帮助下，通过交点 X2/Ba 激发了能级[位点(Ⅱ)上的 Eu^{2+}]。因此，在配置坐标图中通过激发态和基态之间的交点 X1/Ba 发生非辐射弛豫的可能性降低，并且激发态 Eu(Ⅱ)和基态之间的发射跃迁的可能性增加。随着温度的升高，较长波长的发射峰 Eu(Ⅰ)/Ba 的强度下降，而较短波长的发射峰 Eu(Ⅱ)的强度上升或下降更加缓慢。总体而言，反向穿梭的过程会促进发射并阻碍非辐射弛豫。

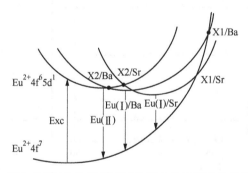

图 2-39　基态 $Eu^{2+} 4f^7$ 和 $Eu^{2+} 4f^6 5d^1$ 两个分裂激发态的结构坐标图

如上所述，$Sr_{2-x}Ba_xSiO_4$：$0.1Eu^{2+}$ 的发光猝灭温度最高为 $x=1.2$。从位形坐标图（图 2-39）很容易理解发光热稳定性随 Ba^{2+} 含量增加的变化特点。图 2-39 示意性地描绘了 Sr_2SiO_4：$0.1Eu^{2+}$ 和 Ba_2SiO_4：$0.1Eu^{2+}$ 的横截面点，分别对应于非辐射过渡壁垒 X1/Sr 和 X1/Ba。Ba_2SiO_4：Eu^{2+}（490 nm 发射）和 Ba_2SiO_4：Eu^{2+}（500 nm 发射）的高能激发水平非常接近，因此在图 2-39 中标记为两种化合物的 Eu(Ⅱ)。当低能带的斯托克斯位移从 Eu(Ⅰ)/Sr 变为 Eu(Ⅰ)/Ba 时，由于 $Sr_{2-x}Ba_xSiO_4$：Eu^{2+} 中 Ba^{2+} 含量的增加，非辐射跃迁势垒 E_a 从 X1/Sr 增大到 X1/Ba。

2.6.2 热稳定性

图 2 - 40 为 $Ba_xSr_{2-x}SiO_4$：$0.02Eu^{2+}$（$x=0$、0.2、0.5、0.8、1、1.5、2）荧光粉的 XRD 图。从图 2 - 40a 可以看出，随着 x 值小于 1，所有的衍射峰 $Ba_xSr_{2-x}SiO_4$：$0.02Eu^{2+}$ 荧光粉索引 Sr_2SiO_4 的阶段并没有发现其他阶段，表明掺杂 Eu^{2+} 和 Ba^{2+} 到 Sr_2SiO_4 里不会引起明显的变化。从衍射峰的强度可以看出，荧光粉的结晶度很高，而衍射图的背景中没有宽频带。晶格常数随 Ba^{2+} 含量的增加而增大。例如，图 2 - 40b 中被放大的晶格面（211）（020）和（013）的衍射峰，当 x 值小于 1 h，随着 Ba^{2+} 含量的增加，衍射峰向小角度发生明显偏移。当 x 值大于 1 时，$Ba_xSr_{2-x}SiO_4$：$0.02Eu^{2+}$ 荧光粉的衍射峰与 Ba_2SiO_4 相对应，如图 2 - 40a 所示。图 2 - 40b 中，放大后的衍射峰变为晶格面（211）（031）和（002）。$Ba_xSr_{2-x}SiO_4$：$0.02Eu^{2+}$ 荧光粉的晶格含量计算后。晶格常数确实随着 x 值的增大而增大，这是可以预料的，因为在 Sr_2SiO_4 结构中，较大的 Ba^{2+} 取代了较小的 Sr^{2+}。值得注意的是，Sr^{2+} 取代 Ba^{2+} 会改变基体晶格中 Eu^{2+} 周围的局部晶体场对称性，从而影响荧光粉的发光性能。

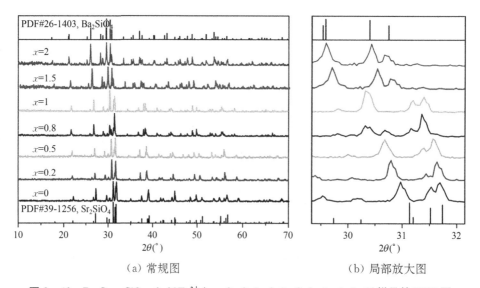

（a）常规图　　　　　　　　　　（b）局部放大图

图 2 - 40　$Ba_xSr_{2-x}SiO_4$：$0.02Eu^{2+}$（$x=0$、0.2、0.5、0.8、1、1.5、2）样品的 XRD 图

值得注意的是，Ba^{2+} 的引入导致了 Eu^{2+} 排放的蓝移。随着 x 值从 0 增加到 2，Eu^{2+} 发射的最大值从 576 nm 增加到 508 nm，如图 2 - 41 所示。从发射光谱的实验蓝移可知，随着 Ba^{2+}/Sr^{2+} 比的增大，主晶格的晶格参数增大，Eu^{2+} 附近的晶体场强减小。

因此，5d 激发态的能隙变小，相应的 5d 激发态具有更高的能级，因此发射峰向较短的波长移动。可以看出，当 x 值小于 1 时，$Ba_xSr_{2-x}SiO_4$：$0.02Eu^{2+}$ 荧光粉的峰值位置发射强度随着 Ba^{2+} 含量的增加而增大。如前所述，当 x 值小于（或大于）1 时，

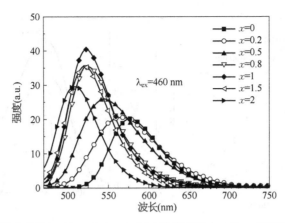

图 2 - 41　不同 Ba^{2+} 含量的 Ba$_x$Sr$_{2-x}$SiO$_4$：0.02Eu^{2+} 荧光粉在 460 nm 蓝光激发下的 PL 光谱图

Ba$_x$Sr$_{2-x}$SiO$_4$：0.02Eu^{2+} 的物相与 Sr$_2$SiO$_4$（或 Ba$_2$SiO$_4$）的物相相同。结果表明，当物相为 Sr$_2$SiO$_4$（或 Ba$_2$SiO$_4$）时，用 Ba^{2+}（Sr^{2+}）替代 Sr^{2+}（Ba^{2+}）可以增强 Ba$_x$Sr$_{2-x}$SiO$_4$：0.02Eu^{2+} 的 Eu^{2+} 发射强度。热淬火性能是荧光粉实际应用的关键指标之一，包装前必须检查荧光粉的热稳定性。

图 2-42 为在 460 nm 蓝光激发下 Ba$_x$Sr$_{2-x}$SiO$_4$：0.02Eu^{2+}（$x=0$、0.5、1、1.5、2）荧光粉随温度变化的发射光谱图，发射强度随温度升高而减小。当温度从 300 K 增加到 500 K 时，Sr$_2$SiO$_4$：0.02Eu^{2+} 的发射峰从 576 nm 蓝移到 560 nm，峰值强度降低了 91.32%。当温度从 300 K 增加到 500 K 时，BaSrSiO$_4$：0.02Eu^{2+} 发射峰的变化从 524 nm 蓝移到 521 nm，峰值强度降低 64.80%。

对于 Ba$_2$SiO$_4$：0.02Eu^{2+} 荧光粉，发射峰不转变，峰值强度降低 94.12% 时，温度增加，从 300 K 到 500 K。Ba$_x$Sr$_{2-x}$SiO$_4$：0.02Eu^{2+} 荧光粉峰值强度随温度升高的变化如图 2-42f 所示。它表明，当 $x<1$ 时，Ba$_x$Sr$_{2-x}$SiO$_4$：0.02Eu^{2+} 荧光粉的热稳定性增加。通常认为 Eu^{2+} 掺杂化合物的热猝灭与固态坐标图中的热辅助交叉无关，而与 Eu^{2+} 的电离有关，这种电离是因为 Eu^{2+} 的电离导致其导带底部与 5d 能级间的小能量分离。Eu^{2+} 被掺杂到 Ba$_x$Sr$_{2-x}$SiO$_4$ 两个不同的晶体位置：Eu（Ⅰ）和 Eu（Ⅱ），这导致了 PL 光谱中的两个发射峰。Ba^{2+} 影响主晶格中的晶体强度和共价态，可以定性地解释 Ba^{2+} 及其浓度对测得的发射光谱特征随温度变化的影响。

图 2-43 为不同 x 值的 Ba$_x$Sr$_{2-x}$SiO$_4$：0.02Eu^{2+} 荧光粉在 120℃、−40℃ 条件下依次存放 1h、5 次后的 PL 光谱图。在 460 nm 蓝光激发下，经热循环测试后，荧光材料的峰值波长没有发生变化，说明在此条件下荧光粉的晶格结构和带隙能没有发生改变。热循环试验后，x 值分别为 0、0.2、0.5、0.8、1、1.5 和 2 时，相对光强分别下降到 84.08%、85.99%、90.18%、92.59%、94.89%、90.88% 和 85.42%。Ba^{2+} 的加入确实提高了 Ba$_x$Sr$_{2-x}$SiO$_4$：0.02Eu^{2+} 在 x 值小于 1 时的热稳定性。

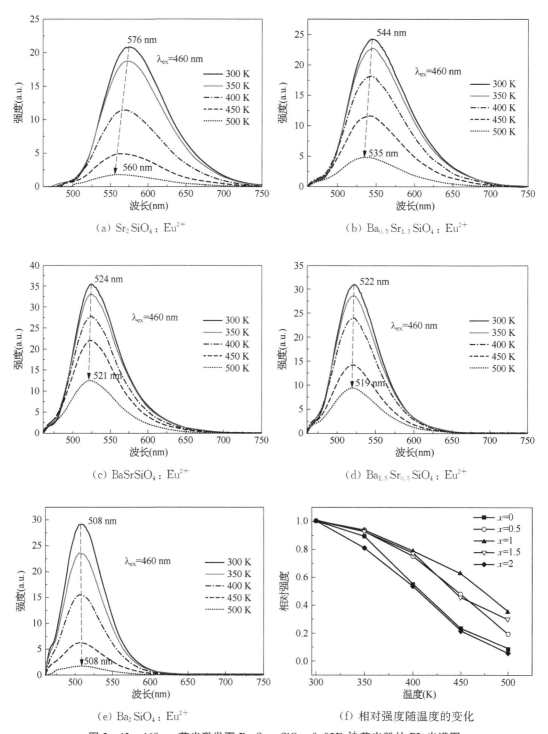

(a) Sr_2SiO_4 ： Eu^{2+}

(b) $Ba_{0.5}Sr_{1.5}SiO_4$ ： Eu^{2+}

(c) $BaSrSiO_4$ ： Eu^{2+}

(d) $Ba_{1.5}Sr_{0.5}SiO_4$ ： Eu^{2+}

(e) Ba_2SiO_4 ： Eu^{2+}

(f) 相对强度随温度的变化

图 2 - 42　460 nm 蓝光激发下 $Ba_xSr_{2-x}SiO_4$ ： $0.02Eu^{2+}$ 荧光粉的 PL 光谱图

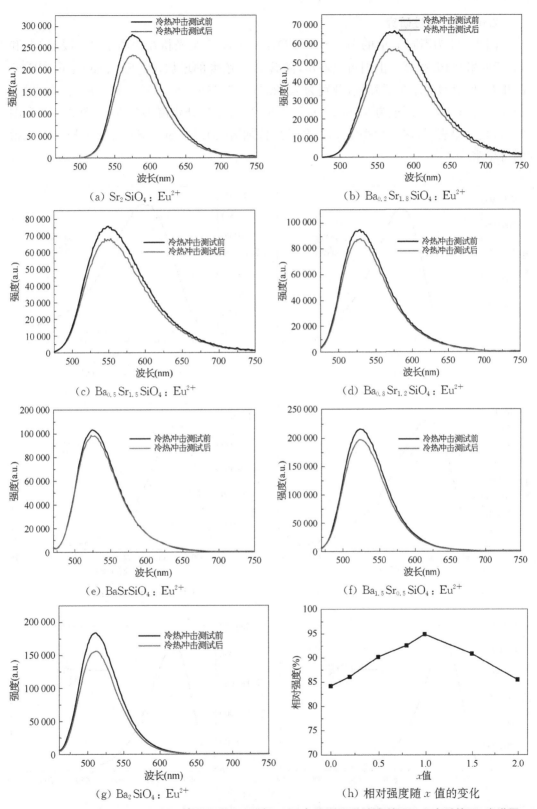

（a）$Sr_2SiO_4 : Eu^{2+}$

（b）$Ba_{0.2}Sr_{1.8}SiO_4 : Eu^{2+}$

（c）$Ba_{0.5}Sr_{1.5}SiO_4 : Eu^{2+}$

（d）$Ba_{0.8}Sr_{1.2}SiO_4 : Eu^{2+}$

（e）$BaSrSiO_4 : Eu^{2+}$

（f）$Ba_{1.5}Sr_{0.5}SiO_4 : Eu^{2+}$

（g）$Ba_2SiO_4 : Eu^{2+}$

（h）相对强度随 x 值的变化

图 2 - 43　$Ba_xSr_{2-x}SiO_4 : 0.02Eu^{2+}$ 荧光粉在 120℃、一40℃ 条件下依次存放 1 h、5 次后的 PL 光谱图

2.6.3 可靠性研究

图 2-44 为不同 x 值的 $Ba_x Sr_{2-x} SiO_4$：$0.02Eu^{2+}$ 荧光粉在去离子水中浸泡 3 h 和 4 h 后的相对 PL 强度。由图可以看出，随着 Ba^{2+} 浓度的增加，$Ba_x Sr_{2-x} SiO_4$：$0.02Eu^{2+}$ 的相对 PL 强度先增加后降低，分别为 75.23％、83.63％、85.76％、89.58％、88.28％、85.03％、70.97％，x 值为 0、0.2、0.5、0.8、1.5、2 进开水浸泡后 3 h。图 2-43 和图 2-44 的结果表明，在 x 值小于 1 时，Ba^{2+} 的添加增强了 $Ba_x Sr_{2-x} SiO_4$：$0.02Eu^{2+}$ 荧光粉的可靠性。

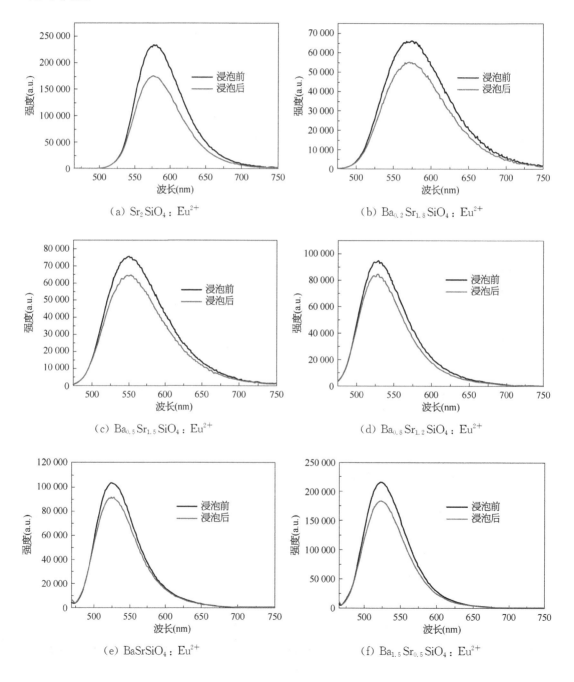

（a）$Sr_2 SiO_4$：Eu^{2+} （b）$Ba_{0.2} Sr_{1.8} SiO_4$：Eu^{2+}

（c）$Ba_{0.5} Sr_{1.5} SiO_4$：Eu^{2+} （d）$Ba_{0.8} Sr_{1.2} SiO_4$：Eu^{2+}

（e）$BaSrSiO_4$：Eu^{2+} （f）$Ba_{1.5} Sr_{0.5} SiO_4$：Eu^{2+}

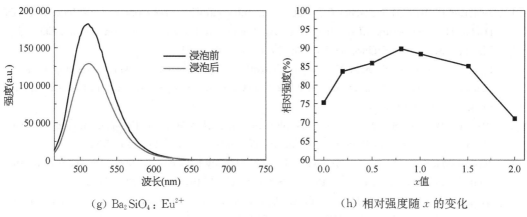

(g) $Ba_2SiO_4 : Eu^{2+}$　　　　　　　　(h) 相对强度随 x 的变化

图 2 - 44　$Ba_xSr_{2-x}SiO_4 : 0.02Eu^{2+}$ 荧光粉在去离子水中浸泡 3 h 和 4 h 后的相对 PL 强度

参考文献

［1］ 余兴建,舒伟程,胡润,等. 高出光品质 LED 封装：现状及进展[J]. 中国科学（技术科学）,2017,47 (9)：891 - 922.

［2］ Luo X, Hu R, Liu S, et al. Heat and Fluid Flow in High-Power LED Packaging and Applications [J]. Progress in Energy & Combustion Science, 2016,56：1 - 32.

［3］ Liu S, Luo X. LED Packaging for Lighting Applications：Design, Manufacturing and Testing [M]. Beijing：Chemical Industry Press, 2011.

［4］ Holonyak N, Bevacqua S F. Coherent (visible) Light Emission from Ga $(As_{1-x}P_x)$ Junctions [J]. Applied Physics Letters, 1962,1(4)：82 - 83.

［5］ Dupuis R D, Krames M R. History, Development, and Applications of High-Brightness Visible Light-Emitting Diodes [J]. Journal of Lightwave Technology, 2008,26(9)：1154 - 1171.

［6］ Lee Y J, Lu T C, Kuo H C, et al. High Brightness GaN-Based Light-Emitting Diodes [J]. Journal of Display Technology, 2007,3(2)：118 - 125.

［7］ Nakamura S, Mukai T, Senoh M. High-Power GaN P-N Junction Blue-Light-Emitting Diodes [J]. Japanese Journal of Applied Physics, 1991,30：1998 - 2001.

［8］ Nakamura S, Senoh M, Mukai T. High-Power InGaN/GaN Double-Heterostructure Violet Light Emitting Diodes [J]. Applied Physics Letters, 1993,62(19)：2390 - 2392.

［9］ Steranka F M, Bhat J, Collins D, et al. High Power LEDs — Technology Status and Market Applications [J]. Physica Status Solidi, 2015,194(2)：380 - 388.

［10］ Wang K, Luo X, Liu Z, et al. Optical Analysis of an 80 - W Light-Emitting-Diode Street Lamp [J]. Optical Engineering, 2008,47(1)：013002 - 1 - 13.

［11］ Lin M T, Ying S P, Lin M Y, et al. High Power LED Package with Vertical Structure [J]. Microelectronics Reliability, 2012,52(5)：878 - 883.

［12］ Jeng M J, Chiang K L, Chang H Y, et al. Heat Sink Performances of GaN/InGaN Flip-Chip Light-Emitting Diodes Fabricated on Silicon and AlN Submounts [J]. Microelectronics Reliability, 2012,52(5)：884 - 888.

［13］ Schlotter P, Schmidt R, Schneider J. Luminescence Conversion of Blue Light Emitting Diodes [J]. Appl. Phys. A Mater. Sci. Process, 1997,64(4)：417 - 418.

［14］Schlotter P，Baur J，Hielscher C，et al. Fabrication and Characterization of GaN/InGaN/AlGaN Double Heterostructure LEDs and Their Application in Luminescence Conversion LEDs ［J］. Materials Science & Engineering B，1999,59(1－3)：390－394.

［15］Byun H J，Song W S，Kim Y S，et al. Solvothermally Grown Ce^{3+}-Doped $Y_3Al_5O_{12}$ Colloidal Nanocrystals：Spectral Variations and White LED Characteristics ［J］. Journal of Physics D Applied Physics，2010,43(19)：5401－5406.

［16］Pan Y，Wu M，Su Q. Tailored Photoluminescence of YAG：Ce Phosphor through Various Methods ［J］. Journal of Physics & Chemistry of Solids，2004,65(5)：845－850.

［17］Mueller-Mach R，Mueller G，Krames M R，et al. Highly Efficient all Nitride Phosphor-Converted White Light Emitting Diode ［J］. Physica Status Solidi，2010,202(9),1727－1732.

［18］Yang T H，Chen C Y，Chang Y Y，et al. Precise Simulation of Spectrum for Green Emitting Phosphors Pumped by a Blue LED Die ［J］. IEEE Photonics Journal，2014,6(4)：1－10.

［19］He G，Yan H. Optimal Spectra of the Phosphor-Coated White LEDs with Excellent Color Rendering Property and High Luminous Efficacy of Radiation ［J］. Optics Express，2011,19(3)：2519－2529.

［20］文锋. AlGaInN 量子阱 LED 的研究［D］. 武汉：华中科技大学，2006.

［21］Qiang Y C，Yu Y X，Chen G L，et al. A flux-free method for synthesis of Ce^{3+}-doped YAG phosphor for white LEDs ［J］. Materials Research Bulletin，2016,74：353－359.

［22］Ronda C，Meijerink A，Bachmann V. Temperature Quenching of Yellow Ce^{3+} Luminescence in YAG：Ce ［J］. Chemistry of Materials，2009,21：2077－2084.

［23］Chen D Q，Chen Y. Transparent Ce^{3+}：$Y_3Al_5O_{12}$ glass ceramic for organic-resin-free white-light-emitting diodes ［J］. Ceramics International，2014,40：325－329.

［24］Zhou H Y，Zou J，Yang B B，et al. Facile preparation and luminescence performance of transparent YAG：Ce phosphor-in-tellurate-glass inorganic color converter for white-light-emitting diodes ［J］. Journal of Non-Crystalline Solids，2018,481：537－542.

［25］Mariusz K，Meyer H-Jürgen. A Low-Temperature Synthesis Route for $CaAlSiN_3$ Doped with Eu^{2+} ［J］. Zeitschrift Für Anorganische Und Allgemeine Chemie，2013,639：669－671.

［26］Watanabe H，Kijima N. Crystal structure and luminescence properties of $Sr_xCa_{1-x}AlSiN_3$：Eu^{2+} mixed nitride phosphors ［J］. Journal of Alloys & Compounds，2009,475：434－439.

［27］Li G H，Zhao Y，Jiao X，et al. Effective suppression of AlN impurity in synthesis of $CaAlSiN_3$：Eu^{2+} phosphors under condition of atmospheric pressure ［J］. Materials Chemistry and Physics，2017,201：1－6.

［28］武传雷. YAG 荧光粉的制备和性能研究［D］. 上海：上海师范大学，2013.

［29］张凯. 共沉淀制备铈掺杂钇铝石榴石荧光粉及其发光性能研究［D］. 上海：上海交通大学，2008.

［30］李若可. 用于白光 LED 铈掺杂钇铝石榴石荧光粉的制备及性能研究［D］. 广州：华南理工大学，2016.

［31］Tang Y R，Zhou S M，Yi X Z，et al. The characterization of Ce/Pr-doped YAG phosphor ceramic for the white LEDs ［J］. Journal of Alloys and Compounds，2018,745：84－89.

［32］裴浩宇. Eu 掺杂的 $CaAlSiN_3$ 与 YAG 红色荧光粉的制备与性能研究［D］. 南昌：南昌大学，2015.

［33］李旭. 白光 LED 用荧光粉的性能和制备［D］. 保定：河北大学，2007.

［34］Li G H，Chen J J，Mao Z Y，et al. Atmospheric pressure preparation of red-emitting $CaAlSiN_3$：Eu^{2+}，phosphors with variable fluxes and their photoluminescence properties ［J］. Ceramics International，2016,42：1756－1761.

[35] Li S X, Peng X, Liu X J, et al. Photoluminescence of $CaAlSiN_3$: Eu^{2+}-based fine red-emitting phosphors synthesized by carbothermal reduction and nitridation method [J]. Optical Materials, 2014,38: 242 - 247.

[36] Bachmann V, Ronda C, Meijerink A, et al. Color Point Tuning for (Sr, Ca, Ba)$Si_2O_2N_2$: Eu^{2+} for White Light LEDs [J]. ChemInform, 2009,40(19),2077 - 2084.

[37] Zhang X, Tsai Y T, Wu S M, et al. Facile Atmospheric Pressure Synthesis of High Thermal Stability and Narrow-Band Red-Emitting $SrLiAl_3N_4$: Eu^{2+} Phosphor for High Color Rendering Index White Light-Emitting Diodes [J]. Acs Applied Materials & Interfaces, 2016,8(30): 19612 - 19617.

[38] Bachmann V, Ronda C, Oeckler O, et al. Color Point Tuning for (Sr, Ca, Ba)$Si_2O_2N_2$: Eu^{2+} for White Light LEDs [J]. Chemistry of Materials, 2009,21(2): 316 - 325.

[39] Xu C, Watkins B A, Sievers R E, et al. Submicron-Sized Spherical Yttrium Oxide Based Phosphors Prepared by Supercritical CO_2-assisted Aerosolization and Pyrolysis [J]. Applied Physics Letters, 1998,71(12): 1643 - 1645.

[40] Wang L S, Zhou Y H, Quan Z W, et al. Formation Mechanisms and Morphology Dependent Luminescence Properties of Y_2O_3: Eu Phosphors Prepared by Spray Pyrolysis Process [J]. Materials Letters, 2005,59(10): 1130 - 1133.

[41] Wang Z J, Lou S Q, Li P L. Improvement of the Red Emitting Phosphor by Introducing A^+ (A= Li, Na, K) into $Sr_3La(PO_4)_3$: Eu^{3+}[J]. Journal of Alloys & Compounds, 2016,658: 813 - 817.

[42] Dhas N A, Zaban A, Gedanken A. Surface Synthesis of Zinc Sufide Nanoparticles on Silica Microspheres Sonochemical Preparation Characterization and Optical Properties [J]. Chemistry of Materials, 1999,11(3): 806 - 813.

[43] Qiu Z X, Rong C Y, Zhou W L, et al. A strategy for Synthesizing CaZnOS: Eu^{2+} Phosphor and Comparison of Optical Properties with CaS: Eu^{2+}[J]. Journal of Alloys & Compounds, 2014,583: 335 - 339.

[44] Nyenge R L, Swart H C, Ntwaeaborwa O M. The Influence of Substrate Temperature and Deposition Pressure on Pulsed Laser Deposited Thin Films of CaS: Eu^{2+}, Phosphors [J]. Physica, B. Condensed Matter, 2016,480: 186 - 190.

[45] Kubus M, Levin K, Kroeker S, et al. Structural and Luminescence Studies of the New Nitridomagnesoaluminate $CaMg_2AlN_3$[J]. Dalton Trans, 2015,44(6): 2819 - 2826.

[46] Duan C J, Delsing A C A, Hintzen H T. Red emission from Mn^{2+} on a tetrahedral site in $MgSiN_2$ [J]. Journal of Luminescence, 2009,129(6): 645 - 649.

[47] Zhang Z, Delsing A C A, Notten P H L, et al. Photoluminescence Properties of Red-Emitting Mn^{2+}-Activated $CaAlSiN_3$ Phosphor for White-LEDs [J]. Ecs Journal of Solid State Science & Technology, 2013,2(4): 70 - 75.

[48] Piao X, Machida K-I, Horikawa T, et al. Preparation of $CaAlSiN_3$: Eu^{2+} Phosphors by the Self-propagating High-Temperature Synthesis and their Luminescent Properties [J]. Chemistry of Materials, 2007,19(18): 4592 - 4599.

[49] Watanabe H, Kijima N. Crystal Structure and Luminescence Properties of $Sr_xCa_{1-x}AlSiN_3$: Eu^{2+} Mixed Nitride Phosphors [J]. Journal of Alloys & Compounds, 2009,475(1): 434 - 439.

[50] Lee S, Sohn K-S. Effect of Inhomogeneous Broadening on Time-Resolved Photoluminescence in $CaAlSiN_3$: Eu^{2+}[J]. Optics Letter, 2010,35(7): 1004 - 1006.

[51] Yang J, Wang T, Chen D, et al. An Investigation of Eu^{2+}-doped $CaAlSiN_3$ Fabricated by an Alloy-

Nitridation Method [J]. Materials Science & Engineering B, 2012,177(18): 1596-1604.

[52] Kubus M, Meyer H J. A Low-Temperature Synthesis Route for CaAlSiN₃, Doped with Eu²⁺[J]. Zeitschrift Für Anorganische Und Allgemeine Chemie, 2013,639(5): 669-671.

[53] Tang J Y, He Y M, Hao L Y, et al. Fine-sized BaSi₃Al₃O₄N₅: Eu²⁺ Phosphors Prepared by Solid-State Reaction using BaF₂ Flux [J]. Journal of Materials Research, 2013,28(18): 2598-2604.

[54] Song X, He H, Fu R, et al. Photoluminescent Properties of SrSi₂O₂N₂: Eu²⁺ Phosphor: Concentration Related Quenching and Red Shift Behavior [J]. Journal of Physics D-Applied Physics, 2009,42(6): 065409.

[55] Song X, Fu R, Agathopoulos S, et al. Synthesis of BaSi₂O₂N₂: Ce³⁺, Eu²⁺ Phosphors and Determination of their Luminescence Properties [J]. Journal of the American Ceramic Societ, 2011,94(2): 501-507.

[56] Florian S, Oliver O, Henning A H, et al. Crystal Structure, Physical Properties and HRTEM Investigation of the New Oxonitridosilicate EuSi₂O₂N₂[J]. Chemistry: A European Journal, 2006, 12: 6984-6990.

[57] Volker B, Thomas J, Andries M, et al. Luminescence Properties of SrSi₂O₂N₂ Doped with Divalent Rare Earth Ions [J] Journal of Luminescence, 2006,121(2): 441-449.

[58] Mikami M, Uheda K, Kijima N. First-Principles Study of Nitridoaluminosilicate CaAlSiN₃ [J]. Physica Status Solidi, 2010,203(11): 2705-2711.

[59] Kim H S, Machida K, Horikawa T, et al. ChemInform Abstract: Carbothermal Reduction Synthesis Using CaCN₂ as Calcium and Carbon Sources for CaAlSiN₃: Eu²⁺ Phosphor and Their Luminescence Properties [J]. Cheminform, 2015,45(35): 533-534.

[60] Li Y Q, Hirosaki N, Xie R J, et al. Yellow-Orange-Emitting CaAlSiN₃: Ce³⁺ Phosphor: Structure, Photoluminescence, and Application in White LEDs [J]. Chemistry of Materials, 2008, 20(20): 6704-6714.

[61] Watanabe H, Yamane H, Kijima N. Crystal Structure and Luminescence of Sr₀.₉₉Eu₀.₀₁AlSiN₃[J]. Journal of Solid State Chemistry, 2008,181(8): 1848-1852.

[62] Mikami M, Watanabe H, Kijima K U N. Nitridoaluminosilicate CaAlSiN₃ and its Derivatives-Theory and Experiment [J]. Mrs Proceedings, 2007,1040: Q10-09.

[63] Zhang C, Uchikoshi T, Xie R J, et al. Prevention of Thermal- and Moisture-Induced Degradation of the Photoluminescence Properties of the Sr₂Si₅N₈: Eu(²⁺) Red Phosphor by Thermal Post-Treatment in N₂-H₂[J]. Physical Chemistry Chemical Physics, 2016,18(18): 12494-12504.

[64] Zhang X, Tsai Y T, Wu S M, et al. Facile Atmospheric Pressure Synthesis of High Thermal Stability and Narrow-Band Red-Emitting SrLiAl₃N₄: Eu²⁺ Phosphor for High Color Rendering Index White Light-Emitting Diodes [J]. Acs Applied Materials & Interfaces, 2016,8(30): 19612-19617.

第3章

荧 光 薄 膜

3.1 引言

目前产业化白光 LED 的封装方式通常为：将两种或两种以上荧光粉与硅胶或环氧树脂充分混合均匀,然后滴涂在 LED 蓝光芯片上,即通常所说的点胶,点胶法与荧光薄膜的封装示意如图 3-1 所示。首先,由于荧光材料的颗粒比较大,所以在混合硅胶或环氧树脂点胶到固化完全的过程中,荧光材料很容易沉淀在 LED 芯片的上方,LED 点亮后在表面会形成光斑,使 LED 发出的光不均匀,影响 LED 的光色品质。其次,荧光粉混合在硅胶中直接滴涂在芯片上,大约 60% 的蓝光会被荧光粉反向散射后再被 LED 芯片吸收,导致蓝光发射效率降低,因此白光转换效率降低。最后,LED 芯片在长时间工作后表面温度很高,荧光粉和硅胶紧密贴合在芯片周围,荧光材料易受热老化而光衰,同时芯片热量不能及时散失,影响芯片的使用寿命,最终导致 LED 的使用寿命降低。

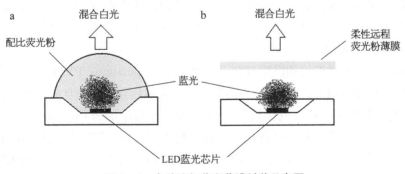

图 3-1 点胶法与荧光薄膜封装示意图

针对现有技术的缺陷,行业专家和学者不断深入研究新的解决方案,通过把荧光粉均匀混合在一些材料中形成光转换材料,即可有效地改善传统点胶工艺中存在的问题。本章主要讨论了荧光薄膜材料,用荧光薄膜封装蓝光 LED,封装得到的白光 LED 出光一致、光色均匀性较好,同时荧光粉不与芯片直接接触,有效地解决了荧光粉受热光衰、LED 难以散热和 LED 使用寿命降低等问题。

3.2 LED用荧光薄膜制备方法研究进展

随着LED的快速发展,从业者建立了较为完整的知识结构体系,并在不断地补充。目前LED荧光粉涂层结构已经建立了较为完整的结构体系,大致分为四类,即传统的球冠型涂层结构、平面保型荧光粉层结构、悬空荧光粉涂层结构、自适应荧光粉涂层结构。

图3-1中球冠型涂层结构最为常见,应用也最为广泛。因其形成操作较为简便、成本较低等因素,极易进行大规模生产,是现在工厂的主流结构,其是由于胶体表面的张力导致荧光粉向四周扩散形成向上凸起的球面而因此被称为球冠型涂层结构。

平面保型荧光粉层结构在2004年由Lumileds提出,是为解决传统荧光粉涂层技术的涂层结构不均匀问题,但缺点是没有改变白光器件出现黄圈、出光在空间上的分布不均匀的问题,以及荧光粉散射作用导致光线反射到芯片内部使发光效率降低等问题。除此之外,荧光粉直接接触芯片,导致在芯片工作时的高温影响荧光粉的转换效率,缩短芯片寿命。俱剑君发现在控制荧光粉层厚度一致条件下,改变芯片出光角度能够得到不同色温的白光。当实验制备的白光LED器件发光时产生的光斑验证了,即使荧光粉层厚度均匀也无法得到空间颜色均匀性较好的白光。

悬空荧光粉涂层结构通过在芯片上涂覆一层硅胶或环氧树脂等物质,硅胶上涂覆荧光粉层,解决了LED荧光粉涂层直接接触芯片,导致在芯片工作时的高温影响荧光粉的转换效率在一定程度上损害芯片性能导致LED器件发光效率降低的问题。除此之外,其与点胶工艺相比,悬空荧光粉涂层法的发光效率提高26%,但仍然没有解决器件出光在空间上的均匀性和荧光粉层与LED芯片蓝光光强分布相匹配的问题。

饶海波等提出自适应荧光粉涂覆技术,自适应荧光粉涂层结构通过借鉴阴极射线(cathode ray tube,CRT)荧光粉涂覆工艺所得到的LED白光器件解决了荧光粉层与LED芯片发出的蓝光光强无法相匹配和无法解决在空间上出光均匀的白光LED问题。

3.2.1 磁控溅射法

磁控溅射法属于物理气相沉积(Physical Vapor Deposition,PVD),通过制备绝缘体材料或金属材料等常用的溅射法即可得到,这些方法所用到的设备比较简单、可大面积镀膜、便于控制、镀膜的黏附力也比较强。高康等利用自制的铈掺杂立方相钇铝石榴石($YAG:Ce^{3+}$)荧光粉为原料经冷静压压制得到粉末靶材,磁控溅射法射频在石英玻片上镀膜,在氩气气氛下1100℃/3h热处理得到$YAG:Ce^{3+}$荧光薄膜。采用粉末靶材,薄膜的沉积速度达到1μm/h,提高了30%,热处理需要的时间比目前已知的研究时间减少了70%。在实验中对荧光薄膜的发光性能起到最主要影响的因素是靶间距和溅射功率。当靶间距太小的时候,氩气起辉比较难,同时实验操作十分困难,当靶间距太大时,荧光薄膜结晶质量下降,荧光薄膜的结晶程度随溅射功率的提高而增加。实验后得到结晶度最好的薄膜是溅射靶间距和溅射功率分别为20mm、300W。Chao等采用陶瓷靶材于溅射衬底为室温时,分别在空气和N_2中800~1200℃温度下退火10h,研究在不同沉积条件下薄膜的结构和发光性能,1100℃下退火薄膜的透射率高于1200℃,但是1100℃下薄膜的

PL 光谱强度低于 1 200 ℃。Kim 等采用陶瓷靶材于衬底温度为 550 ℃时溅射薄膜,再经 N_2 气氛热处理 10 h,研究分别溅射在两个不同衬底上的石英和蓝宝石,以及其溅射参数、退火条件、衬底结晶度对荧光薄膜发光性能的影响,沉积在 c 面蓝宝石衬底上结晶度优于沉积在石英上,且 PL 光谱强度更高。后面两个实验都采用了陶瓷靶材,溅射沉积的速率比较低,不利于工业化大批量生产。

3.2.2　溶胶-凝胶法

溶胶-凝胶法(Sol-Gel)是目前制备材料众多方法中比较常用的一种。在这一制备方法中常用发生反应的前驱体物质通常是一些金属醇盐的有机溶液或无机物溶液,将参加反应所需的实验原料均匀混合在上述溶剂中,之后经过水解化学反应或缩合化学反应便会在溶液体系中产生一种溶胶体系的物质,而且形成的胶体呈现出稳定、透明的形态,上述溶胶体通过陈化反应之后,各个胶粒之间便开始发生逐渐聚拢的现象,最后形成了三维立体的、网络状形态的凝胶体,不能够流动的溶剂填充在凝胶的三维网络状结构之间,此时便形成了凝胶。高康等以 HNO_3 为原料,采用溶胶-凝胶法在石英玻片上制备了 YAG：Ce^{3+} 荧光薄膜,其先制备出透明、均匀的溶胶前驱体,得到溶胶后再用匀胶机制得不同匀胶层数的预制膜。结果表明：YAG：Ce^{3+} 荧光薄膜的 PL 光谱强度和结晶度都随着热处理温度的升高、匀胶层数的增加而得到提高,当匀胶的层数在 6 层以上时,YAG：Ce^{3+} 薄膜的晶型完整、发射峰强度高。Zhao 等利用甘氨酸和尿素作为燃料的燃烧热解过程是一种新型溶胶-凝胶法,在石英衬底上得到均匀粒径厚度为 5.1 μm、60 nm 的 YAG：Ce^{3+} 荧光薄膜,YAG：Ce^{3+} 荧光薄膜的量子效率为 56%,把 YAG：Ce^{3+} 荧光薄膜封装在 LED 蓝光芯片上,得到色温为 4 536 K 的暖白光 LED,其发光效率为 82 lm/W、显色指数为 75.8。

3.2.3　电泳沉积法

电泳沉积法在混有六水硝酸镁[$Mg(NO_3)_2 \cdot 6H_2O$]的异丙醇(C_3H_8O)溶液中加入荧光粉,这样六水硝酸镁中的 Mg^{2+} 便可黏附在荧光粉颗粒上,然后形成悬浊液。因为 LED 芯片的基板有一部分是不能导电的,所以必须在 LED 的基板上涂覆一层导电薄膜,这个导电薄膜是氧化铟锡,此时整个 LED 的基板便成为阴极电极板。阳极板使用的材料是不锈钢,当直流电流通入到两个极板之间时,在电场力的作用下,荧光粉颗粒便附着 Mg^{2+} 逐渐移动到了阴极的 LED 基板上,这样便在 LED 芯片表面黏附了一层荧光粉颗粒。Yum 等的实验将荧光粉加入混有[$Mg(NO_3)_2 \cdot 6H_2O$]的异丙醇溶液中,阴极为涂覆有氧化铟锡的聚对苯二甲酸乙二醇酯(ITO - PET)的柔性导电基板,阳极为不锈钢,$Y_3Al_5O_{12}$：$Ce_{0.05}$ 沉积在 ITO - PET 柔性基板上,最后将沉积有 $Y_3Al_5O_{12}$：$Ce_{0.05}$ 荧光粉的 ITO - PET 封装在 GaN 蓝光 LED 芯片上,得到了白光 LED,其色坐标落在色坐标图的白光区域,色坐标为(0.299 4, 0.327 2),满足高品质白光色坐标范围,具有极大的实际应用价值。

3.2.4　旋转涂覆法

旋转涂覆法所用仪器是匀胶机,将荧光粉与硅胶的混合物置于匀胶机托盘内,通过托盘旋转时离心力的作用,将荧光胶均匀涂覆在基板上的一种方法,这种方法操作容易、工艺简单,工艺条件方便控制,制备出的荧光薄膜厚度、大小可控。Chin 等通过旋转涂覆法制备出的荧光薄膜,将荧光薄膜封装在柔性的聚酰亚胺衬底上,用到的芯片为倒装芯片,对 LED 芯片之间的间距及芯片与薄膜之间的距离进行了最优模拟和实验,并对 LED 的光电性能进行了实验测试,制备出的白光 LED 发光效率可达到 120 lm/W,薄膜可实现 85%的光输出能力,色温可实现在 3 000～5 000 K 范围内的高发光效率、发光均匀的柔性白光 LED。

3.2.5　丝网印刷法

丝网印刷法制备荧光薄膜的设备相对较简单、操作方便,也比较容易控制、易于实现大规模生产,适合面积较大的荧光薄膜的制备。Xiang 等用丝网印刷法在制备出的 LuAG：Ce^{3+} 荧光玻璃陶瓷表面印刷上一层 $CaAlSiN_3$：Eu^{2+} 红色荧光薄膜,从而解决了荧光玻璃陶瓷中单一一种黄色荧光粉用于 LED 封装时,其 LED 的显色指数较低,无法满足照明所需的显色指数问题。通过对荧光薄膜中 $CaAlSiN_3$：Eu^{2+} 红色荧光粉浓度、绿色荧光玻璃陶瓷厚度的探究,最终得到最优的荧光粉浓度为 9%,最佳的荧光玻璃陶瓷厚度为 0.6 mm。通过合理调控红色荧光粉的浓度,最终可以实现发光效率为 102.1 lm/W、显色指数为 76.5、色温为 3 410 K 的最佳暖白光。

3.2.6　其他方法

除了上述制备方法外,荧光薄膜的制备还有激光脉冲沉积法、液相外延法、迈耶棒涂层技术（Mayer rod coating technique）、电化学合成法、金属有机化学气相沉积（MOCVD）、注射成型法等。荧光薄膜的制备方法多种多样,难易和复杂程度也不尽相同,在具体的制备过程中应尽量选取操作可控、制备工艺简单的方法进行,并根据用途和需要的光学性能选择合适的方法进行制备实验。在实际的生产过程中,需要掌控和考虑的因素会更多,应根据具体的生产要求、设备要求等选择合适的方法进行生产。

3.3　荧光薄膜在 LED 中的应用

把荧光粉做成薄膜的方式来制备荧光薄膜,使荧光粉与 LED 芯片隔开一段距离,可以提高 LED 的散热能力,同时降低 LED 工作时荧光粉的温度,提高荧光粉的稳定性。荧光薄膜技术解决了传统点胶工艺中荧光粉的沉淀问题,提高了 LED 的光色一致性与均匀性,改善了白光 LED 的照明品质和发光效率,可以用于大功率 LED、LED 背光源、大面积平板光源和芯片级封装 LED 光源等,应用前景十分广阔,在未来照明光源与显示应用中具有十分重要的价值。

CHIN 等通过旋转涂覆法制备的荧光薄膜如图 3-2 所示,其中图 a、b 为不同色温的荧光薄膜;图 c 为柔性基板的蓝光 LED;图 d 为柔性的白光 LED（图中 D 表示直径）。将柔性荧光薄膜封装在柔性蓝光 LED 的基板上,做成可以弯曲的柔性白光 LED。基板和薄膜均为柔性,芯片为倒装芯片;基板和薄膜可以弯曲成任意角度,使用更加灵活方便。这种组合方式使 LED 可以满足不同场合的不同的需求,应用范围与前景更加广泛。

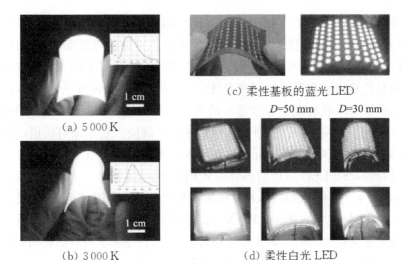

(a) 5 000 K

(b) 3 000 K

(c) 柔性基板的蓝光 LED

(d) 柔性白光 LED

图 3 - 2　柔性白光 LED 封装

HSIN 等将荧光薄膜用于 COB 光源,如图 3 - 3 所示,其中图 a、b 为远程黄色 YAG:Ce 荧光薄膜;图 c 为蓝光 COB LED;图 d 为液晶显示器。将制备出的荧光薄膜封装在蓝光 COB 光源上利用荧光薄膜可以实现大面积封装,同时减少了传统点胶工艺中不同批次甚至同一批次产品中 LED 光色不一致的问题。同时,优化 COB 蓝光芯片之间的间距、芯片与薄膜之间的间距、发光角度,使芯片与芯片之间、薄膜与芯片之间距离达到最优,减弱了由芯片发热引起的荧光粉老化程度和光衰,提高了 LED 的发光效率,延长了 LED 的使用寿命。用荧光薄膜封装白光 COB LED 技术可以实现大批量生产,有利于实现产业化,最终应用于背光源、大面积平板光源、液晶 LED 显示器等,具有重要的应用价值。

(a) 未点亮的蓝光 COB 和荧光薄膜

(b) 点亮的蓝光 COB 和荧光薄膜

(c) 荧光薄膜

(d) 液晶显示器

图 3 - 3　液晶显示器封装

SHU 等将制备出的荧光薄膜应用在筒灯上,如图 3-4 所示。其主要研究了双层远程图案化荧光膜与单层图案化荧光膜在不同驱动电流下的光电性能、发光角度和色温均匀性。传统大功率筒灯封装方式为点胶,筒灯长时间工作后产生的大量热量很难散到外界环境中,容易造成硅胶和荧光粉受热老化,导致荧光粉的转换效率和 LED 的发光效率降低。同时,热量难以散失也会导致芯片的寿命缩短,从而缩短 LED 器件的使用寿命。将荧光薄膜应用于大功率的筒灯,通过远程封装即可解决大功率筒灯使用过程中的散热问题。荧光薄膜用于大功率 LED 可以解决散热问题;用于平面光源可以解决光色不一致问题;用于最新的 CSP LED 可以使器件的体积更小、成本更少。从长远发展来说,随着 LED 行业不断发展、技术不断成熟,相应的标准和规范将出台并实施,使荧光薄膜技术更加规范化、标准化、封装更加灵活,LED 光色品质更好。远程荧光薄膜封装技术对器件的尺寸、芯片与荧光薄膜之间的距离等没有明确的界定,只要满足封装需要的光色参数要求即可,这使得 LED 封装更加灵活方便。从应用来说,越来越多的照明灯具由 LED 芯片模组及封装的荧光薄膜元件构成,荧光薄膜技术使固态照明灯具和系统的设计更加灵活和自由,简化了 LED 的封装步骤,降低了生产成本,带来了光色品质更好的 LED 产品。由此可见,荧光薄膜封装技术有很多优势。最近几年专家学者发现了更多新型的发光材料、3D 打印材料和智能材料等,随着照明控制技术的不断发展,由荧光粉受热引起的老化问题将得到解决,使大功率筒灯的使用寿命大大延长。

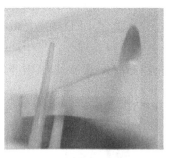 

(a) 荧光薄膜　　　　(b) 荧光薄膜封装的筒灯
图 3-4　荧光薄膜与荧光薄膜封装的筒灯器件

传统的贴片式 LED 光源采用点胶的工艺,芯片级封装(chip-scaled packaging，CSP)技术可以确保器件封装完成后仍为芯片级。图 3-5 为 CSP LED 的结构图与传统的表面贴装器件式(surface mounted devices，SMD)LED 的实物对比图,可以看出芯片级封装荧光薄膜直接包裹在芯片四周,CSP LED 光源的体积要比 SMD LED 光源的体积小很多。芯片级封装是指与 LED 芯片尺寸相比,封装体的尺寸小于或等于 1.2 倍,并且保证封装元器件的各项结构、功能完整。CSP LED 器件具有比单一器件封装更简单、体积更小巧的独特优点,同时最大化地减少了器件封装所消耗的物料,降低了封装成本,使用倒装芯片省去导线架与焊线的封装工艺步骤,使器件的封装体积更小,光学、热学性能更稳定,生产的工序步骤更加优化与简捷。CSP 可以实现 5 面立体发光,使 LED 的发光角度最大可达 170°,可以根据需求调控 LED 顶面和 4 个侧面薄膜的厚度,与传统点胶工艺中单面出光和普通的 5 个面厚度相同的 CSP 光源相比,可以更加灵活地设计 LED 的光色、发光角度和发光均匀度等参数指标,使 LED 发光更加均匀,发光角度更宽,更加灵活可靠。CSP LED 在具有独特优势的同时也出现了一些问题,如体积非常小给封装工艺与技术带来了困难。作为光学器件,LED 需要制备出发光均匀的光转换膜层,可以实现出光均匀、光色一致的光学元器件,并且还要确保封装出的器件的可靠性。因此,尽管 CSP LED 有很多优点,但是还要继续深入研究,使其封装工艺更加成熟,这样其未来的发展与应用不可估量。

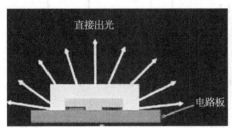

图 3-5   CSP LED 结构图与 SMD LED 实物对比图

    荧光薄膜封装 LED 作为一种新型封装工艺,可以提高发光效率、提升 LED 的使用寿命和发光均匀性,获得高品质的白光 LED。荧光薄膜的制备方法有磁控溅射法、溶胶-凝胶法、电泳沉积法、旋转涂覆法、丝网印刷法、液相外延法等,荧光薄膜技术将向多功能化、智能化、高品质化、高性能化不断发展,其应用与发展前景十分广阔。

3.4   YAG：Ce^{3+} 体系荧光薄膜

3.4.1   光学性能

    通过固相法制备出一系列 Ga^{3+} 含量为 0.05、0.1、0.15、0.2、0.25、0.3 的 YAG 体系荧光粉,即 Y$_{2.94}$(Al$_{1-x}$Ga$_x$)$_5$O$_{12}$：0.06Ce($x=0.05$、0.1、0.15、0.2、0.25、0.3)。然后将每一种 Ga^{3+} 含量的荧光粉与 A 硅胶、B 硅胶以 0.3：1：1 的比例混合均匀,通过旋转涂覆法制备好后放置于烘箱固化后取出,可得到 Ga^{3+} 含量不同的 6 个 YAG 体系荧光薄膜样品。

    图 3-6 为 YAG：Ce^{3+} 体系荧光粉样品的 XRD 图。从图 a 中可发现,与纯相的 YAG 的标准卡片 JCPDS No.33-0040 相对比,实验制备的荧光粉样品的各个衍射峰与标准卡片的各个衍射峰都相对应。从图中看出荧光粉的衍射峰强度很强,说明荧光粉的结晶度很高,在图 a 中没有检测到样品第二种相存在,说明实验制备的荧光粉是纯相。从图中也可以明显地看出,少量 Ce^{3+} 掺杂到 Y$_3$(Al$_{1-x}$Ga$_x$)$_5$O$_{12}$ 荧光粉中,没有改变其晶格的主结构。图 b 是 XRD 的局部放大图,从中可看出,与标准卡片的衍射峰相比,荧光粉样品在 $2\theta=32.8°\sim33.6°$ 内,随着 Ga^{3+} 浓度的增加,420 晶面的主衍射峰发生了向低角度偏移的现象,表明 Ga^{3+} 的取代导致了晶格参数的增加。

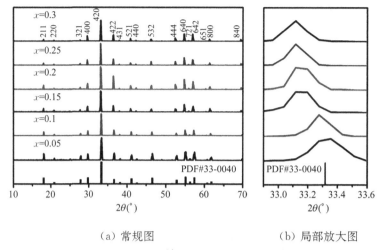

（a）常规图 （b）局部放大图

图 3-6 YAG：Ce^{3+} 体系荧光粉样品的 XRD 图

图 3-7 为 YAG：Ce^{3+} 体系荧光薄膜实物图，图 3-8 为在 460 nm 蓝光激发下荧光薄膜归一化的 PL 光谱图。从图 3-7 中可以看出，荧光薄膜表面平整，单个荧光薄膜样品颜色一致，表明荧光薄膜内部荧光粉分布比较均匀。随着 Ga^{3+} 含量的增加，荧光薄膜的颜色逐渐由黄色向绿色转变。从图 3-8 中可以清楚地看到，随着 Ga^{3+} 含量的增加，Ce^{3+} 的发射峰发生了比较明显的蓝移现象。随着 x 的值，即 Ga^{3+} 的含量从 0.05 增加到 0.3，Ga^{3+} 的发射峰从 545 nm 偏移到 520 nm。由于 Ga^{3+} 的半径比 Al^{3+} 稍大，随着 Ga^{3+} 逐渐取代 Al^{3+} 成为四面体或八面体中心，Ce^{3+} 的晶体场能级的分裂程度降低，同时 5d 能级的最低激发态能级提升，因此，5d 能级的分裂能力变小，导致 Ga^{3+} 的 5d 能级最低激发态与基态 4f 能级之间的能量差增大，从而使得辐射跃迁所需要的能量增大。由公式 $E = h/\lambda$ 可知，随着辐射跃迁能量 E 增大，波长 λ 变短，因此导致 Ga^{3+} 的发射光谱蓝移。在图 3-7 中，随着 Ga^{3+} 含量的增加，荧光薄膜的发射光谱蓝移，荧光薄膜的颜色也逐渐由黄色向绿色转变。

$x=0.05$ $x=0.1$ $x=0.15$ $x=0.2$ $x=0.25$ $x=0.3$

图 3-7 YAG：Ce^{3+} 体系荧光薄膜实物

3.4.2 热稳定性

图 3-9 为荧光薄膜的 PL 光谱图及热猝灭活化能图。从图 a~f 中可以看出，随着温度的升高，荧光薄膜 PL 光谱的强度降低：在 473 K 之前，荧光薄膜的 PL 光谱强度降低了 5% 左右；在 473 K，荧光薄膜的 PL 光谱强度降低了 20% 左右；在 523 K 时，荧光薄膜的 PL 光谱强度降低得比较明显，均降低了 50%~60%。随着温度的升高，荧光粉的热猝灭

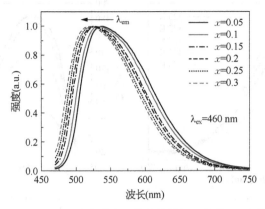

图 3-8　460 nm 蓝光激发下荧光薄膜归一化的 PL 光谱图

效应使荧光薄膜的发光强度降低。从图 g 中可以看出,随着温度的升高,荧光薄膜的发光强度逐渐降低;当 $x<0.2$ 时,随着 Ga^{3+} 含量的增加,荧光薄膜的热稳定性逐渐增强;当 $x>0.2$ 时,荧光薄膜的热稳定性开始呈下降的趋势。通常,YAG:Ce^{3+} 荧光粉的 PL 光谱强度随温度的升高而降低,是因其在高温下有更强的非辐射跃迁能力。

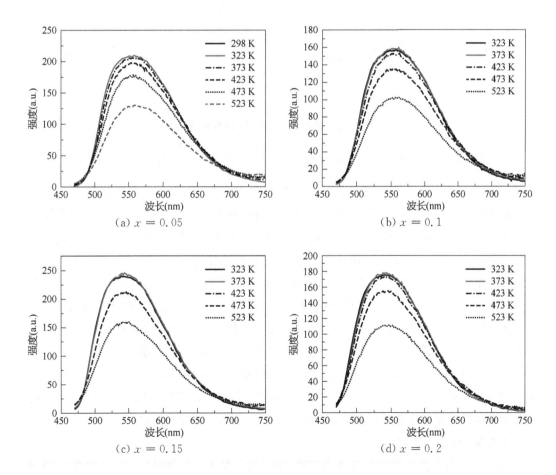

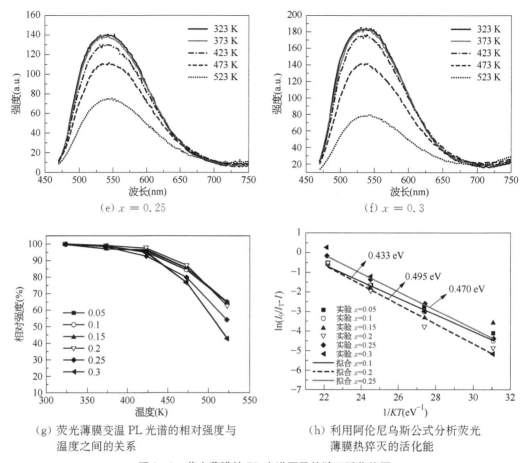

(e) $x = 0.25$

(f) $x = 0.3$

（g）荧光薄膜变温 PL 光谱的相对强度与
温度之间的关系

（h）利用阿伦尼乌斯公式分析荧光
薄膜热猝灭的活化能

图 3 - 9　荧光薄膜的 PL 光谱图及热猝灭活化能图

用阿伦尼乌斯公式（Arrhenius equation）：$I_T = \dfrac{I_0}{1 + \exp(-\Delta E / kT)}$ 来计算荧光薄膜热猝灭时的活化能 ΔE，进一步分析荧光薄膜的热稳定性。式中，I_T 为荧光薄膜在测试温度下的 PL 强度；I_0 为荧光薄膜原始的 PL 强度；k 为玻尔兹曼常数；ΔE 为活化能势垒。以 $1/kT(\mathrm{eV^{-1}})$ 的值为横坐标，$\ln(I_0/I_T - 1)$ 的值为纵坐标，将得到的 $(x，y)$ 坐标点在坐标轴中描绘出来并进行拟合可得到一条直线，ΔE 的值即为直线的斜率。如图 3 - 9h 所示，选取当 $x = 0.1$、0.2、0.25 时，通过拟合并计算出对应 ΔE 的值分别为 $0.433\,\mathrm{eV}$、$0.495\,\mathrm{eV}$、$0.470\,\mathrm{eV}$。从计算 ΔE 的值也可看出，当 $x < 0.2$ 时，ΔE 的值增加；当 $x > 0.2$ 时，ΔE 的值开始逐渐降低。荧光薄膜的活化能 ΔE 比传统商业 YAG：Ce^{3+} 荧光粉的 ΔE 高（约 $0.3\,\mathrm{eV}$），ΔE 的值越大，辐射跃迁的势垒越大，需要的能量越多，因此表明荧光薄膜的热稳定性更好。分析得到活化能的值先增大后降低的变化趋势与图 3 - 9g 中 PL 谱相对强度分析得到的结果一致，故通过荧光薄膜热稳定性实验可得到当 Ga^{3+} 含量小于 0.2 时，荧光薄膜的热稳定性逐渐增强，当 Ga^{3+} 含量大于 0.2 时，荧光薄膜的热稳定性逐渐降低。

3.4.3　可靠性研究

图 3 - 10 为荧光薄膜在氙灯老化实验 168 h 前后的 PL 光谱图及实验后的相对 PL 光

谱强度与 x 值之间的关系。从图 a~f 可看出,PL 光谱的峰值波长在氙灯老化实验之后没有偏移,说明荧光薄膜内的荧光粉在氙灯照射后带隙能量和晶格结构没有发生改变。图 g 中,荧光薄膜在氙灯老化实验后 PL 光谱强度分别为 95.55%、96.24%、96.05%、97.67%、95.96%、93.22%,从图中可以看出,当 Ga^{3+} 的含量小于 0.2 时,荧光薄膜的可靠性逐渐增强;当 Ga^{3+} 的含量大于 0.2 时,荧光薄膜的可靠性逐渐降低。

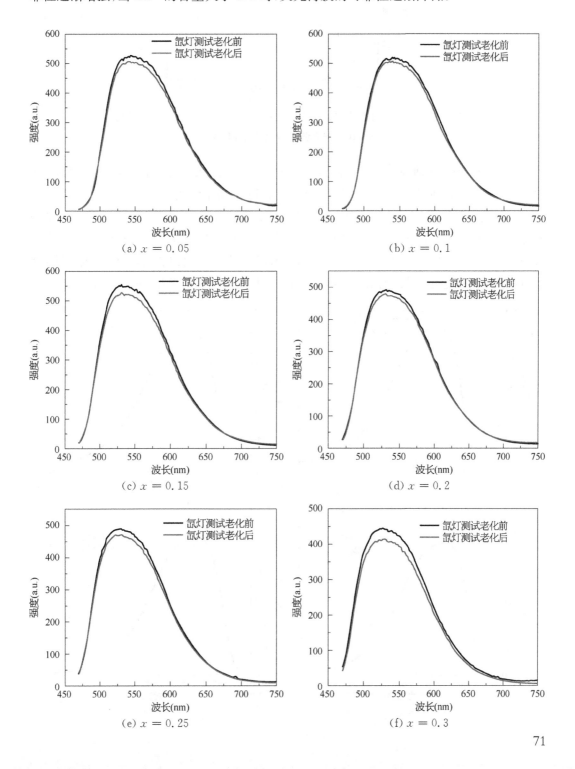

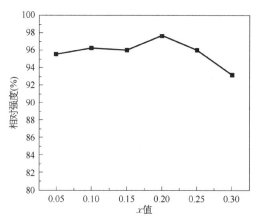

（g）荧光薄膜氙灯老化实验后的相对 PL 光谱强度与 x 值之间的关系

图 3-10　荧光薄膜老化前后 PL 光谱图

图 3-11 为荧光薄膜经过高温高湿实验 168 h 前后的 PL 光谱图及实验后的相对 PL 光谱强度与 x 值之间的关系。从图 a~f 可看出，PL 光谱的峰值波长在－40 ℃和 150 ℃循环冲击的条件下也没有偏移，表明荧光薄膜内的荧光粉在冷热冲击实验之后带隙能量和晶格结构没有发生改变。图 g 中荧光薄膜在冷热冲击实验后 PL 光谱强度分别为 90.6%、91.4%、93.76%、94.38%、91.84%、88.81%，从图中可以看出，当 Ga^{3+} 的含量小于 0.2 时，荧光薄膜的可靠性逐渐增强；当 Ga^{3+} 的含量大于 0.2 时，荧光薄膜的可靠性逐渐降低。

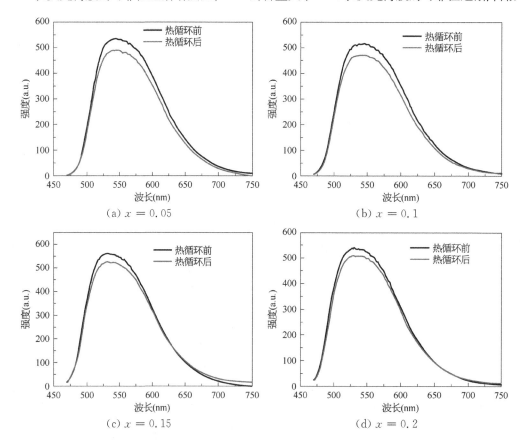

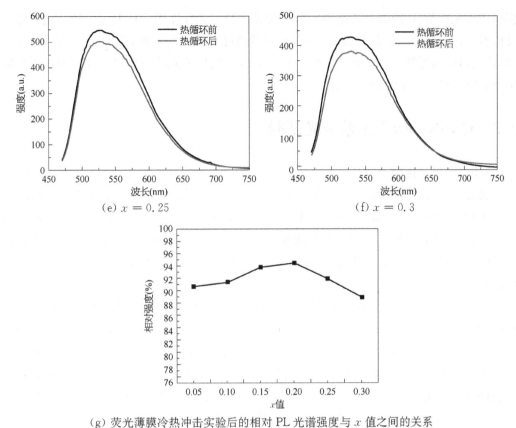

(e) $x = 0.25$ (f) $x = 0.3$

（g）荧光薄膜冷热冲击实验后的相对 PL 光谱强度与 x 值之间的关系

图 3‑11　荧光薄膜冷热冲击实验前后的 PL 光谱图及其与 x 值之间的关系

图 3‑12 为荧光薄膜在三个实验之后的相对 PL 光谱图强度与 x 值之间的关系。从图中可看出，三个可靠性实验之后，荧光薄膜的可靠性变化趋势保持一致。荧光薄膜经过氙灯老化实验之后，PL 光谱强度降低最少，经过冷热冲击实验之后，荧光薄膜 PL 光谱强度降低最多。荧光薄膜在高温高湿实验和冷热冲击实验后发光性能降低的比氙灯老化实验多，是由于高温高湿实验中存在水分，水分可能导致荧光薄膜内荧光粉发生水解，进而

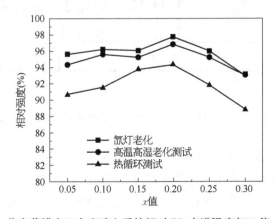

图 3‑12　荧光薄膜在三个实验之后的相对 PL 光谱强度与 x 值之间的关系

影响了发光性能;极冷极热的循环实验对荧光薄膜发光性能影响比较大。从变化趋势上可以看出,当 Ga^{3+} 含量小于 0.2 时,荧光薄膜的可靠性逐渐增强;当 Ga^{3+} 含量大于 0.2 时,荧光薄膜的可靠性呈下降的趋势。YAG:Ce^{3+} 系列荧光薄膜的可靠性探究对于实际生产和应用具有一定的指导价值。

3.5　CASN:Eu^{2+} 体系荧光薄膜

3.5.1　光学性能

通过固相法制备一系列 Sr^{2+} 含量为 0.25、0.4、0.55、0.7、0.85 的 CASN:Eu^{2+} 体系荧光粉,即 $Sr_xCa_{1-x}AlSiN_3$:$0.05Eu^{2+}$ ($x=0.25$、0.4、0.55、0.7、0.85)。然后将 Sr^{2+} 含量不同的荧光粉与 A 硅胶、B 硅胶以 0.3:1:1 的比例混合均匀,通过旋转涂覆法制备好后放置于烘箱固化后取出,可得到 Sr^{2+} 含量不同的 5 个 CASN:Eu^{2+} 体系荧光薄膜样品。

图 3-13 为 CASN:Eu^{2+} 荧光粉的 XRD 图。从图中可以看出,荧光粉衍射峰的强度很强,表明实验制备的荧光粉结晶度比较高。$Sr_{0.25}Ca_{0.75}AlSiN_3$:$0.05Eu^{2+}$ 荧光粉的衍射峰与 $CaAlSiN_3$ 荧光粉的衍射峰比较吻合,表明少量的 Sr^{2+} 掺杂对 $CaAlSiN_3$ 的晶格结构影响不大。由于 Sr^{2+} 的半径大于 Ca^{2+},随着 x 的值,即 Sr^{2+} 的含量逐渐增加,荧光粉的衍射峰开始出现小的偏移,主要的衍射峰更加接近 $CaAlSiN_3$ 和 $SrAlSiN_3$ 的混合相,同时还存在一些 Sr_2N、Si_3N_4、$Sr_2Si_5N_8$ 杂质相的衍射峰。

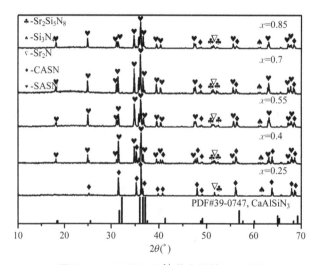

图 3-13　CASN:Eu^{2+} 荧光粉的 XRD 图

图 3-14 为实验制备的 CASN:Eu^{2+} 荧光薄膜样品实物图,图 3-15 为在 460 nm 蓝光激发下,经归一化处理后荧光薄膜样品的发射光谱图。从图 3-14 中可看出,荧光薄膜的表面平整,单个荧光薄膜样品颜色一致,表明荧光薄膜内部荧光粉分布比较均匀。随着 Sr^{2+} 含量的增加,荧光薄膜的颜色逐渐由红色向橙色转变。从图 3-15 中可以清楚地看

到,随着 Sr^{2+} 含量的逐渐增加,Eu^{2+} 的发射峰呈现出向低波段偏移,也即蓝移的现象。随着 x 的值,即 Sr^{2+} 的含量从 0.25 增加到 0.85,Eu^{2+} 的发射峰从 650 nm 偏移到 610 nm。

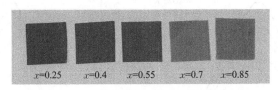

图 3-14　CASN:Eu^{2+} 荧光薄膜实物

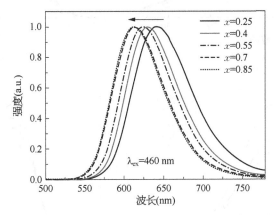

图 3-15　460 nm 蓝光激发下经归一化处理后荧光薄膜的发射光谱图

3.5.2　热稳定性

图 3-16a~e 是 460 nm 蓝光激发下荧光薄膜的变温 PL 光谱图及其相对强度与温度之间的关系。从图中可以看出,随着温度的升高,荧光薄膜 PL 光谱强度降低:在 323 K 时,荧光薄膜的相对强度分别为 92.75%、97.39%、87.96%、95.35%、91.97%;在 373 K 时,荧光薄膜的相对强度分别为 82.08%、91.43%、76.72%、90.7%、82.74%;在 423 K 时,荧光薄膜的相对强度分别为 73.67%、83.61%、75.92%、84.62%、77.12%;在 473 K 时,荧光薄膜的相对强度分别为 60.32%、69.09%、68.7%、74.26%、69.1%;在 523 K 时,荧光薄膜的相对强度分别为 40.69%、45.25%、58.66%、61.03%、57.05%。随着温度的升高,荧光粉的热猝灭效应使得荧光薄膜的发光强度降低。荧光薄膜在不同温度下光谱的相对强度变化情况如图 3-16f 所示,从图中可以看出,随着温度的升高,荧光薄膜的发光强度逐渐降低,当 $x=0.7$,即 Sr^{2+} 含量为 0.7 时,荧光薄膜 PL 光谱强度随着温度的升高其降低幅度最小,也即荧光薄膜的可靠性最好,此时荧光薄膜的发射波长为 620 nm。从图 3-16a~e 中可看出,随着温度的逐渐升高,荧光薄膜的 PL 光谱的强度逐渐降低,同时还发生了蓝移现象。蓝移现象的原因可由图 3-17 来解释,是因为在低温下,克服势垒 E_1 并且低能级发射 Eu(II) 占据主导地位,同时发射强度随着温度的升高逐渐降低;在高温下,存在着越过势垒 E_2 的反向热传递,高能级发射 Eu(I) 占据主导地位,因此就发生了随着温度的升高伴随的发射光谱蓝移现象。

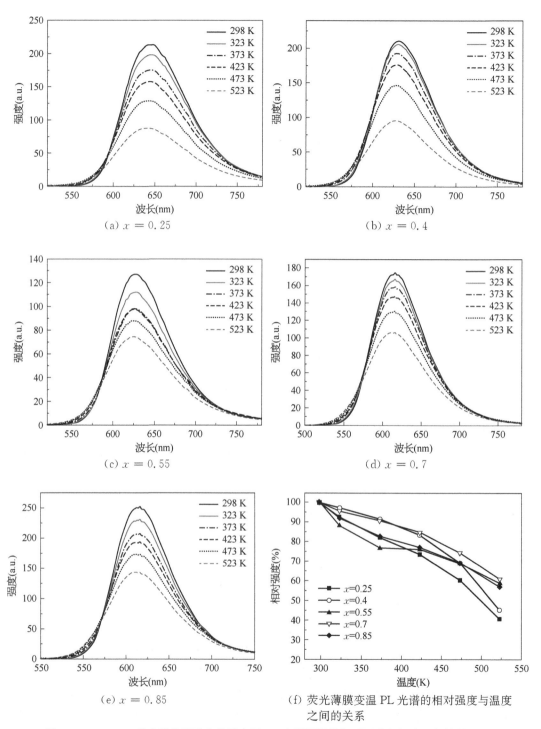

(a) $x = 0.25$

(b) $x = 0.4$

(c) $x = 0.55$

(d) $x = 0.7$

(e) $x = 0.85$

(f) 荧光薄膜变温 PL 光谱的相对强度与温度
    之间的关系

图 3-16　460 nm 蓝光激发下荧光薄膜变温 PL 光谱图及其相对强度与温度之间的关系图

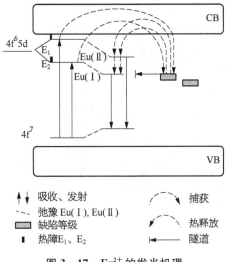

图 3-17　Eu²⁺ 的发光机理

3.5.3　可靠性研究

图 3-18 为荧光薄膜经氙灯老化实验 168 h 前后的 PL 光谱图及实验后的相对 PL 光谱强度与 x 值之间的关系。从图 a～e 中可看出,PL 光谱的峰值波长在氙灯老化实验之后没有发生偏移,表明荧光薄膜内的荧光粉在氙灯照射后晶格结构没有发生改变。图 f 中荧光薄膜在氙灯老化实验后 PL 光谱强度分别为 97.79%、98.26%、96.57%、99.58%、96.53%,荧光薄膜 PL 光谱强度变化在 5% 以内。从图中可以看出,当 x 的值为 0.7,即 Sr²⁺ 的含量为 0.7 时,荧光薄膜 PL 光谱降低的最少,表明荧光薄膜的可靠性最佳,此时荧光薄膜的发射波长为 620 nm。

图 3-19 为荧光薄膜经高温高湿实验 168 h 前后 PL 光谱图及实验后的相对 PL 光谱图强度与 x 值之间的关系。从图 a～e 中可看出,PL 光谱的峰值波长在 80 ℃ 温度和 80% 相对湿度条件下也没有偏移,表明荧光薄膜内的荧光粉在高温高湿实验之后晶格结构没有发生改变。图 f 中,荧光薄膜在高温高湿实验后 PL 光谱强度分别为 95.7%、94.27%、87.06%、97.39%、92.1%,荧光薄膜的 PL 光谱强度变化在 10% 左右。从图 f 中可以看出,当 x 的值为 0.7,即 Sr²⁺ 的含量为 0.7 时,荧光薄膜的 PL 光谱降低的最少,表明荧光薄膜的可靠性最佳,此时荧光薄膜的发射波长为 620 nm。

图 3-20 为荧光薄膜经冷热冲击实验前后 PL 光谱图及实验后的相对 PL 光谱强度与 x 值之间的关系。从图 a～e 中可看出,PL 光谱的峰值波长在 -40 ℃ 和 150 ℃ 循环冲击的条件下也没有偏移,表明荧光薄膜内的荧光粉在冷热冲击实验之后晶格结构没有发生改变。图 f 中荧光薄膜在冷热冲击实验后 PL 光谱强度分别为 89.78%、88.59%、89.51%、89.69%、69.5%。从图中可以看出,当 x 的值为 0.7,即 Sr²⁺ 的含量为 0.7 时,荧光薄膜的 PL 光谱降低的最少,表明荧光薄膜的可靠性最佳,此时荧光薄膜的发射波长为 620 nm。

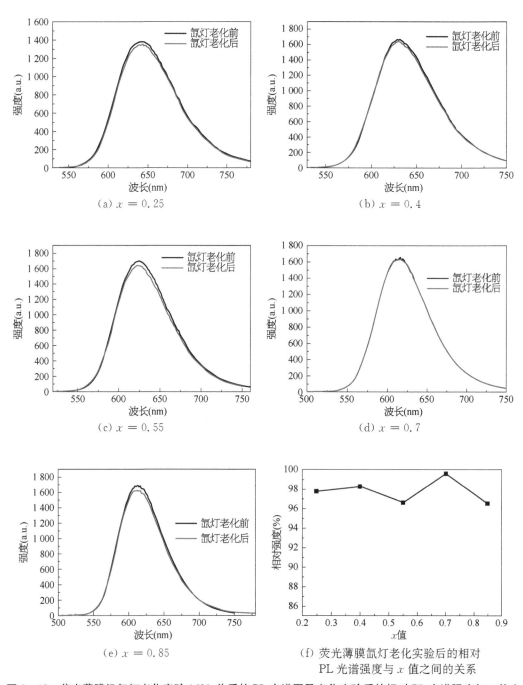

(a) $x = 0.25$

(b) $x = 0.4$

(c) $x = 0.55$

(d) $x = 0.7$

(e) $x = 0.85$

(f) 荧光薄膜氙灯老化实验后的相对
PL 光谱强度与 x 值之间的关系

图 3 - 18　荧光薄膜经氙灯老化实验 168 h 前后的 PL 光谱图及老化实验后的相对 PL 光谱强度与 x 值之
间的关系

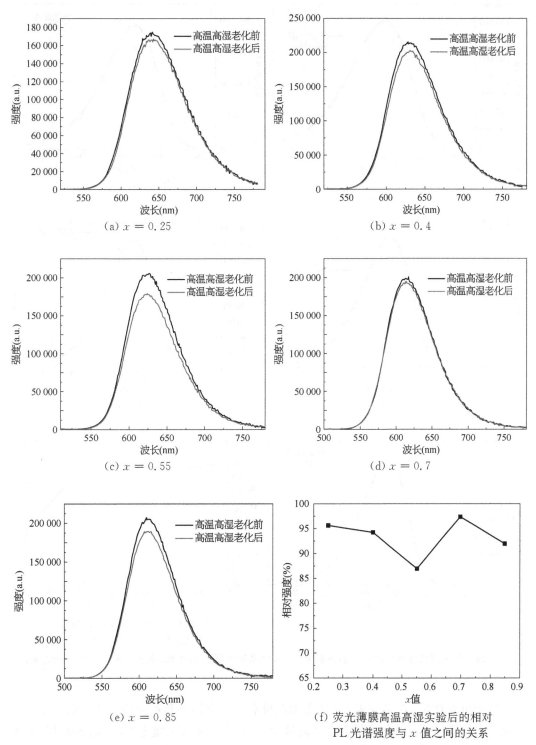

（a）$x = 0.25$

（b）$x = 0.4$

（c）$x = 0.55$

（d）$x = 0.7$

（e）$x = 0.85$

（f）荧光薄膜高温高湿实验后的相对
PL 光谱强度与 x 值之间的关系

图 3‑19　荧光薄膜经高温高湿实验 168 h 前后 PL 光谱图及实验后的相对 PL 光谱图强度与 x 值之间的关系

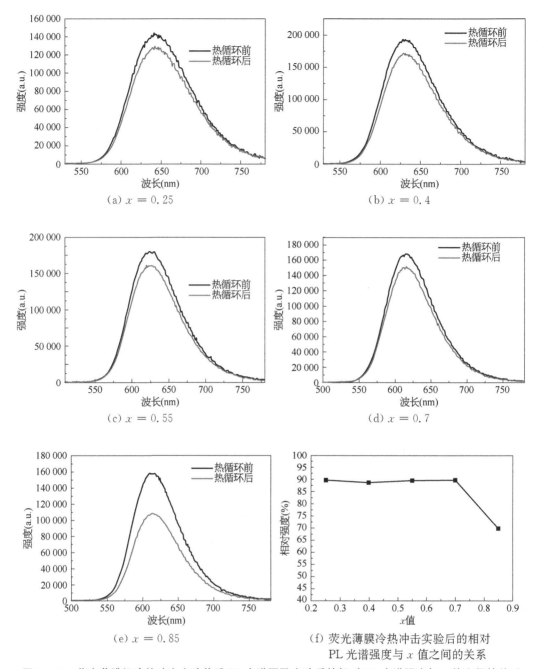

(a) $x = 0.25$

(b) $x = 0.4$

(c) $x = 0.55$

(d) $x = 0.7$

(e) $x = 0.85$

(f) 荧光薄膜冷热冲击实验后的相对
PL 光谱强度与 x 值之间的关系

图 3 - 20 荧光薄膜经冷热冲击实验前后 PL 光谱图及实验后的相对 PL 光谱强度与 x 值之间的关系

    三个可靠性实验之后可知,荧光薄膜的可靠性变化趋势基本保持一致。荧光薄膜经过氙灯老化实验之后,PL 光谱强度降低最少,经过冷热冲击实验之后,荧光薄膜 PL 光谱强度降低最多。荧光薄膜在高温高湿实验和冷热冲击实验后发光性能降低的比氙灯老化实验多,是由于高温高湿和冷热冲击的环境中存在水分,水分可能导致荧光薄膜内荧光粉部分发生水解,进而影响了发光性能;极冷极热的循环实验对荧光薄膜发光性能影响也比较大。从变化趋势上可以看出,当 x 值为 0.7,即 Sr^{2+} 含量为 0.7 时,荧光薄膜三个可靠性实验之后 PL 光谱的降低程度均最少,表明荧光薄膜的可靠性最佳,此时荧光薄膜的发射波长为 620 nm。对于 CASN:Eu^{2+} 系列荧光薄膜可靠性的探究,对于实际生产和应用具有一定的指导价值。

3.6 BaSrSiO:Eu^{2+} 体系荧光薄膜

3.6.1 光学性能

通过固相法制备出一系列 Ba^{2+} 含量为 0.25、0.4、0.55、0.7、0.85 的 BaSrSiO:Eu^{2+} 体系荧光粉,即 $Ba_x Sr_{2-x} SiO_4$:$0.02Eu^{2+}$(x=0、0.2、0.5、0.8、1、1.5、2)。然后分别将 Ba^{2+} 含量不同的荧光粉与 A 硅胶、B 硅胶以 0.3:1:1 的比例混合均匀,通过旋转涂覆法制备好后放置于烘箱固化后取出,可得到 Ba^{2+} 含量不同的 5 个 $Ba_x Sr_{2-x} SiO_4$:$0.02Eu^{2+}$ 体系荧光薄膜样品。

图 3-21 为实验制备的 $Ba_x Sr_{2-x} SiO_4$:$0.02Eu^{2+}$ 体系荧光粉样品的 XRD 图。从图 a 中发现,$Ba_x Sr_{2-x} SiO_4$:$0.02Eu^{2+}$ 荧光粉的衍射峰(当 x=0、0.5、1)与 $Sr_2 SiO_4$ 的相(JCPDS No.39-1256)很好地匹配,没有其他相似的相,但是 $Ba_x Sr_{2-x} SiO_4$:$0.02Eu^{2+}$ 荧光粉的衍射峰(当 x=1.5、2)开始指向 $Ba_2 SiO_4$ 的相。该现象表明,少量的 Eu^{2+} 和 Ba^{2+} 掺杂到 $Sr_2 SiO_4$ 中并不能导致显著的变化。从图 a 可以看出荧光粉的衍射峰强度很强,表明实验制备的荧光粉的结晶度很高,在图 a 中没有检测到样品的第二种相存在,表明实验制备的荧光粉是纯相。图 b 是 XRD 的局部放大图,从图中可看出,荧光粉样品(x=0、0.5、1)在 2θ=29°~33° 的范围内,随着 Ba^{2+} 浓度的增加,(013)(020)和(211)平面主衍射峰向较小的角度移动。x=1.5、2 的样品衍射峰改变为晶格平面(002)(031)和(211),晶格常数随 Ba^{2+} 浓度的增加而增加。这个现象是因为较大的 Ba^{2+}(1.52Å)取代了 $Sr_2 SiO_4$ 结构中较小的 Sr^{2+}(2.266Å)。

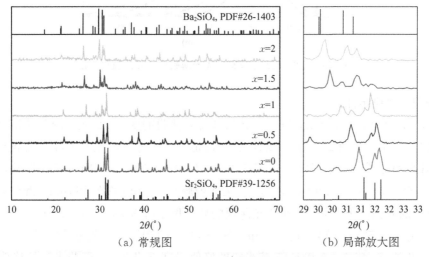

(a)常规图   (b)局部放大图

图 3-21　$Ba_x Sr_{2-x} SiO_4$:$0.02Eu^{2+}$ 体系荧光粉样品的 XRD 图

图 3-22 为 BaSrSiO：Eu²⁺ 体系荧光薄膜实物图，图 3-23 为在 460 nm 蓝光激发下荧光薄膜归一化的发射光谱图。从图 3-22 可以看出，荧光薄膜的表面平整，单个荧光薄膜样品颜色一致，表明荧光薄膜内部荧光粉分布比较均匀。随着 Ba²⁺ 含量的增加，荧光薄膜的颜色逐渐变为绿色。从图 3-23 中可以看到，随着 x 值（即 Ba²⁺ 的浓度）从 0 增加到 2，荧光粉 Eu²⁺ 的发射峰从 570 nm 移动到 511 nm，并且荧光薄膜 Eu²⁺ 的发射峰从 568 nm 移动到 513 nm。该现象表明荧光粉在荧光薄膜中的分布是均匀的。$Ba_x Sr_{2-x} SiO_4$：$0.02Eu^{2+}$ 的发射峰由 4f 基态和 5d 激发态的最低能态之间的 Eu²⁺ 跃迁发出。5d→4f 跃迁的宽发射带很强，这是因为 5d 电子与主晶格的强耦合。此外，明显地注意到，无论是荧光粉还是荧光薄膜，随着 Ba²⁺ 浓度的增加，Eu²⁺ 发射光谱逐渐蓝移。蓝移的现象可以通过晶体场理论来解释：随着 Ba²⁺ 浓度增加，主晶格的晶格参数增加且 Eu²⁺ 周围的晶体场强度降低。因此，5d 激发态的能隙变小使得 5d 激发态具有较高的能级，最终导致发射峰移动到较短的波长，并且荧光薄膜的颜色也逐渐由黄色变为绿色。

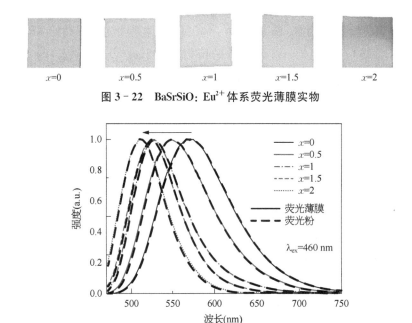

图 3-22　BaSrSiO：Eu²⁺ 体系荧光薄膜实物

图 3-23　460 nm 蓝光激发下荧光薄膜归一化的发射光谱图

3.6.2　热稳定性

图 3-24 为 460 nm 蓝光激发下荧光粉和荧光薄膜的变温 PL 光谱图及其相对强度与温度之间的关系。从图 a～e 中可以看出，无论是荧光粉还是荧光薄膜，PL 光谱的强度都随温度升高而降低。当温度从 25 ℃ 升至 200 ℃ 时，Sr_2SiO_4：$0.02Eu^{2+}$ 荧光粉的发射峰从 571 nm 移至 563 nm，Sr_2SiO_4：$0.02Eu^{2+}$ 荧光薄膜从 570 nm 移至 565 nm。此外，当 $x=0$ 时，荧光粉的峰强度下降 87%，而荧光薄膜的峰强度下降 89.4%。Sr_2SiO_4：$0.02Eu^{2+}$ 荧光粉的发射峰从 532 nm 移动到 535 nm，Sr_2SiO_4：$0.02Eu^{2+}$ 荧光薄膜从 531 nm 移动到 532 nm。此外，Sr_2SiO_4：$0.02Eu^{2+}$ 荧光粉的峰值强度下降 59%，而荧光膜的峰值强度下

降 56％。Sr_2SiO_4：$0.02Eu^{2+}$ 荧光粉和荧光薄膜两者的发射峰都不会移动。Sr_2SiO_4：$0.02Eu^{2+}$ 荧光粉的峰值强度下降 87％，Sr_2SiO_4：$0.02Eu^{2+}$ 荧光薄膜的峰值强度下降 88％。实验表明，通过 Ba^{2+} 的掺杂可适当改善 Sr_2SiO_4：$0.02Eu^{2+}$ 荧光粉和荧光薄膜的热稳定性。$BaSrSiO_4$：$0.02Eu^{2+}$（即 $x=1$）的荧光粉和荧光粉膜具有最高的热稳定性，这是因为其达到了最佳键合，形成了更坚硬的晶体结构。

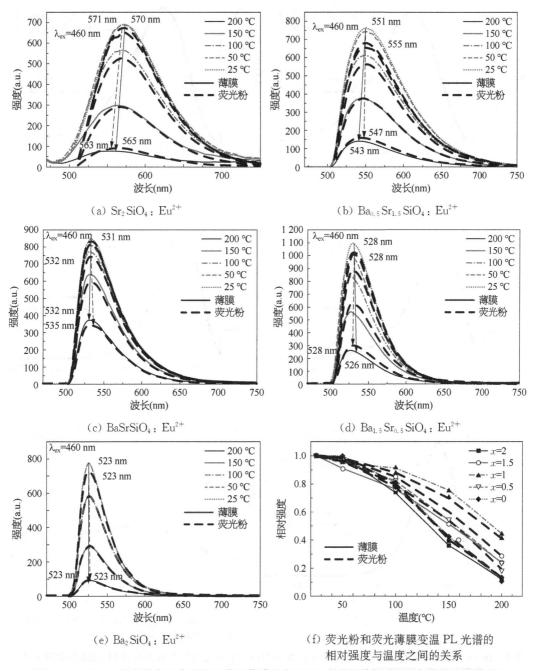

（a）Sr_2SiO_4：Eu^{2+}

（b）$Ba_{0.5}Sr_{1.5}SiO_4$：Eu^{2+}

（c）$BaSrSiO_4$：Eu^{2+}

（d）$Ba_{1.5}Sr_{0.5}SiO_4$：Eu^{2+}

（e）Ba_2SiO_4：Eu^{2+}

（f）荧光粉和荧光薄膜变温 PL 光谱的相对强度与温度之间的关系

图 3-24　460 nm 蓝光激发下荧光粉和荧光薄膜的变温 PL 光谱及其相对强度与温度之间的关系

3.6.3 可靠性研究

图 3-25 为荧光粉和荧光薄膜经高温高湿实验 200 h 前后 PL 光谱及实验后的相对 PL 光谱强度与 x 值之间的关系。从图 a～e 荧光薄膜经高温高湿实验 200 h 前后 PL 光谱中可看出，PL 光谱的峰值波长在 80 ℃ 温度和 80% 相对湿度条件下也没有偏移，说明荧

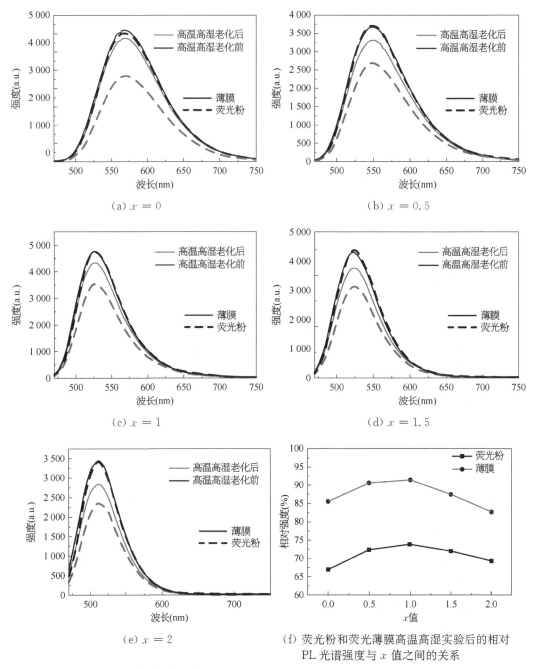

(a) $x = 0$　　　　　　(b) $x = 0.5$

(c) $x = 1$　　　　　　(d) $x = 1.5$

(e) $x = 2$　　(f) 荧光粉和荧光薄膜高温高湿实验后的相对
PL 光谱强度与 x 值之间的关系

图 3-25　荧光粉和荧光薄膜经高温高湿实验 200 h 前后 PL 光谱及实验后的相对 PL 光谱强度与 x 值之间的关系

光粉和荧光薄膜中的荧光粉在高温高湿之后晶格结构没有发生改变。图 f 中,当 x 值为 0、0.5、1、1.5 和 2 时,荧光粉样品经过高温高湿实验后的相对 PL 强度分别降低至 66.81%、72.39%、73.84%、71.86% 和 69.19%。同样,荧光薄膜样品经过高温高湿实验后的相对 PL 强度分别降低到 85.42%、90.51%、91.39%、87.42% 和 82.64%。

图 3-26 为荧光粉和荧光薄膜经冷热冲击实验前后 PL 光谱及实验后的相对 PL 光谱强度与 x 值之间的关系图。从图 a~e 中可看出,PL 光谱的峰值波长在 -40 ℃ 和 150 ℃

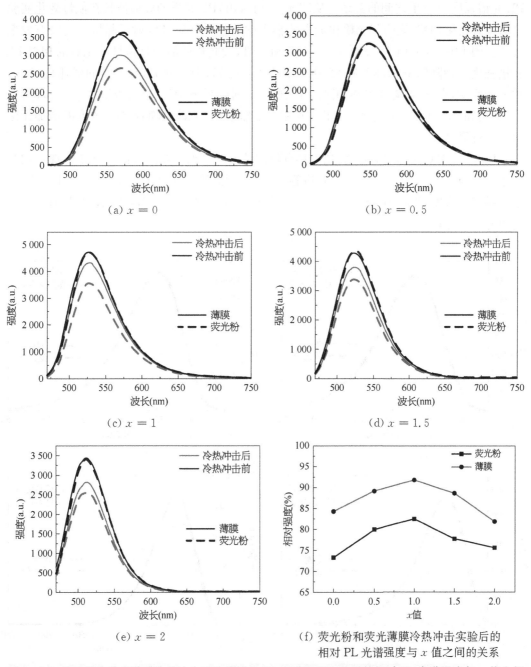

(a) $x=0$

(b) $x=0.5$

(c) $x=1$

(d) $x=1.5$

(e) $x=2$

(f) 荧光粉和荧光薄膜冷热冲击实验后的相对 PL 光谱强度与 x 值之间的关系

图 3-26 荧光粉和荧光薄膜冷热冲击实验前后的 PL 光谱图及实验后的相对 PL 光谱强度与 x 值之间的关系

循环冲击的条件下没有发生偏移,表明荧光粉和荧光薄膜中的荧光粉在冷热冲击实验之后晶格结构没有发生改变。图 f 中当 x 值为 0、0.5、1、1.5 和 2 时,荧光粉样品经过冷热冲击后的相对 PL 强度分别降低至 73.27%、80.01%、82.43%、77.83% 和 75.51%。同样,随着 Ba^{2+} 浓度的增加,荧光薄膜样品的相对 PL 强度分别降低到 84.46%、89.15%、91.79%、88.6% 和 81.82%。

图 3 – 27 为荧光粉和荧光薄膜经氙灯老化实验 200 h 前后 PL 光谱及实验后的相对 PL 光谱强度与 x 值之间的关系。从图 a~e 可看出,PL 光谱的峰值波长在氙灯老化实验之后没有发生偏移,表明荧光粉和荧光薄膜中的荧光粉在氙灯照射后晶格结构没有发生改变。图 f 中,当 x 值为 0、0.5、1、1.5 和 2 时,荧光粉样品经过氙灯老化后的相对 PL 光谱强度分别降低至 87.92%、82.06%、78.23%、77.61% 和 77.89%。同样,随着 Ba^{2+} 浓度的增加,荧光薄膜样品的相对 PL 强度分别降低到 95.28%、92.34%、86.38%、83.38% 和 81.71%。经过氙灯老化实验后,荧光粉和荧光薄膜随着 Ba^{2+} 浓度的增加无法改善其可靠性。

$Ba_x Sr_{2-x} SiO_4 : 0.02Eu^{2+}$ 荧光粉具有耐湿性差的缺点。在潮湿的空气或水性溶剂系统中,$Ba_x Sr_{2-x} SiO_4 : 0.02Eu^{2+}$ 荧光粉容易水解,因此限制了荧光粉的使用条件。然而,这三种实验表明,当将 $Ba_x Sr_{2-x} SiO_4 : 0.02Eu^{2+}$ 荧光粉制成薄膜时,荧光粉膜具有比荧光粉更好的可靠性。

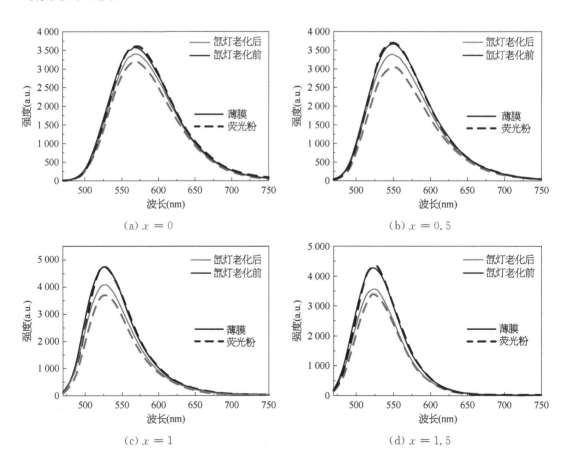

(a) $x = 0$

(b) $x = 0.5$

(c) $x = 1$

(d) $x = 1.5$

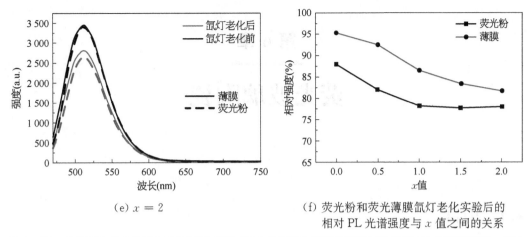

（e）$x = 2$

（f）荧光粉和荧光薄膜氙灯老化实验后的相对 PL 光谱强度与 x 值之间的关系

图 3 - 27　荧光粉和荧光薄膜经氙灯老化实验 200 h 前后 PL 光谱及实验后的相对 PL 光谱强度与 x 值之间的关系

第 4 章

荧光玻璃陶瓷

4.1 引言

目前白光 LED 虽然在质和量方面均取得了极大的突破，但是仍然存在很多问题。商业主流白光 LED 是通过采用蓝光芯片激发黄色荧光粉的方式来实现白光发射的，分散在有机硅胶中的黄色荧光粉受蓝光芯片发出的蓝光激发发出黄光，黄色荧光粉发出的黄光与未被利用的蓝光混合在一起形成白光。这种白光 LED 主要采用有机材料硅胶作为荧光粉的分散基质来封装 LED 芯片。然而由于硅胶的导热性比较差，LED 芯片工作时产生的热量不能及时散出，大量的热辐射和光辐射致使硅胶老化发黄，进一步导致 LED 器件出现色温漂移、发光效率降低及使用寿命缩短等问题；另外，荧光粉的折射率约为1.85，硅胶的折射率约为 1.5，两者之间会因折射率的不匹配而在荧光粉颗粒表面产生严重的光散射，从而降低了有效的光出射率。此外，荧光粉在硅胶中分散不均匀将导致白光LED 的发光不均匀，光色饱和度差，显色指数偏低。因此研制出一种稳定性好、热导率高、发光均匀的新型荧光体材料应用于 LED 封装显得非常有必要。

近些年来，荧光玻璃陶瓷等新型无机荧光体材料得到了广泛的研究，与荧光硅胶相比，荧光玻璃陶瓷有着更多优势：①荧光玻璃陶瓷的物化性能稳定、热稳定性好、热导率高，可提高 LED 器件的稳定性和可靠性；②荧光玻璃陶瓷的透明度高，且折射率与荧光玻璃更匹配，可降低光散射发生的概率，有效提高光出射率；③荧光粉可均匀地分散在玻璃基质中，荧光玻璃陶瓷片封装成的白光 LED 的发光和光色更均匀、光电性能更佳；④荧光玻璃陶瓷的制备工艺操作简单高效、生产周期短、生产成本低。

4.2 荧光玻璃陶瓷研究现状

荧光玻璃陶瓷是通过荧光粉和玻璃复合得到的荧光体材料，其不仅拥有荧光粉的荧光性，还具有玻璃的物化特性。荧光玻璃陶瓷具有热稳定性好、透明度高和导热性能好等优点，在高温环境条件下能表现出良好的可靠性。目前，制备荧光玻璃陶瓷的方法主要有低温共烧结法、整体析晶法、等离子体烧结法和丝网印刷法四种方法。

（1）低温共烧结法是将荧光粉和低熔点的玻璃组分原料充分研磨混合，在较低的温度下烧结一段时间后经冷却得到的荧光玻璃陶瓷。

（2）整体析晶法是先对玻璃熔体进行退火处理得到玻璃前躯体，然后通过调节温度控制析晶得到微晶玻璃。

（3）等离子体烧结法是利用开关式直流脉冲电流产生的放电等离子体、放电冲击压力、焦耳热和电场扩散作用对粉料进行快速烧结的方法。

（4）丝网印刷法是在玻璃基片表面涂覆含荧光粉的浆料，然后再通过烧结的方式得到荧光玻璃陶瓷。

4.2.1　低温共烧结法

低温共烧结法制备白光 LED 用荧光玻璃陶瓷是一种将荧光粉颗粒均匀掺入熔点较低的基质玻璃粉末中，熔融后冷却至室温形成玻璃致密体的方法。根据掺入荧光粉的不同工艺可分为一步低温烧结法和两步低温烧结法。一步低温烧结法是指将基质玻璃的各种氧化物原料与荧光粉直接混合均匀，放入电阻炉内低温烧结；一定时间后再进行退火处理得到用于白光 LED 的荧光玻璃陶瓷。2015 年，温州大学向卫东教授采用一步熔融淬火法（OSMQ）制备出性能良好的荧光玻璃陶瓷，基质玻璃为碲基（TeO_2 - ZnO - K_2O - B_2O_3 - Bi_2O_3）体系掺杂商用 Ce：YAG 黄色荧光粉在 520 ℃ 烧结，得到发光效率为 134 lm/W、低色温（4 329 K）和显色指数为 68 的高性能荧光玻璃陶瓷。2009 年，日本国家材料科学研究所的 H. Segawa 教授在 1 200 ℃ 分别熔融制备出硼酸盐（$2R_2O$ - $50ZnO$ - $48B_2O_3$，R＝Li、Na、K）和碲酸盐玻璃（$30Na_2O$ - $10ZnO$ - $60TeO_2$，$20Na_2O$ - $30ZnO$ - $50TeO_2$），将前驱体玻璃（硼酸盐玻璃和碲酸盐玻璃）分别研磨成 100 μm 颗粒后，与 $CaSiAlON$：Eu^{2+} 红色荧光粉充分混合后进行共烧结，得到的荧光玻璃陶瓷可以在 450 nm 蓝光芯片下激发，证实两种玻璃体系均可以在低温下成功掺入 $CaSiAlON$：Eu^{2+} 红色荧光粉。2013 年，中科院福建物质结构研究所王元生研究员通过前期对玻璃组分的设计，获得高透过率、折射率相近的（TeO_2 - B_2O_3 - Sb_2O_3 - ZnO - Na_2O - La_2O_3 - BaO）玻璃；利用低温共烧结法将商用黄色 Ce：YAG 荧光粉掺入玻璃中制备出荧光玻璃陶瓷。由于低温烧结商用荧光粉颗粒保存较好，该荧光玻璃陶瓷的量子效率可以达到 92％。2014 年，W. H. Cheng 以 SiO_2 基玻璃为前驱体玻璃，其具体成分为 SiO_2 - Na_2O - Al_2O_3 - CaO，利用两步低温共烧结法掺入 $Y_3Al_5O_{12}$：Ce^{3+}（YAG）、$Lu_3Al_5O_{12}$：Ce^{3+}（LuAG）和 $CaAlSiN_3$：Eu^{2+}（氮化物）三种荧光粉和复合荧光粉，再通过切割打磨成功制备出 0.5 mm 黄、绿、红三色荧光玻璃陶瓷和橙色荧光玻璃陶瓷。中国人民大学的曹永革教授以 PbO - B_2O_3 - ZnO - SiO_2 作为基质玻璃成功掺入 Ce：YAG 黄色荧光粉，并将其应用于汽车大灯上。

4.2.2　整体析晶法

析晶法是最早用来制备白光 LED 用荧光玻璃陶瓷的方法，其工艺流程大致为：将稀土离子高温掺杂进前驱体玻璃中，再通过可控析晶方式在溶体中析出荧光粉的晶相，实现可激发发光的玻璃陶瓷。析晶技术是由制备玻璃的传统方法延伸而来的，故也具备制备工艺上的诸多优点：可制备形状复杂、尺度精密的样品，便于大规模生产，样品致密度高、无气泡等。2005 年，S. Fujita 和 S. Tanabe 率先采用析晶法，将原料混合物在 1 500～

1 650 ℃的电阻炉中保温 5 h，Ce^{3+} 以 Ce_2O_3 形式成功掺入 SiO_2 - Al_2O_3 - Y_2O_3 体系中，然后将玻璃熔融液倒入碳模具中并在一定的时间内进行退火。2011 年，北京科技大学王丽丽利用火焰淬火法和热压烧结制备出 Ce^{3+} 掺入 Y_2O_3 - Al_2O_3 - SiO_2 体系（SiO_2 摩尔分数为 10%～40%）的 YAG 纳米玻璃陶瓷。2012 年，A. Keshavarzi 和 W. Wisniewski 等以 xCaO - 1CeF_3 - (11 - 0.2x) Y_2O_3 - (49.2 - 0.8x) Al_2O_3 - 28.8 SiO_2 (x = 10、20、30、40) 摩尔分数比例进行烧结，并在 1 200 ℃ 退火 6 h，形成只有 YAG 唯一发生相的结晶体，其样品中有大量的 YAG 微晶分布在玻璃基体上，研究了 x = 10、20、30、40 不同摩尔含量 CaO 对体系结晶的影响，推动了析晶法制备荧光玻璃陶瓷的探索。

4.2.3　等离子体烧结法

等离子体烧结技术是利用开关式直流脉冲电流产生的放电等离子体、放电冲击压力、焦耳热和电场扩散作用对粉料进行快速烧结的方法。其加热均匀、升温速度快、烧结温度低、烧结时间短、生产效率高、产品组织细小均匀，能保持原材料的自然状态，可以得到高致密度的材料。2013 年，宁波材料技术与工程研究所黄庆等提出等离子烧结技术，制备透明 Ce：YAG 荧光粉 $MgAl_2O_4$ 复合玻璃陶瓷。2015—2016 年，东华大学王连军以 SiO_2 粉体和商用 Ce：YAG 荧光粉为原料，采用放电等离子体烧结技术成功制备出用于白光 LED 的荧光玻璃陶瓷样品。

4.2.4　丝网印刷法

丝网印刷法是最早源于中国的一种古老技术，目前常用于印刷线路板、太阳能电池、传感器和微机电系统等的制造，成为最成熟的厚膜制备技术。随着丝网印刷技术应用的扩展，采用丝网印刷技术用来制备白光 LED 荧光玻璃陶瓷开始被广泛研究，其制备过程具有低成本、工艺简单、灵活多变和易于批量制造等优点，可以堆叠不同种类、宽度和厚度用于白光 LED 的荧光玻璃陶瓷层。2013—2017 年，华中科技大学陈明祥教授采用丝网印刷法在玻璃基片表面涂覆含荧光粉的浆料层，浆料主要成分包括低温 SiO_2 - B_2O_3 - PbO 玻璃粉、荧光粉、增强剂、黏合剂和分散剂等，然后对涂覆有浆料层的玻璃基片进行烧结，通过控制烧结工艺得到含荧光粉的玻璃片。

4.3　荧光玻璃陶瓷在 LED 中的应用

随着 LED 在通用照明、汽车灯、显示屏、医用、军用航空航天领域所占比重不断增大，LED 制备技术也在不断发展，其中大功率 LED 在近几年发展势头很猛。大功率 LED 的制备对封装材料要求也相应提高，普通的硅胶混合商用荧光粉点涂封装满足不了商业生产要求，需要性能优良的新型封装材料取代现有的硅胶封装。在白光 LED 照明领域中，荧光玻璃陶瓷作为一种新型的块体功能荧光体材料被广泛研究。

早在 2005 年，日本学者 S. Fujita 和 S. Tanable 等首次通过整体析晶法成功制备出 YAG：Ce^{3+} 荧光玻璃陶瓷，将玻璃原料（SiO_2 - Al_2O_3 - Y_2O_3 - Ce_2O_3）在 1 500～1 650 ℃ 的熔融温度下烧制 5 h 获得母体玻璃，然后将母体玻璃置于 1 200～1 500 ℃ 条件下进行数小时的热处理，最终析出含 YAG 晶体的荧光玻璃陶瓷，研究表明荧光玻璃陶瓷的量子效率随热处理温度的增加而升高,但用其封装成的白光 LED 器件的发光效率却只有 20 lm/W。

之后,李江涛等也采用整体析晶法制备出了 SiO_2 含量低于摩尔分数为 20% 的 YAG 微晶玻璃,用其封装成的白光 LED 器件,在 20 mA 电流激发下,呈现出的发光效率为 52.2 lm/W、色温为 5 098 K、显色指数为 80.3。

析晶法制备荧光玻璃陶瓷存在的缺点是熔融温度比较高、析晶控制时间长、生产成本相对较高,反应过程中容易引入杂质相。另外,该方法也存在结晶不充分的缺陷,导致荧光玻璃陶瓷的光学性能较差。与析晶法相比,利用共烧结法来制备荧光玻璃陶瓷所需的烧结温度更低、反应时间更短。

2010 年,Segawa 等分别将硼酸盐(B_2O_3 - ZnO - RO,R=Li、Na、K)玻璃原料和碲酸盐(TeO_2 - Na_2O - ZnO)玻璃原料在 1 200 ℃ 的烧结条件下烧制出的玻璃前驱体研磨成粉体后,与 CaAlSiON:Eu^{2+} 黄色荧光粉混合分别在 1 000 ℃ 和 500 ℃ 烧结制备出荧光玻璃陶瓷。

2012 年,韩国 W.J. Chung 等将硅酸盐玻璃粉(SiO_2 - B_2O_3 - RO,R=Ba,Zn)与 YAG:Ce^{3+} 荧光粉的混合料在 750 ℃ 下烧制 30 min 后得到 YAG 荧光玻璃陶瓷,该荧光玻璃陶瓷表现出良好的光学性能,在可见光范围内的透光率超过 75%。

2013 年,台湾的 W.H. Cheng 等设计了一种熔化温度低于 700 ℃ 的硅酸盐玻璃基质(SiO_2 - Na_2O - Al_2O_3 - CaO),获得的 YAG 荧光玻璃陶瓷的内量子效率能达到 68%。

2014 年,W.H. Cheng 等将 SiO_2 - Na_2O - Al_2O_3 - CaO 体系获得的玻璃粉与 YAG:Ce 黄色荧光粉、LuAG:Ce 绿色荧光粉、CASN:Eu^{2+} 红色荧光粉按一定比例均匀混合后,在 680 ℃ 的条件下烧结得到复合荧光玻璃陶瓷。

2014 年,王元生等将制备的玻璃粉(TeO_2 - B_2O_3 - Sb_2O_3 - ZnO - La_2O_3 - BaO)与 YAG:Ce^{3+} 荧光粉混合后,在 570 ℃ 低温下烧结得到 YAG 荧光玻璃陶瓷。因该基质玻璃的折射率($n≈1.8$)与 YAG:Ce^{3+} 荧光粉的折射率($n≈1.84$)很相近,使得制备的荧光玻璃陶瓷的透光率高达 80%,内量子效率达到 92%。用其封装成的白光 LED 器件在 350 mA 操作电流激发下展现出良好的光学性能,发光效率为 124 lm/W、显色指数为 70、色温为 6 674 K。

2015 年,陈大钦等以 TeO_2 - ZnO - Sb_2O_3 - Al_2O_3 - B_2O_3 - Na_2O - Eu_2O_3 为基质玻璃体系,采用两步低温烧结法制备出共掺杂稀土离子 Eu^{2+} 和 YAG:Ce^{3+} 的低熔点荧光玻璃陶瓷。

向卫东等分别采用两步低温共烧结法和一步低温共烧结法的工艺制备出 YAG:Ce^{3+} 荧光玻璃陶瓷,并进行了对比分析,结果表明一步低温共烧结法更简单灵活。然而,掺杂单一黄色荧光粉的荧光玻璃陶瓷因缺少红光发射仅能获得高色温、低显色指数的冷白光,不能满足某些照明领域的要求。因此,在荧光玻璃陶瓷中引入红色荧光粉显得尤其重要。

目前,将商业红色荧光粉成功地掺进玻璃体系中的研究报道是非常有限的,因为商业氮化物红色荧光粉,如 CASN∶Eu^{2+}、$Ca_2Si_5N_8$∶Eu^{2+},在熔融过程中易与基质玻璃组分发生化学反应,进而破坏荧光粉的光学性能。

2015 年,王元生等先通过两步低温共烧结法制备出 YAG∶Ce 碲酸盐荧光玻璃陶瓷,接着采用旋转涂覆工艺在荧光玻璃陶瓷表面沉积一层掺杂 CASN∶Eu^{2+}荧光粉的薄膜,用其封装成的暖白光 LED 的发光效率为 93.9 lm/W、色温为 3 346 K、显色指数为 77.3。

2016 年,向卫东等先通过一步低温共烧结法制备出 $Y_3Al_{4.5}Ga_{0.5}O_{12}$∶$Ce^{3+}$(YAGG)绿色碲酸盐荧光玻璃陶瓷,再采用丝网印刷工艺在荧光玻璃陶瓷表面形成一层掺杂 $Ca_2Si_5N_8$∶Eu^{2+} 红色荧光粉的薄膜,通过调节红色荧光粉的掺杂比例和绿色荧光玻璃陶瓷的厚度获得了暖白光。

有关荧光玻璃陶瓷的研究仍在继续,在实现大规模批量生产的道路上还有一段距离要走,仍面临着很大的挑战。

低熔点玻璃与商用荧光粉共烧结制备用于 LED 的荧光玻璃陶瓷被广泛研究,现阶段研究较多的低熔点玻璃包括硅酸盐玻璃、碲酸盐玻璃、磷酸盐玻璃、硼硅酸盐玻璃、铋酸盐玻璃、铅硅酸盐玻璃,不同基质的玻璃各有优缺点。其中,铋酸盐玻璃有良好的透过率、较低的转化温度(<500 ℃)和溶制温度(900 ℃)、较高的机械强度、化学稳定性及无毒性等优点;碲酸盐玻璃具有更低的转化温度(<300 ℃)和溶制温度、稳定的物化性能、高的热导率等优点,但是碲酸盐玻璃基质和铋酸盐玻璃基质较易与荧光粉发生反应,导致掺杂不进去的情况;与这两种玻璃材料相比,硼硅酸盐玻璃材料具有两个主要优点:①硼硅酸盐玻璃基质材料的热稳定很好,需防止在高温高湿的环境下与荧光粉发生反应而导致失效;②硼硅酸盐玻璃基质材料相对稳定,可与各波段荧光粉进行掺杂烧结成多波长荧光粉的荧光玻璃陶瓷。

4.4 铋酸盐荧光玻璃陶瓷

4.4.1 YAG∶Ce^{3+} 铋酸盐荧光玻璃陶瓷的光学性能

通过低温共烧结两步法,制备成分为 25%Bi_2O_3 - 70%B_2O_3 - 5%ZnO 的玻璃基质,将基质玻璃在玛瑙研钵中粉碎成玻璃粉,并过 100~300 目筛;再将一定质量分数比例的 YAG∶Ce^{3+}荧光粉和基质玻璃粉充分混合均匀;放置 550~800 ℃的马弗炉中进行二次烧结,20 min 后取出,冷却至室温即得到 YAG∶Ce^{3+}荧光玻璃陶瓷。铋酸盐荧光玻璃陶瓷的制备流程如图 4 - 1 所示。

图 4 - 2 为 YAG∶Ce^{3+} 荧光粉和 YAG∶Ce^{3+} 铋酸盐荧光玻璃陶瓷的 XRD 图。由 YAG∶Ce^{3+} 荧光粉的 XRD 图可以分析出,YAG 相对应衍射峰与 JCPDS 卡片(PDF♯33 - 0040)相符合,也表明掺 Ce^{3+} 的 YAG 具有空间族 Ia - 3D(230)和晶格参数 $a=11.991$ 的晶体结构;从图 4 - 2 中可以明显观察到在 $20°\sim35°$ 有一个非晶馒头峰,此为玻璃的特征峰,存在突出的 x 射线衍射峰,也与标准的 YAG 晶体结构(PDF♯33 - 0040)重合,晶格参数 $a=11.991$,无杂质峰,证明 YAG∶Ce^{3+}荧光粉可以成功掺入铋酸盐玻璃中。

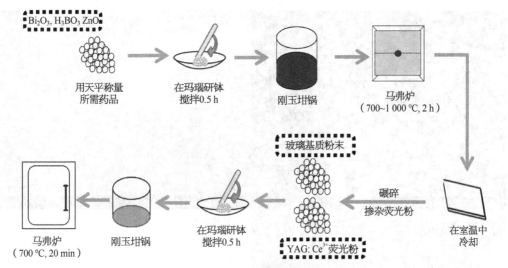

图 4 - 1　铋酸盐荧光玻璃陶瓷的制备流程图

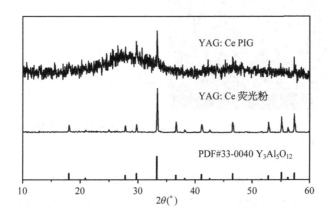

图 4 - 2　YAG：Ce^{3+} 荧光粉和 YAG：Ce^{3+} 荧光玻璃陶瓷的 XRD 图

图 4 - 3 为 YAG：Ce^{3+} 荧光粉和 YAG：Ce^{3+} 荧光玻璃陶瓷的 SEM 图及 YAG：Ce^{3+} 荧光玻璃陶瓷对应的 EDS 元素分析图。由图可以看出，YAG：Ce^{3+} 荧光粉的固体颗粒为圆形，大小均匀，未出现明显团聚现象；右上角 SEM 图看出 YAG：Ce^{3+} 荧光粉颗粒在基质玻璃中均匀分布，颗粒清晰可见，与掺入前荧光粉颗粒的大小一致；为了进一步证明荧光玻璃陶瓷中 YAG：Ce^{3+} 荧光粉颗粒存在，给出了 SEM 图和 EDS 元素分析图，通过 EDS 元素分析可以得出绿色区域内含有 O、Ce、Al、Y 元素，更加明确地证实铋酸盐荧光玻璃陶瓷中 YAG：Ce^{3+} 荧光粉的存在。

为了研究不同烧结温度下 YAG：Ce^{3+} 荧光玻璃陶瓷和 YAG：Ce^{3+} 荧光粉发光性能的变化，利用 Edinburgh 荧光光谱仪测试出样品的 PLE 光谱和 PL 光谱图，如图 4 - 4 所示，YAG：Ce^{3+} 荧光玻璃陶瓷 PLE 光谱图和 PL 光谱图的中心波长与 YAG：Ce^{3+} 荧光粉的中心波长相似，这是因为 YAG：Ce^{3+} 荧光玻璃陶瓷与 YAG：Ce^{3+} 荧光粉的发光均来自

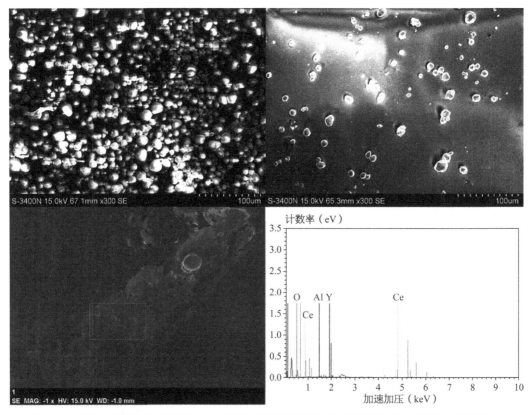

图 4-3 YAG：Ce³⁺荧光粉和 YAG：Ce³⁺荧光玻璃陶瓷的 SEM 图及 YAG：Ce³⁺荧光玻璃陶瓷 对应的 EDS 元素分析图

相同 Ce^{3+} 的能级跃迁；图 a 和图 c 中的宽带激发(峰值分别为 347.5 nm 和 460 nm)均来自 Ce^{3+}：4f→5d 的能级跃迁，而 YAG：Ce^{3+} 荧光玻璃陶瓷在 347.5 nm 峰值较低，原因是铋酸盐基质玻璃的吸收。图 b 和图 d 中的宽带发射(峰值在 560 nm)来自 Ce^{3+}：5d→4f 的能级跃迁。由图 a、b 可以看出，随着共烧结温度升高，YAG：Ce^{3+} 荧光玻璃陶瓷的激发强度和发射强度先升高再降低，烧结温度为 700 ℃时，YAG：Ce^{3+} 荧光玻璃陶瓷的激发强度和发射强度均处于最高值；而当烧结温度升高至 800 ℃时，激发和发射峰几乎消失。图 c、d 中，YAG：Ce^{3+} 荧光粉的激发强度和发射强度几乎不随着烧结温度升高而发生变化，说明烧结温度在 550~800 ℃范围时，荧光粉可以保持良好的光学性能，未发生物理化学反应。

为了精确显示出 YAG：Ce^{3+} 荧光玻璃陶瓷发光颜色的变化，给出 YAG：Ce^{3+} 荧光玻璃陶瓷和 YAG：Ce^{3+} 荧光粉在 550~800 ℃下的色坐标图。由图 a 可以看出，YAG：Ce^{3+} 荧光玻璃陶瓷色坐标落点由黄色区域向绿色区域偏移；由图 b 可以看出 YAG：Ce^{3+} 荧光粉色坐标落点没有明显的变化，与图 4-3d 的发射谱图相对应；对比图 4-5 中两张色坐标图发现 YAG：Ce^{3+} 荧光玻璃陶瓷的色坐标发生色漂移。

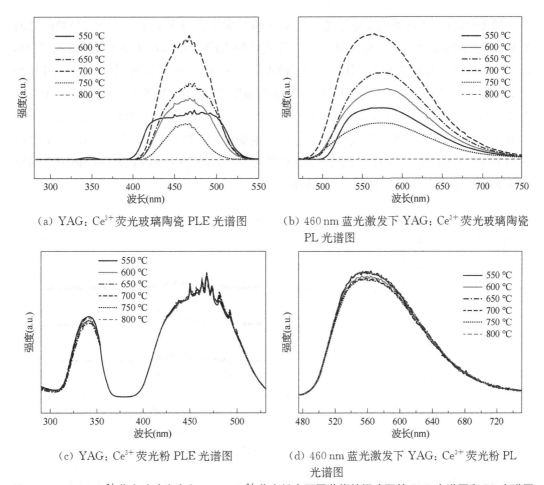

（a）YAG：Ce³⁺荧光玻璃陶瓷 PLE 光谱图

（b）460 nm 蓝光激发下 YAG：Ce³⁺荧光玻璃陶瓷
PL 光谱图

（c）YAG：Ce³⁺荧光粉 PLE 光谱图

（d）460 nm 蓝光激发下 YAG：Ce³⁺荧光粉 PL
光谱图

图 4-4　YAG：Ce³⁺荧光玻璃陶瓷和 YAG：Ce³⁺荧光粉在不同共烧结温度下的 PLE 光谱图和 PL 光谱图

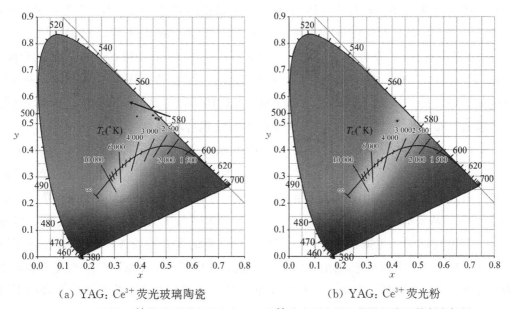

（a）YAG：Ce³⁺荧光玻璃陶瓷

（b）YAG：Ce³⁺荧光粉

图 4-5　YAG：Ce³⁺荧光玻璃陶瓷和 YAG：Ce³⁺荧光粉在不同烧结温度下的色坐标图

图 4-6 分析了在不同烧结温度下 YAG：Ce^{3+} 荧光粉与 YAG：Ce^{3+} 荧光玻璃陶瓷的 YAG 晶格结构变化。图 a 为 YAG：Ce^{3+} 荧光粉的 XRD 图,随着共烧结温度升高,YAG 特征衍射峰没有明显变化,与 JCPDS 卡(PDF♯33-0040)的特征衍射峰一致。图 b 为 YAG：Ce^{3+} 荧光玻璃陶瓷的 XRD 图,当共烧结温度 550 ℃时,制备 YAG：Ce^{3+} 荧光玻璃陶瓷的特征衍射峰也与 YAG 标准卡片(PDF♯33-0040)相符合,晶格参数 $a=11.991$,无杂质峰;随着共烧结温度升高特征衍射峰发生变化,当共烧结温度为 800 ℃时,主要特征衍射峰完全消失。实验结果说明,烧结温度在 800 ℃时 PLE 和 PL 强度峰值消失的原因可能是荧光粉中 YAG 晶格结构的破坏。

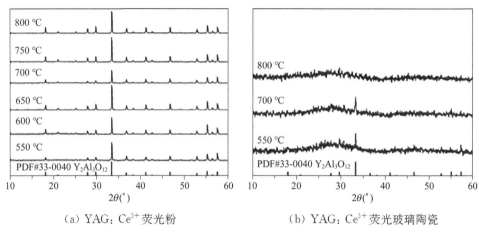

(a) YAG：Ce^{3+} 荧光粉   (b) YAG：Ce^{3+} 荧光玻璃陶瓷

图 4-6　不同烧结温度下 YAG：Ce^{3+} 荧光玻璃陶瓷和 YAG：Ce^{3+} 荧光粉的 XRD 图

Ce 离子是发光稀土离子,具有两个价态(Ce^{3+} 和 Ce^{4+})。Ce^{3+} 的电子可以在 4f 和 5d 之间跃迁,具有明显的斯托克斯位移,会释放一定数量的光子。Ce^{4+} 不会发生电子跃迁,因为 Ce^{4+} 在 4f 层中不存在电子。通过查询 XPS 光谱标准数据库,884 eV、902 eV、881.6 eV 和 899.9 eV 分别对应 $Ce^{3+} 3d_{5/2}$、$Ce^{3+} 3d_{3/2}$、$Ce^{4+} 3d_{5/2}$ 和 $Ce^{4+} 3d_{3/2}$ 的结合能。根据相关文献,Ce 原子 4f 层电子的最大偏移结合能为 17.9 eV。图 4-7 为 700 ℃、800 ℃ 共烧结 YAG：Ce^{3+} 荧光玻璃陶瓷 Ce^{3+} 的 XPS 光谱图及拟合曲线。XPS 光谱图通过高斯拟合成四个峰,700 ℃ 时 YAG：Ce^{3+} 荧光玻璃陶瓷拟合峰为 883.167 eV、888.301 eV、899.211 eV、903.903 eV;800 ℃ 时 YAG：Ce^{3+} 荧光玻璃陶瓷拟合峰为 884.013 eV、888.395 eV、900.123 eV、904.037 eV。表 4-1 为 YAG：Ce^{3+} 荧光玻璃陶瓷的光学性能参数。由表 4-1 中数据得出,共烧结温度从 700 ℃ 升高到 800 ℃后,YAG：Ce^{3+} 荧光玻璃陶瓷中 Ce^{3+} 从 50.53％下降到 34.33％,Ce^{4+} 从 49.47％上升到 65.67％,说明一部分 Ce^{3+} 被氧化成 Ce^{4+}。根据 YAG：Ce^{3+} 荧光玻璃陶瓷的发光机理,Ce^{3+} 是通过斯托克斯位移释放光子从而实现发光,而由于部分 Ce^{3+} 被氧化成 Ce^{4+},YAG：Ce^{3+} 荧光玻璃陶瓷发光性能也会逐渐降低。实验结果表明,YAG：Ce^{3+} 荧光玻璃陶瓷发射强度下降的原因是 Ce^{3+} 含量降低。

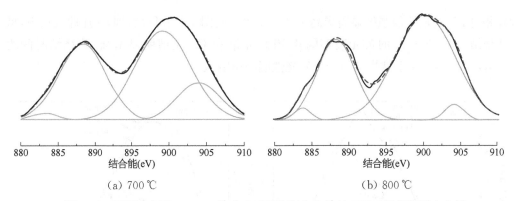

图 4－7　不同温度下 YAG：Ce^{3+} 荧光玻璃陶瓷中 Ce^{3+} 的 XPS 光谱图及拟合曲线

表 4－1　YAG：Ce^{3+} 荧光玻璃陶瓷的光学性能参数

离子能级	共烧结温度(℃)	拟合峰 (eV)	半高峰宽 (eV)	峰面积 (a. u.)	总峰面积 (a. u.)	相对百分含量 (%)
$Ce^{4+}\ 3d_{5/2}$	700	883. 167	3. 74	448. 413	15 989. 436	49. 47
$Ce^{4+}\ 3d_{3/2}$		899. 211	8. 73	15 541. 023		
$Ce^{3+}\ 3d_{5/2}$	700	888. 301	7. 47	11 336. 818	16 332. 159	50. 53
$Ce^{3+}\ 3d_{3/2}$		903. 903	6. 9	4 995. 341		
$Ce^{4+}\ 3d_{5/2}$	800	884. 013	2. 49	569. 209	19 642. 178	65. 67
$Ce^{4+}\ 3d_{3/2}$		900. 123	9. 26	19 072. 969		
$Ce^{3+}\ 3d_{5/2}$	800	888. 395	5. 95	9 431. 554	10 267. 582	34. 33
$Ce^{3+}\ 3d_{3/2}$		904. 037	2. 93	836. 028		

4.4.2　还原气氛下的 YAG：Ce^{3+} 铋酸盐荧光玻璃陶瓷的光学性能

图 4－8 为还原气氛和空气气氛中,在 700 ℃下共烧结 20～60 min 的荧光玻璃陶瓷的 PLE 光谱图和 PL 光谱图。图 a 和图 c 为在 558 nm 最大发射波长监测下的 PLE 光谱图,宽激发带为 400～550 nm,这归因于 Ce^{3+} 的 $4f\rightarrow 5d^1$ 跃迁。图 b 和图 d 为 PL 光谱在 460 nm 蓝光激发下,Ce^{3+} 发生 $5d^1\rightarrow 4f$ 的跃迁,荧光玻璃陶瓷具有 500～650 nm 的宽发射带。由图 a、b 可以看出,随着烧结时间的增加,空气中的 PLE 和 PL 强度降低,这表明长时间烧结对 Ce：YAG 的发光性能有负面影响。由图 c、d 可以看出,在还原气氛下共烧结得到的荧光玻璃陶瓷,其激发和发射强度随时间的增加而降低,与图 a、b 相比,样品的相对 PL 强度显著增强。由图 4－8 也可以看出,共烧结 60 min 后,玻璃中磷光体的激发和发射强度显著减弱。

图 4－9 为还原气氛共烧结下的荧光玻璃陶瓷的峰值强度相对于空气气氛下峰值强度的 PLE 光谱和 PL 光谱增加率。由图 a 可看出,与在空气气氛下烧结相比,在还原气氛下共烧结 20～60 min 的荧光玻璃陶瓷相对 PLE 光谱峰值强度显著提高了 6～13 倍。由图 b 中可看出,与在空气气氛下烧结相比,在还原气氛下共烧结 20～60 min 的荧光玻璃

陶瓷相对 PL 光谱峰值强度显著提高了 2～14 倍。由图 4-9 可以看到,在还原气氛下,低温共烧结 20～60 min 的荧光玻璃陶瓷 PLE 光谱和 PL 光谱明显增强,共烧结时间为 60 min 时,还原气氛下共烧结对光致发光性能的影响减小。

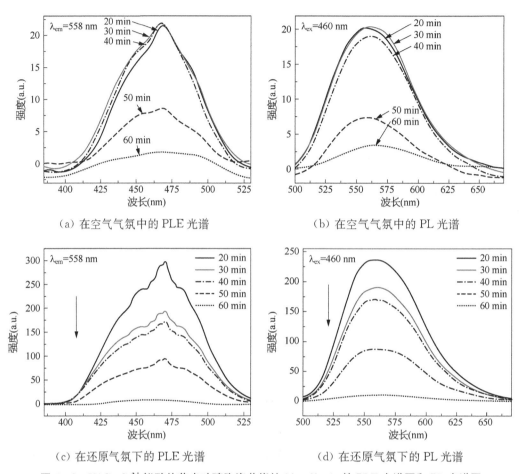

（a）在空气气氛中的 PLE 光谱　　　　　　　　（b）在空气气氛中的 PL 光谱

（c）在还原气氛下的 PLE 光谱　　　　　　　　（d）在还原气氛下的 PL 光谱

图 4-8　YAG：Ce^{3+} 铋酸盐荧光玻璃陶瓷共烧结 20～60 min 的 PLE 光谱图和 PL 光谱图

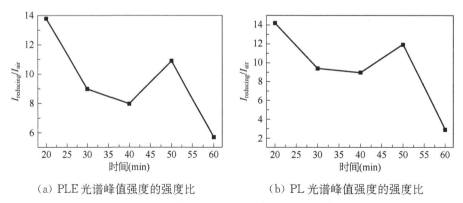

（a）PLE 光谱峰值强度的强度比　　　　　　　　（b）PL 光谱峰值强度的强度比

图 4-9　还原气氛相对于空气气氛的发光强度增加率

　　Ce：YAG 荧光粉和其他几种使用 Ce^{3+} 作为活性离子的荧光粉,由于其极高的奇偶性允许 4f↔5d 电子跃迁,并且 Ce 离子具有两个价态(Ce^{3+} 和 Ce^{4+})。图 4-10 为 $Y_3Al_5O_{12}$ 中 Ce^{3+} 的部分能级示意图和坐标,从图中可以发现 Ce：YAG 的特征发光属于 Ce^{3+} 电子的 5d→4f 跃迁,具有明显的斯托克斯位移。基态 A(基态的平衡位置)的电子被提升到激发态 B。电子从激发态 B 弛豫到最小位置 C(原子的平衡位置),这种弛豫是伴随着声子发射的非辐射弛豫过程。荧光是通过从最小位置 C 到基态 D 的电子跃迁产生的。电子从基态 D 松弛到最小基态 A,这种弛豫也是伴随着声子发射的非辐射弛豫过程。但是,Ce^{4+} 不会产生电子跃迁,因此没有电子保留在 4f 层中以实现斯托克斯位移。

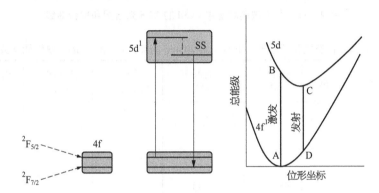

图 4-10　$\mathbf{Y_3Al_5O_{12}}$ 中 $\mathbf{Ce^{3+}}$ 的部分能级示意图和坐标图

　　图 4-11 是实验测试的在还原气氛和空气气氛中烧结 20 min 和 60 min 的荧光玻璃陶瓷中 Ce3d 的 XPS 光谱图和拟合曲线。铈离子有两个价态(Ce^{3+} 和 Ce^{4+}),其中 Ce^{3+} 是有效离子,Ce^{3+} 的特征发光可以通过斯托克斯位移实现,如 Ce：YAG 荧光粉在蓝光的激发下可以发出黄光。通过查询 XPS 光谱标准数据库,884 eV、902 eV、881.6 eV 和 899.9 eV 结合能对应于 Ce^{3+} $3d_{5/2}$,Ce^{3+} $3d_{3/2}$,Ce^{4+} $3d_{5/2}$ 和 Ce^{4+} $3d_{3/2}$ 组分。原子体系受到轻微干扰,并且当 Ce 原子周围的化学环境发生变化时,内层的结合能可能也会发生变化。根据相关文献,Ce 离子的最大结合能为 17.9 eV。共烧结气氛、半高峰宽、在不同时间下共烧结荧光玻璃陶瓷中的 Ce^{3+} 和 Ce^{4+} 的峰面积及 Ce^{3+} 和 Ce^{4+} 的相对百分比[峰面积(Ce^{3+})或(Ce^{4+})/峰面积(Ce^{3+}＋Ce^{4+})的比]见表 4-2 和表 4-3。

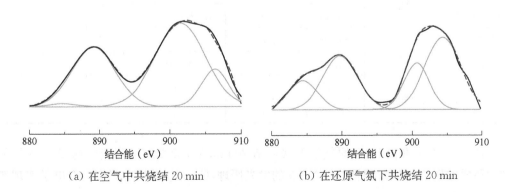

（a）在空气中共烧结 20 min　　　　　　（b）在还原气氛下共烧结 20 min

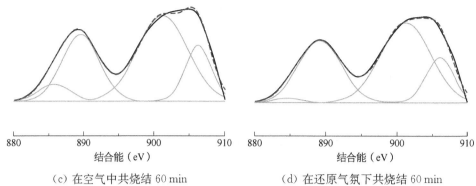

（c）在空气中共烧结 60 min　　　　　　　　（d）在还原气氛下共烧结 60 min

图 4 - 11　荧光玻璃陶瓷中 Ce3d 的 XPS 光谱图和拟合曲线

表 4 - 2　在空气和还原气氛下共烧结 20 min 的荧光玻璃陶瓷的光学性能参数

离子能级	共烧结气氛	拟合峰（eV）	半高峰宽（eV）	峰面积（a. u.）	总峰面积（a. u.）	相对百分含量（%）
$Ce^{4+}\ 3d_{5/2}$	空气气氛	884.595	4.19	2 267.87	133 417.20	53.80
$Ce^{4+}\ 3d_{3/2}$	空气气氛	901.438	8.20	131 149.33		
$Ce^{3+}\ 3d_{5/2}$	空气气氛	889.147	7.27	83 165.05	114 381.10	46.20
$Ce^{3+}\ 3d_{3/2}$	空气气氛	906.278	4.44	31 216.05		
$Ce^{4+}\ 3d_{5/2}$	还原气氛	884.535	4.86	53 586.47	130 628.82	31.30
$Ce^{4+}\ 3d_{3/2}$	还原气氛	900.830	4.27	77 042.35		
$Ce^{3+}\ 3d_{5/2}$	还原气氛	889.88	5.87	122 283.08	287 279.04	68.70
$Ce^{3+}\ 3d_{3/2}$	还原气氛	904.545	5.97	164 995.96		

表 4 - 3　在空气和还原气氛下共烧结 60 min 的荧光玻璃陶瓷的光学性能参数

离子能级	共烧结气氛	拟合峰（eV）	半高峰宽（eV）	峰面积（a. u.）	总峰面积（a. u.）	相对百分含量（%）
$Ce^{4+}\ 3d_{5/2}$	空气气氛	885.782	5.40	14 141.38	125 147.56	54.90
$Ce^{4+}\ 3d_{3/2}$	空气气氛	901.21	8.44	111 006.18		
$Ce^{3+}\ 3d_{5/2}$	空气气氛	889.54	6.35	65 515.70	102 626.73	45.10
$Ce^{3+}\ 3d_{3/2}$	空气气氛	906.21	4.40	37 111.03		
$Ce^{4+}\ 3d_{5/2}$	还原气氛	884.755	4.52	3 616.25	124 691.85	51.00
$Ce^{4+}\ 3d_{3/2}$	还原气氛	901.220	8.28	121 075.96		
$Ce^{3+}\ 3d_{5/2}$	还原气氛	889.184	7.12	81 335.89	119 671.41	49.00
$Ce^{3+}\ 3d_{3/2}$	还原气氛	906.07	4.73	38 335.52		

　　从表 4 - 2 中看出，在还原气氛下共烧结 20 min 后，荧光玻璃陶瓷中的 Ce^{3+} 含量从 46.2% 增加到 68.7%。根据 Ce：YAG 的发光原理，Ce^{3+} 的 4f 层中只有一个电子实现激

发和发射,如果 Ce^{3+} 被氧化为 Ce^{4+},则 Ce^{3+} 的电子不能在 4f 和 5d 的能级之间迁移,故也无法发光。从表 4-2 中可以发现,Ce^{3+} 含量的增加是由于还原气氛下 Ce^{4+} 被还原为 Ce^{3+},且共烧结 20 min 的荧光玻璃陶瓷表现出最佳发光性能。

从表 4-3 中看出,在还原气氛下共烧结 60 min 后,荧光玻璃陶瓷中的 Ce^{3+} 含量从 45.1% 增加到 49%,这是由于铋酸盐荧光玻璃陶瓷材料中的 ZnO、B_2O_3、Bi_2O_3 等氧化物提供的氧化环境及 CO 还原气氛可能会影响 Ce^{3+} 和 Ce^{4+} 的含量。在空气中烧结的情况下,某些 Ce^{3+} 可能会被氧化环境氧化为 Ce^{4+},但随着时间的流逝,Ce^{3+} 氧化成 Ce^{4+} 的氧化量可能会达到一定程度,并且不会由于氧气耗尽而无限期增加氧化环境。在 CO 还原气氛中,可能首先将更多的 Ce^{4+} 还原为 Ce^{3+},随着时间的流逝,更多的 Ce^{3+} 可能会被氧化为 Ce^{4+}。

结果表明,当荧光玻璃陶瓷共烧结 20 min 时,在空气气氛中的 Ce^{4+} 和还原气氛下的 Ce^{4+} 的比为 53.8/31.3;当荧光玻璃陶瓷共烧结 60 min,在空气气氛中的 Ce^{4+} 和还原气氛中的 Ce^{4+} 的比为 54.9/51,由此可知 Ce^{4+} 还原为 Ce^{3+},并且随着时间的增加达到一定程度。因此,Ce^{3+} 浓度将直接影响荧光玻璃陶瓷的光致发光性能,即在还原气氛下共烧结制备荧光玻璃陶瓷对于提高荧光玻璃陶瓷的光致发光性能是有益的。

图 4-12 是在空气气氛和还原气氛下烧结了 20~60 min 的荧光粉和荧光玻璃陶瓷的 XRD 图。图 a 中,样品的 XRD 图表明 $Y_3Al_5O_{12}$ 相的所有峰均与 JCPDS 卡(No. 33-0040)吻合,说明随着烧结时间的增加,YAG 的特征峰没有明显变化。XRD 图还表明掺杂 Ce^{3+} 的 YAG 具有晶体结构,其空间群为 Ia-3d(230),晶格参数 $a=11.991$ Å。图 b 是在 700 ℃下烧结的荧光玻璃陶瓷的衍射峰也类似于标准 YAG 晶体(JCPDS No. 33-0040),没有观察到杂质峰。然而,随着共烧结时间的增加,XRD 的峰数减少,主特征峰(420)减少,并发现激发强度和发射强度降低的原因是荧光玻璃陶瓷中的 YAG 晶格结构被破坏。此外,可知在还原气氛下共烧结可以有效减缓荧光玻璃陶瓷中 YAG 晶格的腐蚀,保护 Ce^{3+} 周围的晶格结构。因此,当在还原气氛下共烧结时,其发光性能可以显著提高。

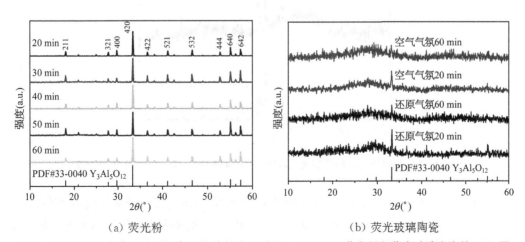

（a）荧光粉　　　　　　　　（b）荧光玻璃陶瓷

图 4-12　在空气气氛下和还原气氛下烧结 20~60 min Ce:YAG 荧光粉和荧光玻璃陶瓷的 XRD 图

4.4.3 CASN：Eu^{2+}铋酸盐荧光玻璃陶瓷的光学性能

将氧化物原料按 25％Bi$_2$O$_3$、70％B$_2$O$_3$、5％ZnO 的摩尔质量分数配比，充分混合均匀，原料混合粉倒入刚玉坩埚中并放置于马弗炉内进行烧结，设置马弗炉的温度为 950 ℃，保温 2 h 后得到玻璃液；将熔融的玻璃液倒入温度为室温的铸铁模上，快速退火至室温后把基质玻璃研磨成玻璃粉末，并过 100～300 目筛；用研磨得到的玻璃粉末与 CaAlSiN$_3$：Eu^{2+}荧光粉以质量分数 1％混合；混合的粉末置于马弗炉中，温度设置为 600 ℃，保温 20 min 后形成固体物质。实验制备出的样品呈现蜂窝状黑色，说明基质玻璃与 CaAlSiN$_3$：Eu^{2+}荧光粉二次烧结过程中发生了一系列反应，该 CaAlSiN$_3$：Eu^{2+}荧光粉不能掺入 25％Bi$_2$O$_3$ - 70％B$_2$O$_3$ - 5％ZnO 配方的玻璃体系中。

对铋酸盐基质玻璃组分进行调整，参考有关文献后，加入 Al$_2$O$_3$ 降低铋酸盐玻璃析晶倾向，提高玻璃化学稳定性和机械强度，降低质变可能性；加入 Ba$_2$O$_3$ 作为玻璃网络外体，一定程度上降低铋酸盐玻璃熔融温度。铋酸盐基质玻璃所需的氧化物原料 Bi$_2$O$_3$、H$_3$BO$_3$、ZnO、Al$_2$O$_3$、Ba$_2$O$_3$ 按一定摩尔质量分数进行称量，称量好的原料粉在玛瑙研钵中充分混合，然后放入 900 ℃电阻炉中保温 2 h，制备出新的铋酸盐基质玻璃，粉碎成玻璃粉，并过 100～300 目筛；将一定质量分数比例的 CaAlSiN$_3$：Eu^{2+}荧光粉和基质玻璃粉进行充分混合。在 600 ℃的马弗炉中进行二次烧结实验，20 min 后取出，冷却至室温得到 CaAlSiN$_3$：Eu^{2+}荧光玻璃陶瓷。

图 4 - 13 为 CaAlSiN$_3$：Eu^{2+}荧光玻璃陶瓷和 CaAlSiN$_3$：Eu^{2+}荧光粉的 XRD 图。其中，CaAlSiN$_3$：Eu^{2+}荧光玻璃陶瓷的衍射数据呈现一个明显的馒头峰（玻璃的特征峰），CaAlSiN$_3$：Eu^{2+}荧光玻璃陶瓷的衍射尖峰与掺入 CaAlSiN$_3$：Eu^{2+}荧光粉的尖峰一一对应。实验结果表明，CaAlSiN$_3$：Eu^{2+}荧光粉在 600 ℃可以通过低温共烧结法成功掺入基质玻璃中，掺入的荧光粉不仅保持原有 CaAlSiN$_3$ 晶体结构，而且在共烧结后无杂质峰呈现。

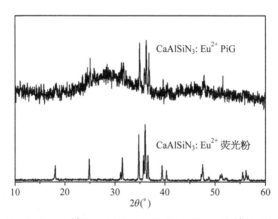

图 4 - 13　CaAlSiN$_3$：Eu^{2+}荧光玻璃陶瓷和 CaAlSiN$_3$：Eu^{2+}荧光粉的 XRD 图

图 4 - 14 为 CaAlSiN$_3$：Eu^{2+}荧光粉和 CaAlSiN$_3$：Eu^{2+}荧光玻璃陶瓷的 SEM 图及 CaAlSiN$_3$：Eu^{2+}荧光玻璃陶瓷对应 EDS 元素分析图。由图可以看出，CaAlSiN$_3$：Eu^{2+}荧光粉的固体颗粒为圆柱形、片状，表面有小颗粒且大小不一，也可以看出 CaAlSiN$_3$：Eu^{2+}

荧光玻璃陶瓷中荧光粉不同形状颗粒的分布。为了进一步证实荧光玻璃陶瓷中
$CaAlSiN_3$：Eu^{2+} 荧光粉的存在,给出该粉体的 SEM 图和 EDS 元素分析图,通过 EDS 元
素分析可以得出该粉体内存在 N、Ca、Al、Eu、Si、Sr 等元素,更加明确地证实了铋酸盐
荧光玻璃陶瓷中 $CaAlSiN_3$：Eu^{2+} 荧光粉的存在。

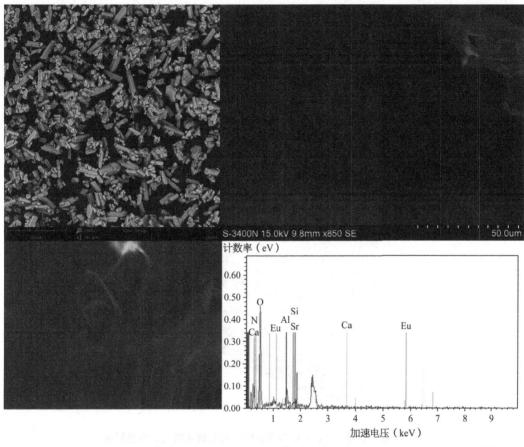

图 4 - 14　$CaAlSiN_3$：Eu^{2+} 荧光粉和 $CaAlSiN_3$：Eu^{2+} 荧光玻璃陶瓷 SEM 图及 $CaAlSiN_3$：Eu^{2+}
荧光玻璃陶瓷对应 EDS 元素分析图

图 4 - 15 是 $CaAlSiN_3$：Eu^{2+} 荧光玻璃陶瓷的 PLE 光谱图和 PL 光谱图。由图 a 可
知,$CaAlSiN_3$：Eu^{2+} 荧光玻璃陶瓷有一个宽带激发峰,可以被蓝光芯片激发,也可以被近
紫外的芯片激发;随着 $CaAlSiN_3$：Eu^{2+} 荧光粉掺入量从 0.2% 提升到 5%,激发强度先升
高后降低,掺入量为 1% 时激发强度达到最高值。由图 b 可知,$CaAlSiN_3$：Eu^{2+} 荧光玻璃
陶瓷的发射范围在 550~725 nm,发射峰中心波长为 620 nm,发射强度随 $CaAlSiN_3$：
Eu^{2+} 荧光掺入量变化趋势与激发强度一样,当掺入量为 1% 时,发射强度达到最高值。

图 4 - 16 是不同掺入量 $CaAlSiN_3$：Eu^{2+} 荧光玻璃陶瓷的色坐标图,由图可以看出,
随着 $CaAlSiN_3$：Eu^{2+} 荧光粉掺入量增大,色坐标落点向红光区域移动,其中当掺入量为
1% 时,色坐标为 $x = 0.61$、$y = 0.3892$,这可以提高 LED 的显示指数。

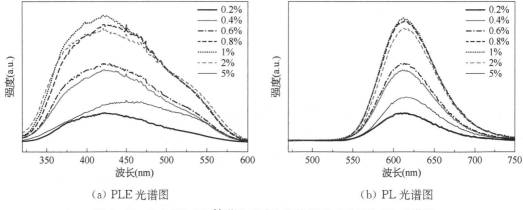

（a）PLE 光谱图　　　　　　　　　　（b）PL 光谱图

图 4‑15　CaAlSiN₃：Eu²⁺ 荧光玻璃陶瓷的 PLE 光谱图和 PL 光谱图

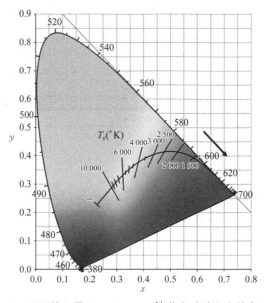

图 4‑16　不同掺入量 CaAlSiN₃：Eu²⁺ 荧光玻璃陶瓷的色坐标图

4.5　碲酸盐荧光玻璃陶瓷

4.5.1　YAG：Ce³⁺ 碲酸盐荧光玻璃陶瓷的光学性能

称取 0.05 mol 的玻璃组分原料 60％TeO₂‑20％Na₂O‑10％ZnO‑10％B₂O₃（摩尔比）和一定质量分数的 YAG：Ce³⁺ 荧光粉（占玻璃原料总质量的百分比）置于玛瑙研钵中搅拌混合均匀后转移到刚玉坩埚中，放入 600 ℃ 的马弗炉中恒温熔融 30 min，之后将玻璃液迅速倒在另一个设定为 250 ℃ 的马弗炉的铸铁模上，在 250 ℃ 条件下退火 2 h 后再慢慢降至室温，得到透明的 YAG：Ce³⁺ 荧光玻璃陶瓷；经机械加工（研磨抛光）后切割成一定尺寸的荧光玻璃陶瓷样品，然后进行一系列的相关测试。图 4‑17 是 YAG：Ce³⁺ 荧光玻璃陶瓷的机械加工情况。

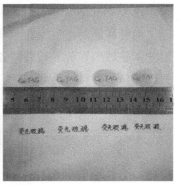

图 4 - 17　YAG：Ce³⁺ 荧光玻璃陶瓷的机械加工图

为避免烧结过程中荧光粉与玻璃基质间发生化学反应而破坏荧光粉的光学性能,测试荧光粉和不同烧结温度、烧结时间下所制备的荧光玻璃陶瓷的物相结构,YAG：Ce^{3+} 碲酸盐荧光玻璃陶瓷的 XRD 图如图 4 - 18 所示。由图可以看出与荧光粉的 XRD 图相比,荧光玻璃陶瓷存在很明显的非晶态驼峰,归因于基质玻璃的特性。除了非晶态驼峰外,在图 a 中,700 ℃下的荧光玻璃陶瓷和荧光粉的晶相结构很相似,而且它们的特征衍射峰与标准卡片相对应,没有出现其他的杂相。随着温度的升高,荧光玻璃陶瓷衍射峰的强度逐渐减小;当温度高于 700 ℃时,荧光玻璃陶瓷的特征衍射峰消失,这是由于过高的烧结温度将引起基质玻璃与荧光粉间的化学反应,导致荧光粉失活。图 b 为荧光粉在 600 ℃不同烧结时间下制备的荧光玻璃陶瓷的 XRD 图,分析结果表明随着烧结时间的增加,荧光玻璃陶瓷衍射峰的强度没有发生很大的变化,在合适的烧结温度下,烧结时间的延长对荧光粉的光学性能影响不大。通过 XRD 图的结果分析得出以下结论：荧光玻璃陶瓷的制备温度不宜过高,该组分的碲酸盐荧光玻璃陶瓷其最佳烧结温度、烧结时间分别为 600 ℃、30 min。

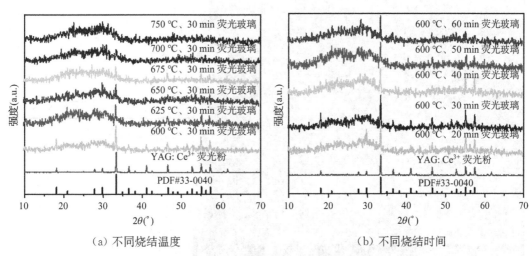

（a）不同烧结温度　　　　　　　　　　（b）不同烧结时间

图 4 - 18　YAG：Ce³⁺ 碲酸盐荧光玻璃陶瓷的 XRD 图

图 4-19 是厚度均为 0.8 mm 的基质玻璃和 YAG：Ce³⁺ 荧光玻璃陶瓷的透过光谱图。两种样品的透过率在 650～800 nm 都超过了 66％,表明它们具有良好的光学透过性。对比基质玻璃和荧光玻璃陶瓷的透过率曲线,可观察到在 460 nm 左右荧光玻璃陶瓷的透过率明显下降,这是因为 Ce³⁺ 对该波段位置的光有很强的吸收能力。

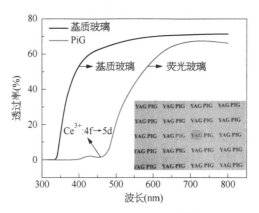

图 4-19　厚度均为 0.8 mm 的基质玻璃和 YAG：Ce³⁺ 荧光玻璃陶瓷的透过光谱图

图 4-20 为最佳烧结条件下制备的荧光玻璃陶瓷 SEM 图和 EDS 元素分析图。由图可知,荧光粉均匀地分散在玻璃基质中,没有出现颗粒聚集现象;分布在玻璃基质中的荧光粉颗粒维持着原来 10 μm 的粒径大小,表明这种条件下可以忽略烧结过程对荧光粉的影响,荧光粉的光学性能很好地保留下来。另外,通过 EDS 在单个荧光粉颗粒上检测到 Y、Al、Ce 和 O 元素信号,在邻近的玻璃基质中检测到 Te、Na、Zn 和 B 元素信号,证明荧光粉颗粒被成功地引入碲酸盐基质玻璃中。

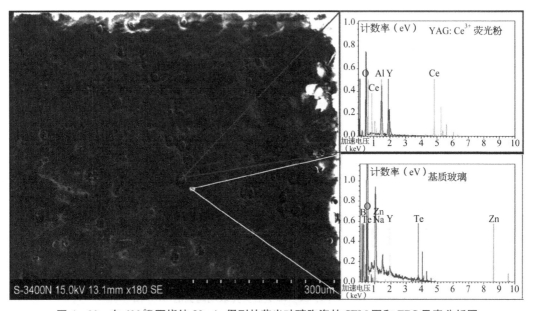

图 4-20　在 600 ℃ 下烧结 30 min 得到的荧光玻璃陶瓷的 SEM 图和 EDS 元素分析图

　　图 4-21 是掺杂不同浓度荧光粉的 YAG：Ce^{3+} 荧光玻璃陶瓷和 YAG：Ce^{3+} 荧光粉的 PLE 光谱、PL 光谱图及 Ce^{3+} 能级图。在 455 nm 蓝光激发下得到中心波长约为 560 nm 的 Ce^{3+}：5d→4f 宽发射带，同时在 560 nm 监测波长的发射下得到以 340 nm 和 460 nm 为中心波长的两个激发峰，其分别来自 Ce^{3+}：4f→5d 能级跃迁中的 4f($^2F_{5/2}$)→5d(2B1g) 和 4f($^2F_{5/2}$)→5d(2A1g)。另外，随着荧光粉浓度的增加，荧光玻璃陶瓷的荧光强度逐渐增大。值得注意的是，YAG：Ce^{3+} 荧光玻璃陶瓷样品在 340 nm 处的激发峰强度远小于 YAG：Ce^{3+} 荧光粉的强度，这主要是因为基质玻璃对短波长区域的光（300～400 nm）有着很强的吸收能力。

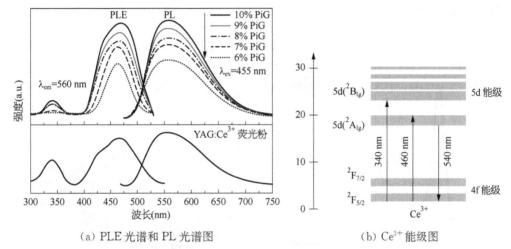

（a）PLE 光谱和 PL 光谱图　　　　　（b）Ce^{3+} 能级图

图 4-21　掺杂不同浓度荧光粉的 YAG：Ce^{3+} 荧光玻璃陶瓷和 YAG：Ce^{3+} 荧光粉的 PLE 光谱、PL 光谱图及 Ce^{3+} 能级图

　　为了研究 YAG：Ce^{3+} 荧光粉掺杂浓度和荧光玻璃陶瓷厚度对白光 LED 光电参数的影响，将制备的碲酸盐荧光玻璃陶瓷切割成一定尺寸的玻璃片，再与 3014 蓝光芯片进行封装，得到的 LED 器件在 20 mA 电流激发下发出明亮的白光，如图 4-22 所示。图 a 是掺杂不同荧光粉浓度的荧光玻璃陶瓷片封装成的白光 LED EL 光谱图，不难发现，光谱图是由以 450 nm 蓝光波长为中心的窄峰和以 560 nm 黄光波长为中心的宽峰两部分组成的；另外，随着荧光粉浓度的增加，黄光波段强度逐渐增加，这是因为在相同蓝光光源激发下，增加荧光粉浓度将增加荧光玻璃陶瓷中 Ce^{3+} 的含量，更多的 Ce^{3+} 会被蓝光激发出更多的黄光进而增强黄光波段的强度。图 b 是掺杂不同荧光粉浓度的荧光玻璃陶瓷片封装成的白光 LED 所对应的色坐标图，随着荧光粉浓度从 6% 增加到 10% 时，色坐标呈现出线性变化的特征，并逐渐从蓝光区域移向黄光区域。图 c 是不同厚度的荧光玻璃陶瓷片封装成的白光 LED EL 光谱图，从图 c 中可以发现，在荧光粉掺杂浓度保持一定时，随着荧光玻璃陶瓷厚度的增加，黄光波段的强度也在逐渐增加，这是因为荧光玻璃陶瓷厚度的增加相当于增加了荧光玻璃陶瓷中 Ce^{3+} 的含量，在被蓝光激发时会发出更多的黄光，从而增强黄光波段的强度。图 d 是不同玻璃厚度的荧光玻璃陶瓷片封装成的白光 LED 所对应的色坐标图,由图可知,随着荧光玻璃陶瓷厚度从 0.4 mm 增加到 1.2 mm 时,色坐标也呈现出线性变化的特征,并逐渐从蓝光区域移向黄光区域,这表明荧光玻璃陶瓷厚度变厚,封装成的 LED 器件发出的白光会偏黄。然而,为了满足商业白光 LED 的照明需求,荧光玻璃陶瓷片封装成的白光 LED 的色坐标必须要落在黑体辐射线上,否则,就没有实际应用价值。因此,根据上述分析,确定了最佳的荧光粉掺杂质量分数和荧光玻璃陶瓷厚度分别为 8%、0.8 mm,在 20 mA 电流激发下,最佳荧光玻璃陶瓷片封装成的白光 LED 的发光效率为 102.6 lm/W、色温为 6290 K、显色指数为 71.4。结果表明:通过调节荧光粉掺杂浓度或荧光玻璃陶瓷厚度可有效改善白光 LED 的光电性能。掺杂不同荧光粉浓度和不同厚度的荧光玻璃陶瓷片封装成的白光 LED 器件在工作电流 20 mA 条件下的光电参数见表 4 - 4。

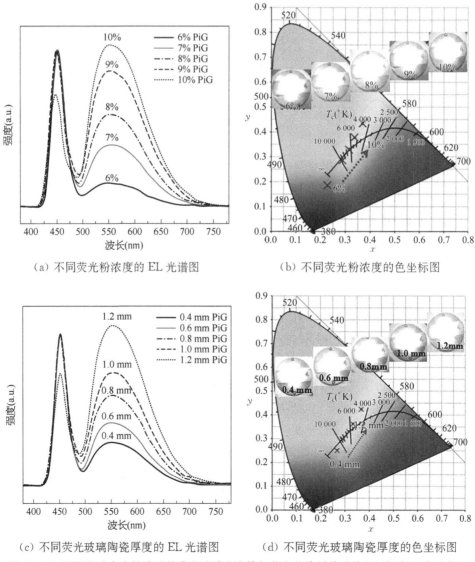

(a) 不同荧光粉浓度的 EL 光谱图   (b) 不同荧光粉浓度的色坐标图

(c) 不同荧光玻璃陶瓷厚度的 EL 光谱图   (d) 不同荧光玻璃陶瓷厚度的色坐标图

图 4 - 22　不同尺寸大小的碲酸盐荧光玻璃陶瓷片与蓝光芯片封装后的 EL 光谱图、色坐标图

表 4 - 4　掺杂不同荧光粉浓度和不同厚度的荧光玻璃陶瓷片封装成的白光 LED 器件在工作电流 20 mA 条件下的光电参数

样品	发光效率(lm/W)	色温(K)	显色指数	色坐标
质量分数 6% 的 PiG	80.8	100 000	69.8	(0.224 6, 0.171 5)
质量分数 7% 的 PiG	92.4	9 344	71.8	(0.288 4, 0.278 1)
质量分数 8% 的 PiG	101.8	6 425	72.0	(0.314 7, 0.324 8)
质量分数 9% 的 PiG	108.6	5 236	73.8	(0.339 9, 0.375 7)
质量分数 10% 的 PiG	114.5	4 561	75.6	(0.367 8, 0.416 9)
0.4 mm PiG	78.2	17 300	73.4	(0.269 3, 0.256 1)
0.6 mm PiG	88.4	8 334	72.6	(0.293 8, 0.296 9)
0.8 mm PiG	102.6	6 290	71.4	(0.316 5, 0.331 1)
1.0 mm PiG	110.9	5 494	68.5	(0.332 8, 0.363 2)
1.2 mm PiG	115.7	4 586	66.2	(0.366 1, 0.424 2)

4.5.2　还原气氛下的 YAG：Ce^{3+} 碲酸盐荧光玻璃陶瓷的光学性能

图 4 - 23 为在退火前后不同烧结温度下获得的荧光玻璃陶瓷 PLE 光谱图和 PL 光谱图。随着温度从 450 ℃升高至 600 ℃,氢气还原气氛退火前后的荧光玻璃陶瓷的 PLE 和 PL 强度随着温度的升高而增加,当烧结温度超过 600 ℃时,荧光玻璃陶瓷的 PLE、PL 峰值强度会随着温度的升高而降低。此外,当烧结温度为 700 ℃时,所有激发和发射峰的值几乎为零,这是由于在过高的烧结温度下玻璃熔体和 YAG 荧光粉颗粒之间的相互作用。与在氢气还原气氛退火之前相比,除 700 ℃以外的不同温度下烧结的荧光玻璃陶瓷的 PLE 和 PL 峰值强度在氢气还原气氛下退火后均得到增强。因此,荧光玻璃陶瓷在氢气还原气氛下退火是增强其 PLE、PL 峰值强度的好方法,但是过高的烧结温度对提高荧光玻璃陶瓷的 PL 峰值强度不利。

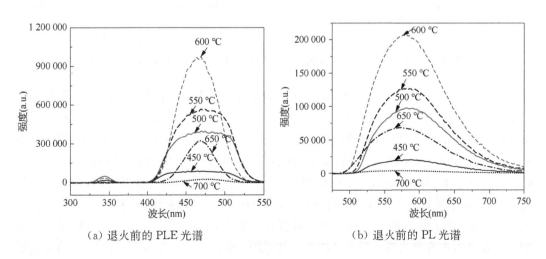

(a) 退火前的 PLE 光谱　　　　　(b) 退火前的 PL 光谱

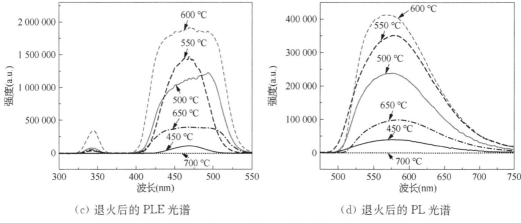

（c）退火后的 PLE 光谱 　　　　　（d）退火后的 PL 光谱

图 4‑23　在退火前后不同烧结温度下获得的荧光玻璃陶瓷 PLE 光谱和 PL 光谱图

图 4‑24 为在不同温度下退火后烧结的荧光玻璃陶瓷的光谱峰值强度的比值增加情况。由图 a 可看出，随着烧结温度的升高，在氢气还原气氛下退火的荧光玻璃陶瓷的 PLE 峰值强度从 21.00% 提高到 207.90%；由图 b 可看出，随着烧结温度的升高，在氢气还原气氛下退火的荧光玻璃陶瓷的 PL 峰值强度从 42.29% 增加到 174.72%。然而，在氢气还原气氛退火后，在 700 ℃ 下烧结的荧光玻璃陶瓷的 PLE 光谱峰值强度和 PL 光谱峰值强度没有提高。

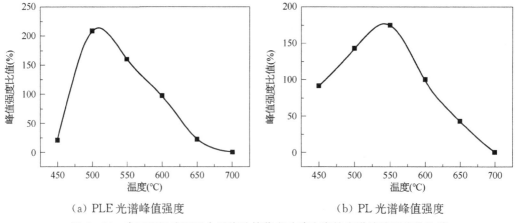

（a）PLE 光谱峰值强度 　　　　　（b）PL 光谱峰值强度

图 4‑24　在不同温度下退火后烧结的荧光玻璃陶瓷的光谱峰值强度的比值

884 eV、902 eV、881.6 eV 和 899.9 eV 的结合能经查后，有序对应于 XPS 光谱标准数据库中的 Ce^{3+} $3d_{5/2}$、Ce^{3+} $3d_{3/2}$、Ce^{4+} $3d_{5/2}$ 和 Ce^{4+} $3d_{3/2}$ 组分。图 4‑25 为在 600 ℃ 和 700 ℃ 烧结条件下荧光玻璃陶瓷在还原气氛下退火前后 Ce3d 的 XPS 光谱图和拟合曲线。表 4‑5～表 4‑8 列出了所有光谱的拟合数据，包括最大结合能、FWHM、峰面积和 Ce^{3+} 的相对含量［峰面积（Ce^{3+}）/峰面积（Ce^{3+} ＋ Ce^{4+}）之比］，这些数据说明，荧光玻璃陶瓷中 Ce^{3+} 浓度随着烧结温度的升高而降低，这是由于 Ce^{3+} 的氧化，见表 4‑6。在进行氢气退火之前，荧光玻璃陶瓷中 Ce^{3+} 的相对百分比从 51.1% 降低到 27.9%，这种变化可能解释了烧结温度升高会导致发光性能变差的原因（图 4‑23）。考虑 YAG：Ce^{3+} 的发光原理,Ce^{3+} 的 4f 层中只有一个电子可以迁移到 5d 层以产生发光。当 Ce^{3+} 被氧化为 Ce^{4+} 时,由于 4f 层中没有剩余电子,因此无法实现从 4f 到 5d 的激发和发射。表 4-5、表 4-7 的 Ce^{3+} 浓度在氢气退火之后从 51.1% 增加到 68.6%,这主要是荧光玻璃陶瓷中 Ce^{4+} 由于氢气退火气氛被还原成了 Ce^{3+},因此在较低的烧结温度和氢气还原气氛下退火有利于增强荧光玻璃陶瓷的发光性能,增加 Ce^{3+} 浓度。

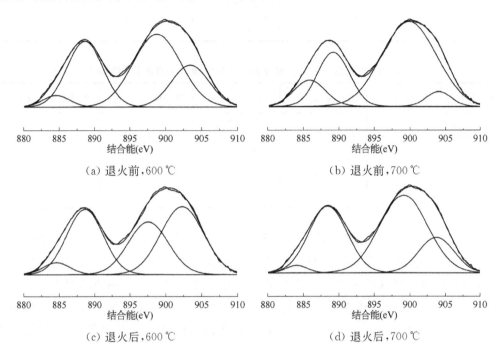

（a）退火前,600 ℃　　　　　　　　　（b）退火前,700 ℃

（c）退火后,600 ℃　　　　　　　　　（d）退火后,700 ℃

图 4-25　600 ℃ 和 700 ℃ 烧结条件下的荧光玻璃陶瓷在还原气氛下退火前后的 Ce3d XPS 光谱图和拟合曲线

表 4-5　退火前,600 ℃ 烧结条件下荧光玻璃陶瓷的光学性能参数

离子能级	拟合峰(eV)	半高峰宽(eV)	峰面积（a.u.）	总峰面积(a.u.)	相对百分含量(%)
Ce^{4+} $3d_{5/2}$	884.594	4.44	1 199.961	14	48.9
Ce^{4+} $3d_{3/2}$	898.841	7.81	13 267.006	466.967	
Ce^{3+} $3d_{5/2}$	888.665	5.94	9 120.798	15	51.1
Ce^{3+} $3d_{3/2}$	5 983.760	6.17	5 983.760	104.558	

表 4-6　退火前,700 ℃ 烧结条件下荧光玻璃陶瓷的光学性能参数

离子能级	拟合峰(eV)	半高峰宽(eV)	峰面积（a.u.）	总峰面积(a.u.)	相对百分含量(%)
Ce^{4+} $3d_{5/2}$	885.804	5.37	3 324.110	21 362.293	72.1
Ce^{4+} $3d_{3/2}$	899.882	9.09	18 038.183		
Ce^{3+} $3d_{5/2}$	889.162	5.34	6 779.523	8 266.752	27.9
Ce^{3+} $3d_{3/2}$	904.071	4.17	1 487.229		

表4-7　退火后,600℃烧结条件下荧光玻璃陶瓷的光学性能参数

离子能级	拟合峰(eV)	半高峰宽(eV)	峰面积（a.u.）	总峰面积(a.u.)	相对百分含量(%)
Ce⁴⁺ 3d_{5/2}	884.672	4.44	1 256.826	9 317.564	31.4
Ce⁴⁺ 3d_{3/2}	897.629	6.62	8 060.738		
Ce³⁺ 3d_{5/2}	888.702	6.12	9 242.096	20 299.36	68.6
Ce³⁺ 3d_{3/2}	902.372	7.04	11 057.264		

表4-8　退火后,700℃烧结条件下荧光玻璃陶瓷的光学性能参数

离子能级	拟合峰(eV)	半高峰宽(eV)	峰面积（a.u.）	总峰面积(a.u.)	相对百分含量(%)
Ce⁴⁺ 3d_{5/2}	884.062	3.49	615.844	14 989.595	50.7
Ce⁴⁺ 3d_{3/2}	899.142	7.98	14 373.751		
Ce³⁺ 3d_{5/2}	888.142	6.33	9 778.275	14 562.209	49.3
Ce³⁺ 3d_{3/2}	903.760	5.84	4 783.934		

图 4-26 为在不同的烧结温度下 YAG：Ce³⁺ 荧光粉和荧光玻璃陶瓷的 XRD 图。从图 a 可以看出,随着烧结温度的升高,YAG 和标准卡(PDF♯33-0040)的衍射峰相匹配,但是从图 b 可以观察到荧光玻璃陶瓷衍射峰的明显变化。当烧结温度为 700 ℃时,由于 YAG 晶格结构被破坏,PIG 的衍射峰完全消失,这可能导致激发和发射峰强度的降低。因此,测试结果表明,较高的烧结温度也会破坏荧光玻璃陶瓷的光致发光性能。

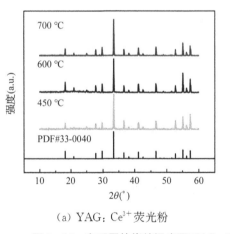

（a）YAG：Ce³⁺ 荧光粉

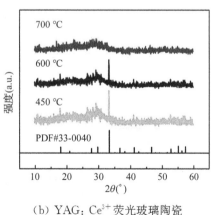

（b）YAG：Ce³⁺ 荧光玻璃陶瓷

图 4-26　在不同的烧结温度下 YAG：Ce³⁺ 荧光粉和荧光玻璃陶瓷的 XRD 图

上述采用一步熔融淬火方法制备的 YAG：Ce³⁺ 荧光玻璃陶瓷,氢气还原气氛下退火对 450～700 ℃烧结的荧光玻璃陶瓷的影响进行研究,通过 PL 光谱、XPS 光谱和 XRD 图进行了分析。在氢气还原气氛下退火后,700 ℃以下烧结的荧光玻璃陶瓷其 PLE 峰值强

度从 21.00％提高到 207.90％,并且荧光玻璃陶瓷的 PL 从 42.29％提高到 174.72％,这是因为还原后 Ce^{3+} 浓度的增加。但是,由于过高的烧结温度破坏了 Ce^{3+} 周围的晶体结构,所以 700 ℃烧结的荧光玻璃陶瓷的激发和发射光谱完全消失了。因此,在氢气还原气氛下退火和合适的烧结温度可以使 PL 强度、PLE 强度及 Ce^{3+} 浓度升高。

4.6　硼硅酸盐荧光玻璃陶瓷

硼硅酸盐荧光玻璃陶瓷样品均采用 PiG 法制备,采用的基质玻璃组分为 B_2O_3 - SiO_2 - ZnO - BaO - Na_2O,基质玻璃采用常规的熔融冷却法,熔制温度为 1100 ℃。将熔融好的玻璃液倒入模具中,经水冷后,用球磨机或玛瑙研钵磨成粉末,粒径分布约 D_{50} = 13 μm。与待掺入的荧光粉均匀混合放入马弗炉中共烧结,烧结温度为 600~900 ℃,然后将制成的荧光玻璃陶瓷研磨抛光成 1 mm 厚的样品。在烧结过程中,有时需要增加还原气氛,有时需要增加压力,应根据具体荧光粉的性能进行调整。

4.6.1　YAG:Ce^{3+} 硼硅酸盐荧光玻璃陶瓷的光学性能

玻璃基质组分为 B_2O_3 - SiO_2 - ZnO - BaO - Na_2O,采用传统的两步熔融冷却法制备:第一步,将称量好的基质组分混合均匀,在 1100 ℃熔制温度下保温 1 h。第二步,将制备好的基质玻璃磨成粉与质量分数 3％的荧光粉混合均匀,放入马弗炉中共烧结,烧结温度为 600~900 ℃,保温 20 min,最后将制成的硼硅酸盐荧光玻璃陶瓷研磨抛光成 1 mm 厚的样品。

图 4-27 为不同温度下保温烧结 20 min 得到的荧光粉和荧光玻璃陶瓷的 PL 光谱和 PLE 光谱。由图 a、b 可以看出,随着烧结温度的升高,荧光粉的激发峰值强度和发射峰值强度没有明显的变化,说明在空气中 900 ℃保温烧结 20 min 对荧光粉的激发峰值强度和发射峰值强度没有明显的影响。由图 c、d 可以看出,荧光玻璃陶瓷的 PL 光谱和 PLE 光谱与荧光粉基本相似,只是在 340 nm 的激发峰强度比荧光粉低,这是因为玻璃基质在此波段的吸收。荧光玻璃陶瓷 PLE 光谱在 340 nm 和 460 nm 处的峰值强度先增加后减小,烧结温度为 670 ℃时,激发峰值强度最强;烧结温度超过 850 ℃时,PLE 光谱没有谱峰。随着烧结温度的升高,发射光谱在 560 nm 处的峰值强度先增加后减小;烧结温度在 700 ℃时,发射峰值强度最强;超过 850 ℃时,发射光谱没有谱峰。当烧结温度低于 670 ℃时,玻璃内可能存在大量的气泡降低了蓝光激发和黄光发射;当烧结温度超过 850 ℃时,玻璃基质完全破坏了 Ce:YAG 荧光粉的发光性能。

为了能精确显示荧光玻璃陶瓷的发光颜色变化,对比分析不同烧结温度保温 20 min 得到的荧光玻璃陶瓷和荧光粉的色坐标变化,如图 4-28 所示。由图 a 中可看出随着烧结温度的升高,荧光粉色坐标 y 值先变小后变大,当烧结温度为 700 ℃时,达到最小;x 值先增加后减小,在烧结温度为 700 ℃时,达到最大。由图 b 中可看出,当烧结温度高于 700 ℃时,随着烧结温度的升高,荧光玻璃陶瓷的色坐标变化规律与荧光粉基本一致,但是当烧结温度低于 700 ℃时,荧光玻璃陶瓷的色坐标变化规律与荧光粉不同。

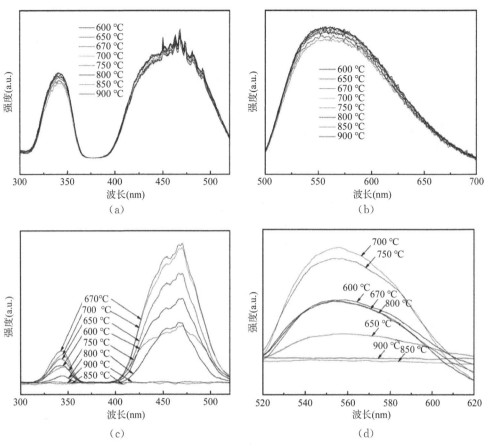

图 4-27 不同温度下保温烧结 20 min 得到的荧光粉和荧光玻璃陶瓷的 PL 光谱和 PLE 光谱图

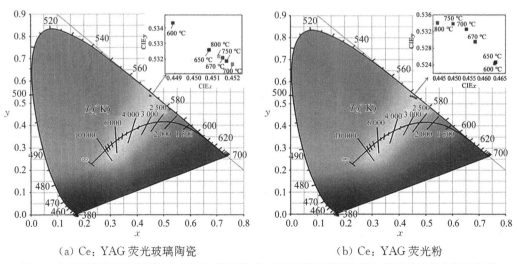

（a）Ce：YAG 荧光玻璃陶瓷 　　　　　　　（b）Ce：YAG 荧光粉

图 4-28 不同烧结温度下保温 20 min 得到的 Ce：YAG 荧光玻璃陶瓷和荧光粉的色坐标变化图

为了直观显示荧光玻璃陶瓷与荧光粉之间发光颜色的变化差异，进一步对比分析不同烧结温度的荧光玻璃陶瓷和荧光粉色温差值的变化规律，如图 4-29 所示。随着烧结

温度的升高,荧光玻璃陶瓷和荧光粉之间的
色温差值从 −241 K 到 +105 K 线性增加,
当烧结温度为 700 ℃时,荧光玻璃陶瓷与荧
光粉的色温值最接近;当烧结温度低于
700 ℃时,荧光玻璃陶瓷的色温低于荧光粉。
这可能由于玻璃内大量气泡散射损失了一
部分蓝光,图 4 - 29 插图中可以看出 600 ℃
烧结的玻璃内气泡;当烧结温度高于 700 ℃
时,荧光玻璃陶瓷中 560 nm 处的发射峰值
降低,导致其色温比荧光粉高。

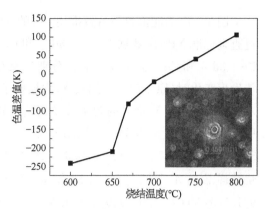

图 4 - 29　不同烧结温度下 Ce∶YAG 荧光玻璃
陶瓷与 Ce∶YAG 荧光粉的色温差值

　　为了分析烧结温度对荧光玻璃陶瓷发
光性能的影响原因,采用阿基米德法分别测
试 600 ℃和 750 ℃烧结的荧光玻璃陶瓷密度,其密度值分别为 2.970 g/cm³ 和 3.082
g/cm³,密度差值 0.112 g/cm³。密度测量结果进一步证实低温烧结时荧光玻璃陶瓷中存
在气泡,这会影响荧光玻璃陶瓷在 460 nm 蓝光的 PLE 光谱强度。

　　根据 Ce∶YAG 的发光原理可知,影响 Ce∶YAG 发光性能的主要原因有两方面:
Ce^{3+} 的含量和 Ce^{3+} 周围的晶体场环境。因此,实验测试不同烧结温度的荧光玻璃陶瓷的
XRD 图和 XPS 图,分析荧光玻璃陶瓷中 Ce^{3+} 周围的晶体场环境和 Ce^{3+} 含量的变化情
况。图 4 - 30 为不同烧结温度下保温 20 min 得到的 Ce∶YAG 荧光粉和 Ce∶YAG 荧光
玻璃陶瓷 XRD 图。图 a 与 JCPDS 卡片(00 - 033 - 0040)对比,不同温度烧结的荧光粉的
XRD 图基本没有变化,说明 YAG 晶格结构没有变化,而不同温度烧结的荧光玻璃陶瓷的
XRD 图变化较大,如图 b 所示。在 700 ℃烧结时,YAG 衍射峰没有变化,YAG 晶格结构
没有被破坏,主峰强度降低,导致荧光玻璃陶瓷在 560 nm 处发光强度减弱,直到 850 ℃烧
结时,所有 YAG 衍射峰消失,是因为 YAG 晶格结构被破坏,荧光玻璃陶瓷失去了发光性
能。XRD 测试结果与图 4 - 27 荧光光谱结果一致。

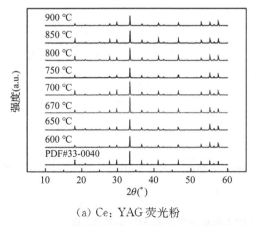

(a) Ce∶YAG 荧光粉

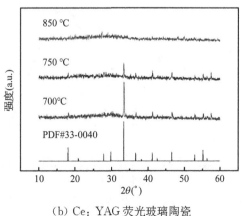

(b) Ce∶YAG 荧光玻璃陶瓷

图 4 - 30　不同烧结温度下保温 20 min 得到的 Ce∶YAG 荧光粉和 Ce∶YAG 荧光玻璃陶瓷的 XRD 图

图 4-31 为能谱仪设备校准用 Cls 的 XPS 图,结合能为 284.8 eV,设备校准合格。通过查询标准 XPS 图数据库,Ce^{3+} $3d_{5/2}$ 和 Ce^{3+} $3d_{3/2}$ 的结合能分别为 884 eV 和 902 eV,而 Ce^{4+} $3d_{5/2}$ 和 Ce^{4+} $3d_{3/2}$ 的结合能分别为 881.6 eV 和 899.9 eV。当 Ce 原子周围的化学环境发生变化时,原子体系受到微扰,内层电子结合能大小可能会发生最大偏移(17.9 eV)。对 700 ℃ 和 850 ℃ 烧结的两个荧光玻璃陶瓷样品的曲线分别进行分峰拟合,如图 4-32 所示。其中,图 a 为 700 ℃ 烧结样品的 4 个拟合峰,分别为 885.391 eV(Ce^{4+} $3d_{5/2}$)、890.518 eV(Ce^{3+} $3d_{5/2}$)、899.953 eV(Ce^{4+} $3d_{3/2}$)、904.473 eV(Ce^{3+} $3d_{3/2}$);图 b 为 850 ℃ 烧结样品的 4 个拟合峰,分别为 887.956 eV(Ce^{4+} $3d_{5/2}$)、891.148 eV(Ce^{3+} $3d_{5/2}$)、901.529 eV(Ce^{4+} $3d_{3/2}$)、906.428 eV(Ce^{3+} $3d_{3/2}$)。然后对拟合峰的面积进行计算,Ce 的相对含量用 Ce^{3+} 峰面积与 Ce^{3+}＋Ce^{4+} 峰面积比来估算,见表 4-9。表 4-9 数据表明,当烧结温度从 700 ℃ 升高到 850 ℃ 时,荧光玻璃陶瓷的 Ce^{3+} 含量从 57.96％ 降到 17.67％,Ce^{4+} 含量从 42.04％ 增加到 82.33％。XPS 测试结果表明,当烧结温度从 700 ℃ 升高到 850 ℃ 时,一部分 Ce^{3+} 被玻璃基质氧化成 Ce^{4+},Ce^{3+} 含量减少,因而降低了荧光玻璃陶瓷在 560 nm 处的发光强度。XPS 测试结果与图 4-27 荧光光谱结果一致。

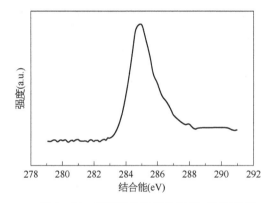

图 4-31 能谱仪设备校准用 Cls 的 XPS 图

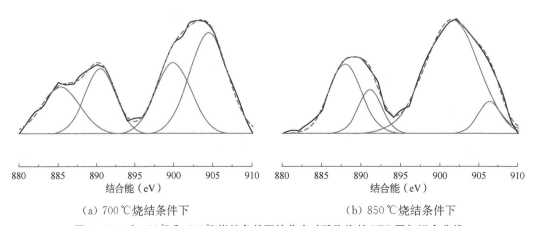

(a) 700 ℃ 烧结条件下　　(b) 850 ℃ 烧结条件下

图 4-32 在 700 ℃ 和 850 ℃ 烧结条件下的荧光玻璃陶瓷的 XPS 图与拟合曲线

表 4-9　700℃和 850℃烧结的荧光玻璃陶瓷中 Ce^{3+} 相对百分含量

离子能级	烧结温度(℃)	拟合峰 (eV)	半高峰宽 (eV)	峰面积 (a.u)	总峰面积 (a.u.)	相对百分含量 (%)
$Ce^{4+} 3d_{5/2}$	700	885.391	5.71	83 433.797	204 219.72	42.04
$Ce^{4+} 3d_{3/2}$		889.953	5.36	120 785.92		
$Ce^{3+} 3d_{5/2}$	700	890.518	4.75	98 702.643	281 556.32	57.96
$Ce^{3+} 3d_{3/2}$		904.473	5.75	182 853.68		
$Ce^{4+} 3d_{5/2}$	850	887.956	4.83	52 640.837	195 529.72	82.33
$Ce^{4+} 3d_{3/2}$		901.529	8.00	142 888.88		
$Ce^{3+} 3d_{5/2}$	850	891.148	3.51	24 062.383	41 966.74	17.67
$Ce^{3+} 3d_{3/2}$		906.428	3.62	17 904.361		

　　为了进一步分析玻璃基质对荧光粉的影响,实验测试 Ce：YAG 荧光粉、硼硅玻璃基质和 Ce：YAG 荧光玻璃陶瓷的 DSC 曲线,如图 4-33 所示。从 DSC 曲线可以看出,荧光粉在 240℃有个小吸热峰,来自残余氢氧化物和碳酸盐沉淀吸热分解;硼硅玻璃基质在 500～700℃有两个吸热峰,来自玻璃态→高弹态→黏流态转变,700℃有个结晶放热峰;荧光玻璃陶瓷在 500℃和 620℃有两个吸热峰,与玻璃基质的吸热峰相似,也是来自玻璃态→高弹态→黏流态的转变;810℃有个较深放热峰,根据 XPS 测试结果得出,此放热峰可能是由于荧光粉在玻璃基质中发生了氧化反应,Ce^{3+} 被氧化成 Ce^{4+} 造成的。荧光玻璃陶瓷中 Ce^{3+} 有效发光数量减少,因此超过 850℃烧结时,荧光玻璃陶瓷没有激发谱峰(Ce：4f→5d)和发射谱峰(Ce：5d→4f)。此外,当温度超过 700℃时,玻璃处在黏流态,随着温度继续升高,玻璃液体的黏度也随之降低,导致玻璃液对荧光粉 YAG 晶体的腐蚀加重,破坏了荧光粉的晶体结构,造成 Ce^{3+} 发光环境改变,Ce^{3+} 在玻璃中的发光强度低于 YAG 晶体中的,从而导致荧光玻璃陶瓷的发光强度降低。

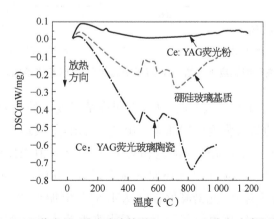

图 4-33　Ce：YAG 荧光粉、硼硅玻璃基质和 Ce：YAG 荧光玻璃陶瓷的 DSC 曲线

4.6.2 还原气氛下的 YAG：Ce³⁺ 硼硅酸盐荧光玻璃陶瓷的光学性能

图 4-34 为在氢气还原气氛下退火前后 YAG 荧光玻璃陶瓷的 PLE 光谱、PLE 强度、PL 光谱和 PL 强度随烧结温度变化而变化的情况。当烧结温度低于 650 ℃时，由于荧光玻璃陶瓷的透明性差，PLE 强度和 PL 强度降低。氢气还原气氛下退火后，在 700 ℃烧结温度下观察到荧光玻璃陶瓷的最大 PLE 强度和最大 PL 强度。当烧结温度升高到 850 ℃以上时，所有激发和发射峰均消失。此外，过高的烧结温度明显削弱了荧光玻璃陶瓷的PL 强度。

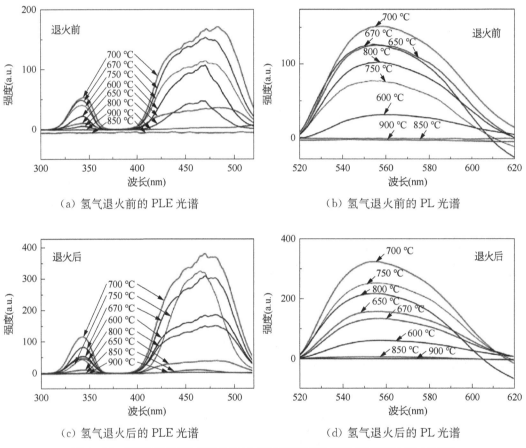

（a）氢气退火前的 PLE 光谱　　　　（b）氢气退火前的 PL 光谱

（c）氢气退火后的 PLE 光谱　　　　（d）氢气退火后的 PL 光谱

图 4-34　在不同温度下烧结的 YAG 荧光玻璃陶瓷 PLE 光谱图和 PL 光谱图

图 4-35 为在氢气还原气氛下退火后，不同烧结温度下的荧光玻璃陶瓷的 PLE 光谱峰值和 PL 光谱峰值最大强度的增加率。由图 a 看出，氢气还原气氛下退火 3 h 后，在 600～800 ℃烧结条件下的荧光玻璃陶瓷相对 PLE 光谱峰值强度明显从 13.33% 提高到 219.79%。另外，图 b 说明了氢气还原气氛下退火 3 h 后，在 600～800 ℃烧结条件下的荧光玻璃陶瓷的相对 PL 光谱峰值强度从 4.87% 增加到 225.61%。然而，当烧结温度高于 850 ℃时，在氢气还原气氛下退火不能改善荧光玻璃陶瓷的 PLE 强度和 PL 强度。

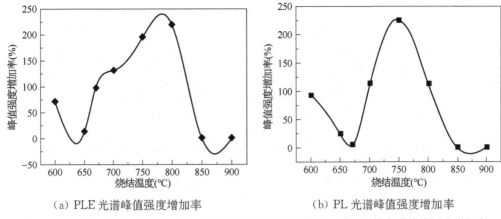

（a）PLE 光谱峰值强度增加率　　　　（b）PL 光谱峰值强度增加率

图 4-35 氢气还原气氛下退火后，在不同烧结温度下的荧光玻璃陶瓷的光谱峰值强度增加率

图 4-36 为能谱仪设备校准用 C1s 的 XPS 图。C1s 的最大结合能为 284.8 eV，表明设备已正确校准。根据 XPS 光谱标准数据库，884 eV、902 eV、881.6 eV 和 899.9 eV 的结合能分别对应于 Ce^{3+} $3d_{5/2}$、Ce^{3+} $3d_{3/2}$、Ce^{4+} $3d_{5/2}$ 和 Ce^{4+} $3d_{3/2}$ 组分。当 Ce 原子周围的晶体场改变时，最大结合能可能会被其最大值 17.9 eV 抵消。

图 4-37 为在氢气还原气氛下退火前后，在 750℃ 和 850℃ 烧结条件下的荧光玻璃陶瓷中

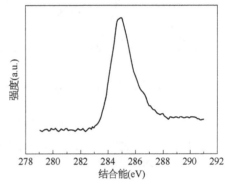

图 4-36 能谱仪设备校准用 C1s 的 XPS 图

Ce3d 在 XPS 光谱图和拟合曲线。表 4-10～表 4-13 列出了四种条件下的荧光玻璃陶瓷的所有光谱拟合结果，即最大结合能、FWHM、峰面积和 Ce^{3+} 的相对百分比［峰面积（Ce^{3+}）/峰面积（Ce^{3+}＋Ce^{4+}）的比率］。光谱拟合结果表明，荧光玻璃陶瓷中的 Ce^{3+} 含量随烧结温度的升高而降低，因为 YAG 晶体中的 Ce^{3+} 被氧化成 Ce^{4+}。见表 4-10 和表 4-11，在退火之前，Ce^{3+} 含量从 54.35% 降低到 24.60%，Ce^{3+} 含量降低是在 850℃ 以上烧结时荧光玻璃陶瓷发光性能变差的原因（图 4-37）。根据 Ce：YAG 的发光原理，Ce^{3+} 的 4f 层中只有一个电子可以跃迁到更高的 5d 能级，以达到发光的目的。如果 Ce^{3+} 被氧化成 Ce^{4+}，则没有电子留在 4f 层中来实现 4f 和 5d 能级之间的激发和发射。因此，Ce^{3+} 浓度将直接影响荧光玻璃陶瓷的 PL 强度。另外，表 4-10～表 4-13，由于大部分 Ce^{4+} 被还原成 Ce^{3+}，因此在 750℃ 下烧结条件下，荧光玻璃陶瓷在氢气还原气氛下退火之后，Ce^{3+} 的浓度从 54.35% 增加到 77.76%。因此，在 750℃ 烧结条件下的荧光玻璃陶瓷的相对 PL 强度显著提高到 225.61%，这是因为在氢气还原气氛下不断增加 Ce^{3+} 的浓度，故在较低的烧结温度和氢气还原气氛下退火有利于增加 Ce^{3+} 的浓度，从而提高荧光玻璃陶瓷的 PL 强度。

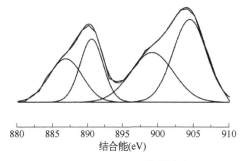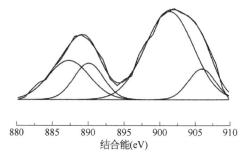

（a）退火前,在 750℃烧结条件下　　　　　（b）退火前,在 850℃烧结条件下

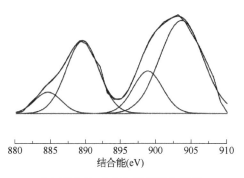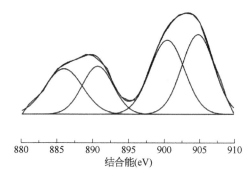

（c）退火后,在 750℃烧结条件下　　　　　（d）退火后,在 850℃烧结条件下

图 4-37　氢气还原气氛,退火前后,在 750℃和 850℃烧结条件下的荧光玻璃陶瓷中 Ce3d 的 XPS 光谱图和拟合曲线

表 4-10　退火前,在 750℃烧结条件下荧光玻璃陶瓷的光学性能参数

离子能级	拟合峰(eV)	半高峰宽(eV)	峰面积（a.u.）	总峰面积(a.u.)	相对百分含量(%)
Ce^{4+} $3d_{5/2}$	886.812	5.56	51 267.754	126 189.561	45.65
Ce^{4+} $3d_{3/2}$	899.095	7.08	74 921.807		
Ce^{3+} $3d_{5/2}$	890.529	3.94	52 977.376	150 231.542	54.35
Ce^{3+} $3d_{3/2}$	904.396	5.58	97 254.166		

表 4-11　退火前,在 850℃烧结条件下荧光玻璃陶瓷的光学性能参数

离子能级	拟合峰(eV)	半高峰宽(eV)	峰面积（a.u.）	总峰面积(a.u.)	相对百分含量(%)
Ce^{4+} $3d_{5/2}$	887.278	6.84	47 792.376	174 256.157	75.40
Ce^{4+} $3d_{3/2}$	901.407	8.04	126 463.781		
Ce^{3+} $3d_{5/2}$	890.068	4.92	32 176.475	56 867.913	24.60
Ce^{3+} $3d_{3/2}$	906.052	4.55	24 691.438		

表 4 - 12 退火后,在 750 ℃ 烧结条件下荧光玻璃陶瓷的光学性能参数

离子能级	拟合峰(eV)	半高峰宽(eV)	峰面积（a. u. ）	总峰面积(a. u.)	相对百分含量(%)
Ce⁴⁺ 3d₅/₂	884.572	4.42	16 577.368	53 298.798	22.24
Ce⁴⁺ 3d₃/₂	898.805	4.91	36 721.430		
Ce³⁺ 3d₅/₂	889.524	5.59	71 314.339	186 365.343	77.76
Ce³⁺ 3d₃/₂	903.557	7.12	115 051.004		

表 4 - 13 退火后,在 850 ℃ 烧结条件下荧光玻璃陶瓷的光学性能参数

离子能级	拟合峰(eV)	半高峰宽(eV)	峰面积（a. u. ）	总峰面积(a. u.)	相对百分含量(%)
Ce⁴⁺ 3d₅/₂	885.983	6.19	99 553.763	251 710.226	51.11
Ce⁴⁺ 3d₃/₂	900.476	5.74	152 156.463		
Ce³⁺ 3d₅/₂	890.726	5.10	87 713.836	240 753.660	48.89
Ce³⁺ 3d₃/₂	904.846	5.43	153 039.824		

图 4 - 38 为在不同烧结温度下 Ce：YAG 荧光粉和 Ce：YAG 荧光玻璃陶瓷的 XRD 图。由图 a 可看出,随着烧结温度的升高,YAG 的衍射峰没有明显变化。但从图 b 中可明显看到,随着烧结温度的升高,荧光玻璃陶瓷中 YAG 的一些衍射峰消失了。当烧结温度升高到超过 850 ℃ 时,YAG 的晶格结构被破坏,因此其衍射峰完全消失。荧光玻璃陶瓷中 YAG 晶格结构的损坏导致在 850 ℃ 以上的烧结温度下的荧光玻璃陶瓷激发和发射峰的缺失。在氢气还原气氛下退火之后,尽管 850 ℃ 烧结条件下玻璃中的 Ce^{3+} 浓度有所增加,但是由于 Ce^{3+} 周围的晶体结构被破坏,此时的玻璃应该没有 PL 强度。

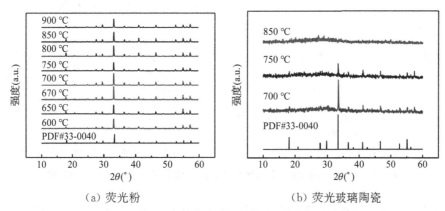

（a）荧光粉　　　　　　　　　（b）荧光玻璃陶瓷

图 4 - 38 在不同的烧结温度下 Ce：YAG 荧光粉和荧光玻璃陶瓷的 XRD 图

4.6.3 CASN：Eu²⁺ 硼硅酸盐荧光玻璃陶瓷的光学性能

图 4 - 39 为在不同烧结温度 $CaAlSiN_3$：Eu^{2+} 荧光粉和荧光玻璃陶瓷的 PLE 光谱和 PL 光谱图,在最大发射波长为 640 nm 处监测 PLE 光谱,在 460 nm 蓝光激发下测量 PL

光谱。从图 a 中 CaAlSiN₃ : Eu²⁺ 荧光粉的 PLE 光谱可以看出，该荧光粉有一个从 UV 区域扩展到大约 500 nm 宽的激发带。随着烧结温度的升高，PLE 强度逐渐降低，特别是当温度升高到 700 ℃ 以上时，其 PLE 强度急剧下降。由图 b 可以看出，荧光粉发出了中心波长为 640 nm 的宽带光谱，该光谱来源于 CaAlSiN₃ 晶格中 Eu²⁺ 从 $4f^6 5d^1$ 激发态跃迁到 $4f^7$ 基态的偶极跃迁，较高的烧结温度导致较低的 PL 发射强度。图 c、d 为 CaAlSiN₃ : Eu²⁺ 荧光玻璃陶瓷的 PLE 光谱和 PL 光谱，其光谱的峰和带宽与荧光粉的峰和带宽几乎相同，随着烧结温度的升高，激发和发射强度降低，这与荧光粉的激发和发射强度变化一致。但是，当烧结温度升至 800 ℃ 时，荧光玻璃陶瓷的激发和发射峰消失，可知过高的烧结温度会削弱荧光粉和荧光玻璃陶瓷的 PLE 强度和 PL 强度。

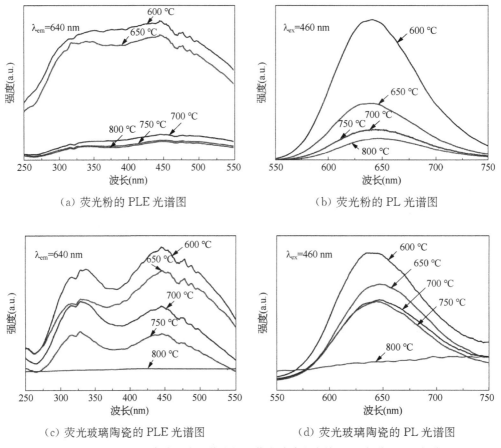

（a）荧光粉的 PLE 光谱图　　　　　　　（b）荧光粉的 PL 光谱图

（c）荧光玻璃陶瓷的 PLE 光谱图　　　　（d）荧光玻璃陶瓷的 PL 光谱图

图 4 - 39　在不同烧结温度下荧光粉和荧光玻璃陶瓷的 PLE 光谱和 PL 光谱

　　为了进一步研究烧结温度与荧光玻璃陶瓷的发光性能之间的关系，不同烧结温度下的荧光粉和荧光玻璃陶瓷内量子效率如图 4 - 40 所示。从图 4 - 40 中可以看出烧结温度对荧光粉和玻璃内量子效率有相反的影响，这与 PL 强度对烧结温度的依赖性相似。荧光玻璃陶瓷的内量子效率在 600 ℃ 时达到最大值 45.87%。然而，当烧结温度达到 800 ℃ 时，尽管荧光粉的内量子效率值高于 20%，荧光玻璃陶瓷的内量子效率仍接近于零。

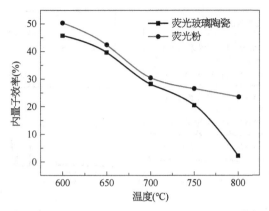

图 4 - 40　在不同烧结温度下的荧光粉和荧光玻璃陶瓷的内量子效率

　　图 4 - 41 为在不同烧结温度下的荧光粉和荧光玻璃陶瓷的色坐标图。由图 4 - 41 可以看出,随着 Eu^{2+} 的离子跃迁造成发射峰的偏移,色坐标也发生了变化。随着烧结温度从 600 ℃ 升高到 750 ℃,荧光玻璃陶瓷的色坐标与 $CaAlSiN_3$：Eu^{2+} 荧光粉的色坐标略有偏移。但是对于在 800 ℃ 下烧结的荧光玻璃陶瓷,色坐标显示其发射带已超出红色范围,即内量子效率和色坐标的烧结温度依赖性与 PL 光谱一致。

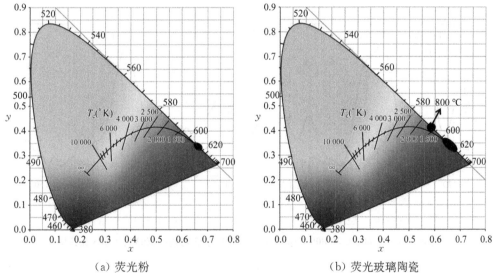

（a）荧光粉　　　　　　　　　　　（b）荧光玻璃陶瓷

图 4 - 41　在不同烧结温度下荧光粉和荧光玻璃陶瓷的色坐标图

　　为了研究在较高烧结温度下荧光材料荧光性能衰弱的原因,在不同烧结温度下 $CaAlSiN_3$：Eu^{2+} 荧光粉和荧光玻璃陶瓷的 XRD 图如图 4 - 42 所示。随着烧结温度的上升,$CaAlSiN_3$：Eu^{2+} 荧光粉的一些衍射峰消失了。当温度上升到 800 ℃ 时,$CaAlSiN_3$：Eu^{2+} 的晶格结构被破坏,其衍射峰也随之完全消失。荧光玻璃陶瓷中 $CaAlSiN_3$：Eu^{2+} 的晶格结构被破坏,导致当烧结温度超过 800 ℃ 时,荧光玻璃陶瓷消失激发峰和发射峰。

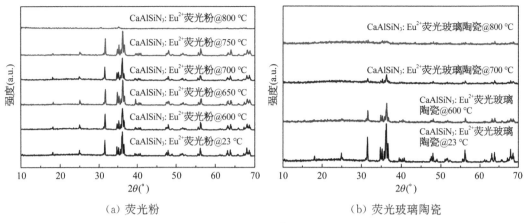

（a）荧光粉　　　　　　　　　　　　（b）荧光玻璃陶瓷

图 4-42　不同烧结温度下 CaAlSiN₃∶Eu²⁺ 荧光粉和荧光玻璃陶瓷的 XRD 图

通过查询 XPS 光谱标准数据库和先前的研究，两个结合能峰为 $1124\,eV$ 和 $1135\,eV$，分别对应于 $Eu^{2+}\ 3d_{5/2}$ 和 $Eu^{3+}\ 3d_{5/2}$ 组分。图 4-43 为在 $600\,℃$ 和 $800\,℃$ 烧结条件下荧光玻璃陶瓷中 Eu3d 的 XPS 光谱图。从图 4-43 中可看出，Eu^{2+} 含量会随着烧结温度的升高而降低，因为 Eu^{2+} 被氧化为 Eu^{3+}。所以，超过 $800\,℃$ 以上的烧结温度是荧光玻璃陶瓷的发光性能变差的关键因素。

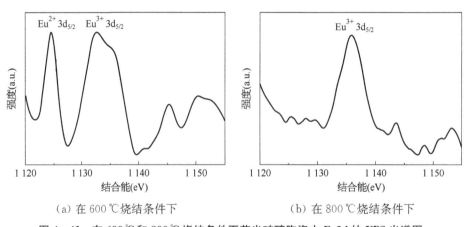

（a）在 $600\,℃$ 烧结条件下　　　　　　（b）在 $800\,℃$ 烧结条件下

图 4-43　在 $600\,℃$ 和 $800\,℃$ 烧结条件下荧光玻璃陶瓷中 Eu3d 的 XPS 光谱图

4.7　钙钛矿量子点荧光玻璃陶瓷

钙钛矿量子点自从被提出以来，其由于光致发光产率高、发光波长可调及窄带光致发光覆盖整个可见光范围内等独特的光学和电子性质，吸引了行业专家学者们的广泛关注。正是因为钙钛矿量子点的这些特性，使其在发光二极管、光电探测器、生物荧光标记、光纤通信和太阳能电池等应用中显示出了巨大的潜力。然而，钙钛矿量子点由于离子的性质和大的表面能，其长期的稳定性容易受到热、水和氧等因素的影响。玻璃由于其"惰性"而

被广泛用作基体或基材,因此将量子点嵌入无机玻璃中,即可以有效发挥量子点特有的光学性能,又可以解决量子点长期稳定差的问题。迄今为止,钙钛矿量子点荧光玻璃陶瓷的制备方法主要为熔融淬火和后续热处理。熔融淬火主要是先将玻璃组分和量子点组成等原料充分混合,再将混合的原料粉末在高温下熔化形成玻璃熔体,玻璃熔体经过快速淬火和成型后,得到前驱体玻璃。构成量子点的阳离子和阴离子还没有有效结合,都均匀分布在所制备的玻璃中,此时的前驱体玻璃一般为白色透明状。后续热处理是将前驱体玻璃放进设置一定温度的马弗炉中,通过降低量子点荧光玻璃陶瓷系统的整体能量,使量子点在玻璃中原位生长结晶。同时量子点荧光玻璃陶瓷从原来的亚稳状态转变成接近一个相对稳定的状态。热处理作为制备钙钛矿量子点荧光玻璃陶瓷的关键步骤,对量子点在玻璃里面的析晶有很大的影响。

4.7.1 热处理对钙钛矿量子点析晶的影响

2016 年,武汉理工大学的刘超教授团队首次采用常规的熔融淬火和后续热处理方法在磷酸盐玻璃中析出具有可调谐、可见发射的 $CsPbBr_3$ 量子点。图 4-44 为玻璃样品及经过不同热处理温度的玻璃样品 XRD 图。由图 4-44 可以看出,将前驱体玻璃试样放入 380~430 ℃ 温度下进行了不同时间的热处理。随着热处理温度和时间的增加,样品逐渐变为黄色,样品颜色的变化表明玻璃的结构发生了变化。当热处理温度为 430 ℃、热处理时间为 10 h 时,玻璃的透明度明显下降,此时玻璃样品为深黄色。同时,对不同热处理温度的样品进行 XRD 测试,测试结果表明,在 380 ℃ 热处理 10 h 和 410 ℃ 热处理 10 h 的样品与未进行热处理的样品一样,均只能观察到非晶性质的馒头峰。而在 430 ℃ 热处理 10 h 的样品可以观察到几个弱的衍射峰,这表明样品中形成了相应的晶相。2019 年,福建师范大学陈大钦教授团队采用熔融淬火和后续热处理的方法在 Zn-P-B-Sb 玻璃中原位生长 $CsPbX_3$(X=Cl、Br、I)全光谱钙钛矿量子点,通过 XRD 图发现,未经过热处理的前驱体玻璃样品表现出典型的非晶结构,而随着热处理温度的升高,制备的钙钛矿量子点荧光玻璃陶瓷样品逐渐出现明显的衍射峰。

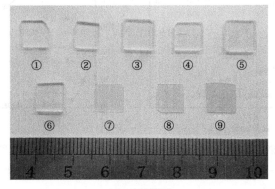

（a）玻璃样品

①—前驱体玻璃样品;②—380 ℃热处理 2 h 玻璃样品;③—380 ℃热处理 5 h 玻璃样品;④—390 ℃热处理 1 h 玻璃样品;⑤—390 ℃热处理 5 h 玻璃样品;⑥—380 ℃热处理 10 h 玻璃样品;⑦—390 ℃热处理 10 h 玻璃样品;⑧—410 ℃热处理 10 h 玻璃样品;⑨—430 ℃热处理 10 h 玻璃样品

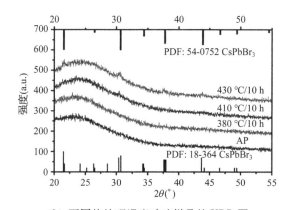

（b）不同热处理温度玻璃样品的 XRD 图

图 4-44　玻璃样品图及不同热处理玻璃样品的 XRD 图

热处理不但对钙钛矿量子点衍射峰的产生有影响，同时对钙钛矿量子点的吸收边有很大的影响。不同热处理条件下前驱体玻璃样品和玻璃样品的吸收光谱如图 4-45 所示。未进行热处理的前驱体玻璃，其吸收边在 351 nm 处。将玻璃样品进行 380 ℃热处理时，当热处理的时间小于 5 h 时，吸收边没有发生明显的变化。但是当热处理时间增加到 10 h 时，吸收光谱在 486 nm 处出现一个吸收峰。将玻璃样品进行 390 ℃热处理时，吸收边移动到 357 nm，热处理时间为 2 h 时，在 432 nm 处出现一个弱吸收峰；当热处理时间增加到 5 h 和 10 h 时，吸收峰进一步移动到 478 nm 和 499 nm。当玻璃样品在 410 ℃和 430 ℃持续 10 h 热处理时，吸收峰出现在 508 nm 位置。随着热处理温度和热处理时间的增加，钙钛矿量子点吸收光谱产生了一个明显的红移。吸收峰位置的改变表明通过调整热处理条件，可以实现钙钛矿量子点的可控形成。

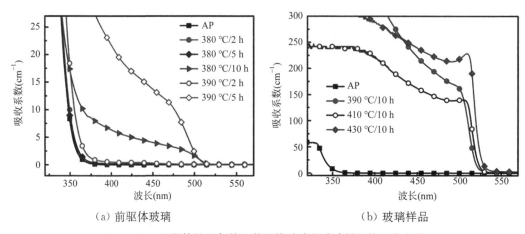

（a）前驱体玻璃　　　　　　　　　（b）玻璃样品

图 4-45　不同热处理条件下前驱体玻璃和玻璃样品的吸收光谱

2018 年，温州大学向卫东教授团队通过传统的熔融淬火和后续热处理的方法在硼硅酸盐玻璃中制造一种新型 $CsPbI_3$ 量子点荧光玻璃陶瓷。所制备的 $CsPbI_3$ 量子点荧光玻璃陶瓷具有高的发光强度和可调谐的窄带发射。在验证硼硅酸盐玻璃基质中有 $CsPbI_3$

量子点产生的过程中,探讨了不同的热处理温度对 $CsPbI_3$ 量子点荧光玻璃陶瓷的析晶影响。随着热处理温度的升高,制备的样品从非晶状态逐渐出现衍射峰,当热处理温度为 540 ℃ 时,玻璃样品的衍射峰最明显。当进一步增加热处理温度至 560 ℃ 时,玻璃的透明度明显下降,并且样品的衍射峰消失,图 4‑46 为玻璃样品及不同热处理温度玻璃样品的 XRD 图。这表明玻璃样品的衍射峰不是随着热处理温度的升高而越来越明显,而是存在一个最佳的热处理温度。当热处理温度较低时,钙钛矿量子点在玻璃基体中的结晶度较差,没有明显的衍射峰产生;当热处理温度较高时,钙钛矿量子点在玻璃的结构上会发生变化,衍射峰会变弱甚至消失。

（a）玻璃样品

①—450 ℃热处理玻璃样品；②—480 ℃热处理玻璃样品；③—500 ℃热处理玻璃样品；④—520 ℃热处理玻璃样品；⑤—540 ℃热处理玻璃样品；⑥—560 ℃热处理玻璃样品

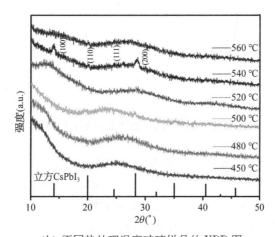

（b）不同热处理温度玻璃样品的 XRD 图

图 4‑46　玻璃样品及不同热处理温度玻璃样品的 XRD 图

2020 年,F. Zheng 等采用熔融淬火和后续热处理工艺制备出嵌在硼硅酸盐玻璃中的 $CsPbBr_3/Cs_4PbBr_6$ 复合钙钛矿量子点,其通过改变热处理条件,证明了可以在硼硅酸盐玻璃基质中有效合成 $CsPbBr_3/Cs_4PbBr_6$ 复合纳米晶。当热处理温度为 420 ℃、热处理时间为 3 h 时,吸收光谱出现两个吸收带,311 nm 的吸收带由 Cs_4PbBr_6 引起,525 nm 的吸收带由 $CsPbBr_3$ 引起。随着热处理温度升高到 430 ℃,311 nm 的吸收峰强度逐渐减小,当温度进一步升高到 440 ℃、450 ℃ 和 460 ℃,在 311 nm 位置的吸收峰相对强度没有明显变化,出现此现象的原因是钙钛矿量子点在玻璃中是通过两个步骤形成的:

第一个步骤为:$Cs^+ + Pb^{2+} + 3Br^- \Longrightarrow CsPbBr_3$

第二个步骤为：$CsPbBr_3 + 3Cs^+ + 3Br^- \rightleftharpoons Cs_4PbBr_6$

前导玻璃中部分 Pb^{2+} 与 O^{2-} 形成 $Pb=O$,参与玻璃网格结构的形成,另一部分以游离 Pb^{2+} 的形式存在,进而导致玻璃网格中 Cs^+ 和 Br^- 的浓度远高于 Pb^{2+}。当热处理温度为 420 ℃、热处理时间为 3 h 时,游离的 Pb^{2+} 与 Cs^+ 和 Br^- 形成 $CsPbBr_3$,而富余的 Cs^+ 和 Br^- 与形成的 $CsPbBr_3$,并进一步反应形成 Cs_4PbBr_6。随着热处理温度的增加,玻璃基质内的 Pb^{2+} 浓度增大,富余的 Cs^+ 和 Br^- 与 Pb^{2+} 反应形成更多的 $CsPbBr_3$,进而导致 Cs_4PbBr_6 的下降。同时为了进一步验证,将热处理温度控制为 430 ℃,逐渐增加热处理时间。玻璃样品在不同热处理工艺条件下的吸收光谱图如图 4 - 47 所示。随着热处理时间的逐渐增加,311 nm 处的吸收带也出现先下降后不变的现象,这进一步证明通过改变热处理条件可以改变钙钛矿量子点的析晶情况。

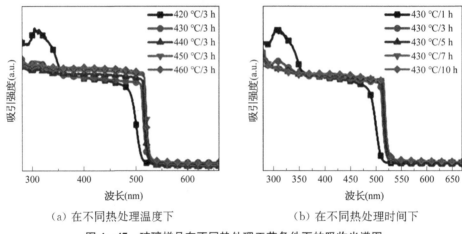

（a）在不同热处理温度下　　　　　　　（b）在不同热处理时间下

图 4 - 47　玻璃样品在不同热处理工艺条件下的吸收光谱图

4.7.2　激光诱导钙钛矿量子点在玻璃中的形核

激光是 20 世纪人类最伟大的发明之一,它极大地改变了人们生活的各个方面。在 20 世纪 80 年代,飞秒激光被开发,它是一种脉冲宽度为 1~1 000 fs 的脉冲激光。飞秒激光是一项具有广阔应用前景的重大技术突破,在光物质相互作用的研究中取得了令人瞩目的进展。飞秒激光最有效的应用之一是对透明材料进行微加工,如玻璃、晶体和聚合物等,利用飞秒激光技术可以实现任意三维结构的微细加工。飞秒激光与物质相互作用时,在极短的时间内会释放出大量的能量,从而产生极高的能量强度。当基体材料受到极高的能量冲击时,基体材料的局部结构和性质容易发生相应的改变,这样就可以直接将集成光学元件嵌入到基体材料中。飞秒激光脉冲聚焦的超高峰值强度为各种新应用提供了可能,因此飞秒激光诱导结构在微光子晶体、耦合器、三维光数据存储、生物光子器件和多色成像等领域显示出了巨大的应用潜力。

虽然玻璃基体的非线性吸收系数很低,但是在非线性吸收过程时,飞秒激光器提供超高的峰值功率密度,基于非线性效应产生相应的光电子,并且通过电子-声子耦合将其动能转移到晶格中。正是因为飞秒激光与玻璃基质产生强的光-物质相互作用,导致玻璃网络的破坏和原子在激光焦点区域的重新分配,这有利于离子迁移形成纳米晶体和结晶温度的降低。2019 年,华南理工大学董国平教授团队利用钙钛矿固有的离子性质和低生成能,结合飞秒激光照射和热处理工艺,在激光聚集区域周围透明玻璃材料内实现了绿光发射的 CsPbBr₃ 钙钛矿量子点和蓝光发射的 CsPb(Cl/Br)₃ 钙钛矿纳米晶的制备,并且激光诱导的三维发光图形可以通过进一步飞秒激光辐照和热处理选择性地去除和再生。由于钙钛矿量子点具有可重写机制,使得钙钛矿量子点拥有可逆的 PL 特性。

图 4 - 48 为 CsPbBr₃ 量子点的可逆 PL 特性图。由图 a 可看出,包含 CsPbBr₃ 量子点的玻璃样品(在紫外激发下)经过一个周期的擦除—恢复过程后的 PL 光谱和光学图像。制备的 CsPbBr₃ 量子点在 516 nm 处出现一个强烈的绿色 PL 峰值(曲线 1)。在擦除后,激光照射区域的 PL 显著降低(曲线 2),样品没有任何明显变化。经过再次退火后发光光强恢复,光谱形态和强度接近于原始值(曲线 3)。图 4 - 48b 为擦除-恢复过程中,CsPbBr₃ 量子点区域的 PL 强度、峰值波长和半高峰宽与循环次数的函数图。在相同的条件下通过重复的激光照射和热退火进行 10 个循环的擦除-恢复,PL 光谱和峰强度基本保持不变,说明 CsPbBr₃ 量子点的形成是完全可逆的。产生钙钛矿量子点的可重写机制的原因主要是:在擦除过程中,由于飞秒激光的高功率光辐照严重破坏了 CsPbBr₃ 量子点的晶体结构,CsPbBr₃ 量子点产生了部分的分解而导致 CsPbBr₃ 量子点的收缩,而分解的物质进入表面层玻璃基质,导致形成高密度的表面缺陷,同时,由于较强的电子-声子耦合,进而导致量子点的 PL 猝灭。在恢复过程中,通过进一步热处理工艺,使飞秒激光照射区域附近的铯、铅和溴容易产生反应形成 CsPbBr₃ 量子点,进而 CsPbBr₃ 量子点的 PL 光谱可以完全由于消除了缺陷而得以恢复。这种写入、擦除、恢复模式可以重复多次,发光量子点被无机玻璃基体很好地保护,形成稳定的钙钛矿量子点,为高容量光学数据存储、信息加密和 3D 绘图提供了巨大的潜在应用。

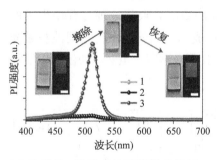

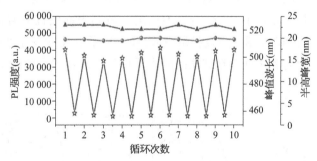

(a) CsPbBr₃ 量子点的玻璃样品经过一个周期擦除-恢复过程后的 PL 光谱和光学图像

(b) 擦除-恢复过程中,CsPbBr₃ 量子点区域的 PL 强度、峰值波长和半高峰宽与循环次数的函数图

图 4 - 48 CsPbBr₃ 量子点的可逆 PL 特性图

2020 年,武汉理工大学刘超教授团队利用飞秒激光辐照和热处理工艺,制备出 CsPbBr₃ 钙钛矿纳米晶,并且通过调节飞秒激光重复率、脉冲能量和扫描率等辐照参数,

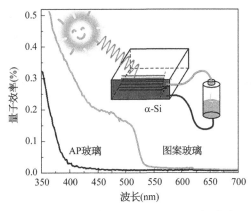

图 4-49 使用飞秒激光诱导 CsPbBr$_3$ 钙钛矿纳米晶线条制备太阳能聚光器的原理图

对 CsPbBr$_3$ 钙钛矿纳米晶在玻璃中的生长进行了调节,实现了从蓝色到绿色范围内的发射光谱。由于热处理在玻璃中形成的 CsPbBr$_3$ 钙钛矿纳米晶在玻璃基体中随机分布,这种随机分布会引起光强的自吸收,降低光的频谱转换性能。使用飞秒激光辐照的 CsPbBr$_3$ 钙钛矿纳米具有宽频吸收和窄带发射光谱的特性,图 4-49 为使用飞秒激光诱导 CsPbBr$_3$ 钙钛矿纳米晶制备太阳能聚光器的原理。将 CsPbBr$_3$ 钙钛矿纳米晶设计为平行线可以有效减少自吸收发射,实现光谱转换,从而提高太阳能电池的量子效率。

同年,中国科学院上海光学精密机械研究所陈丹平教授团队采用熔体淬火法制备了低熔点硼磷酸盐玻璃,然后采用热处理和紫外-近红外超快激光辐照在玻璃中合成了 CsPbBr$_3$ 量子点。通过 XRD、透射电镜和光谱分析证实,经热处理得到的 CsPbBr$_3$ 量子点荧光玻璃陶瓷具有良好的热湿稳定性,同时重点研究了激光诱导的结晶行为对玻璃表面和内部的影响。激光诱导结晶在玻璃表面和内部的表现有很大的不同,CsPbBr$_3$ 量子点可以通过低峰值功率的超快激光照射直接析出在玻璃表面,但是不能直接在玻璃内部析出。玻璃内部的 CsPbBr$_3$ 量子点主要是由高峰值功率的超快激光器通过照射在玻璃内部成核,后经过热处理工艺而析出。超快激光辐照 CsPbBr$_3$ 量子点荧光玻璃陶瓷的显微荧光光谱如图 4-50 所示。图 a 为不同波长激光辐照沉淀玻璃表面 CsPbBr$_3$ 量子点的显微荧光光谱图。图 b 为不同波长激光辐照和后续热处理得到的玻璃表面 CsPbBr$_3$ 量子点的显微荧光光谱图,激光峰值功率越高,量子点的发射强度越强,峰值位置越长。四种激光热处理后,玻璃表面的 CsPbBr$_3$ 量子点颜色变浅,发射峰强度整体有所下降,这是由于量子点过小、比表面高、不稳定及玻璃表面活性有较高的缺陷导致热处理过程中生成的 CsPbBr$_3$ 量子点反扩散,进而导致量子点尺寸变小所造成的。图 c 为采用不同波长激光照射和热处理在玻璃内部获得 CsPbBr$_3$ 量子点的显微荧光光谱图。虽然超快激光辐照不

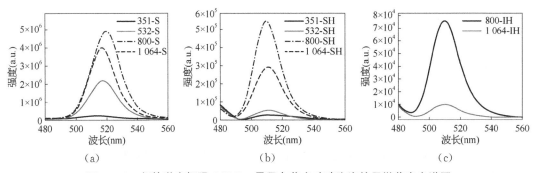

图 4-50 超快激光辐照 CsPbBr$_3$ 量子点荧光玻璃陶瓷的显微荧光光谱图

能直接在玻璃内部沉淀 $CsPbBr_3$ 量子点,但可以使后续热处理的结晶温度降低 80 ℃以上。波长为 351 nm 和 532 nm 的皮秒激光器通过照射和后续的热处理工艺不能使 $CsPbBr_3$ 量子点在玻璃内部析出,但是波长为 800 nm 的飞秒激光器和波长为 1 064 nm 的皮秒激光器通过照射可以使 $CsPbBr_3$ 量子点在玻璃内部形核,后续通过热处理的工艺可以驱动量子点的长大。

4.7.3　钙钛矿量子点荧光玻璃陶瓷的光学性能及应用

由于钙钛矿量子点荧光玻璃陶瓷既能保有钙钛矿量子点的优异性能,同时又因为玻璃基质的存在可以有效地维持量子点的稳定性,因此钙钛矿量子点荧光玻璃陶瓷在固态照明和背光显示方面展现出了极大的应用潜力。

2017 年,Di 等使用发绿光的 $CsPbBr_3$ 量子点荧光玻璃陶瓷粉末和商用红光 $CaAlSiN_3$:Eu^{2+} 荧光粉在蓝光芯片激发下制备了白光 LED。图 4 - 51a 为在 20 mA 驱动电流下,蓝光、绿光、红光及白光 LED 的 EL 光谱,通过调整绿色 $CsPbBr_3$ 量子点荧光玻璃陶瓷样品与红色 $CaAlSiN_3$:Eu^{2+} 荧光粉的比例,白光 LED 的发光效率、色温和显示指数等光学参数可以很容易地进行调整,如图 4 - 51b 所示。经过优化后,可以得到发光效率为 50.5 lm/W、色温为 3 674 K、显示指数为 83.4 的白光 LED。

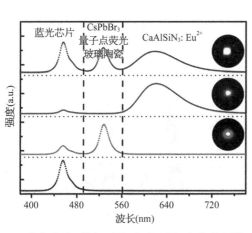

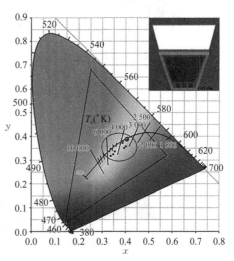

（a）蓝色芯片、绿色 LED、红色 LED 和白光 LED 的 EL 光谱图
（b）使用 $CsPbBr_3$ 量子点制备白光 LED 的色坐标图

图 4 - 51　$CsPbBr_3$ 量子点荧光玻璃陶瓷与商用红光 $CaAlSiN_3$:Eu^{2+} 荧光粉与蓝光芯片封装成白光的性能图

2018 年,Chen 等将 $CsPbX_3$(X＝Br、I)钙钛矿量子点嵌入低熔点磷硅酸盐玻璃,该玻璃具有可控结晶、热稳定性和可调谐发射等特性。使用蓝光芯片、绿色 $CsPbBr_3$ 量子点荧光玻璃陶瓷和红色 $CsPbBr_2I$ 量子点荧光玻璃陶瓷制备了 LED 发光器件,如图 4 - 52 所示。图 4 - 52a、b 分别为绿光 LED 和红光 LED 的色坐标图(插图为在 20 mA 正向电流驱动下 LED 的发光照片)。图 4 - 52c～f 为不同绿色 $CsPbBr_3$ 量子点荧光玻璃陶瓷粉和红色 $CsPbBr_2I$ 量子点荧光玻璃陶瓷比例的 EL 光谱图。图 4 - 52g 为随着红色成分的增

加白光 LED 的色坐标图(插图为在 20 mA 正向电流驱动下白光 LED 的发光照片)。通过调节绿色和红色量子点荧光玻璃陶瓷粉的比例,白光 LED 可以实现色坐标为(0.316 3,0.337 9)、显色指数为 84、色温为 5 700 K、发光效率为 20 lm/W。

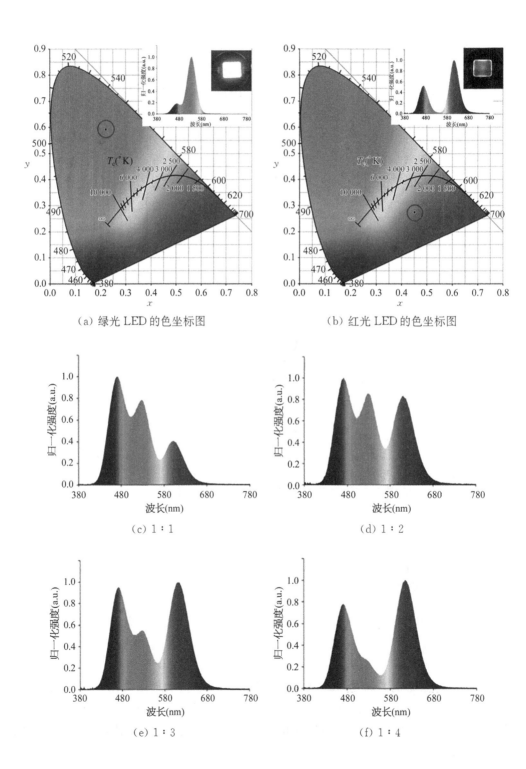

（a）绿光 LED 的色坐标图　　　　　　（b）红光 LED 的色坐标图

（c）1∶1　　　　　　（d）1∶2

（e）1∶3　　　　　　（f）1∶4

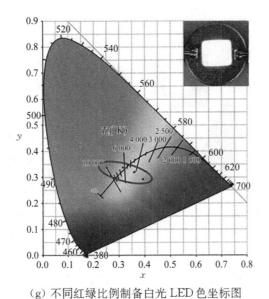

（g）不同红绿比例制备白光 LED 色坐标图

**图 4 - 52　绿色 CsPbBr$_3$ 量子点荧光玻璃陶瓷和红色 CsPbBr$_2$I 量子点荧光
玻璃陶瓷封装成白光 LED 器件的性能图**

2018 年，Yuan 等在 TeO$_2$ 玻璃基质中原位生长了 CsPbBr$_3$ 量子点。使用制备的绿光 CsPbBr$_3$ 量子点荧光玻璃陶瓷粉末和商业红光 Eu^{2+}：CaAlSiN$_3$ 荧光粉，在蓝光芯片的激发下制备白光 LED。不同红色荧光粉和绿色玻璃比例的 EL 光谱如图 4 - 53 所示，随着红色荧光粉和绿色玻璃粉比例的逐渐增加，LED 的发光颜色由青色变为白色，再变为橙色。经过优化，所设计的白光 LED 色坐标为（0.33，0.35）、显色指数为 92、色温为 5 600 K、发光效率为 50～60 lm/W。

2018 年，Cheng 等通过离子掺杂的方式制备了 Tb^{3+} 和 Eu^{3+} 掺杂的 CsPbBr$_3$ 量子点荧光玻璃陶瓷，该玻璃具有高的稳定性和发光可调的特性。使用蓝光芯片、CsPbBr$_3$ 量子点荧光玻璃陶瓷和 Tb^{3+}、Eu^{3+} 共掺杂的 CsPbBr$_3$ 量子点荧光玻璃陶瓷组装一个白光 LED 的发光器件，该发光器件的 EL 光谱如图 4 - 54 所示。通过优化，在 20 mA 电流的驱动下，可以获得显色指数为 85.7、色坐标为（0.333 5，0.341 3）、发光效率为 63.21 lm/W 的高性能白光发光二极管。

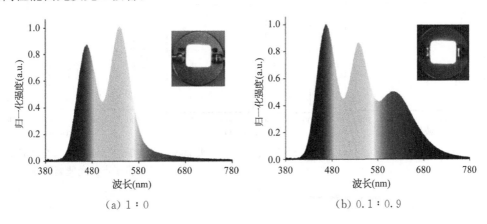

（a）1∶0　　　　　　　　　　　　　　　（b）0.1∶0.9

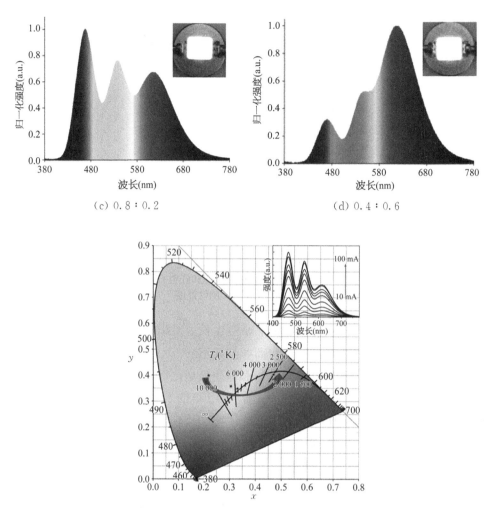

（c）0.8：0.2　　　　　　　　（d）0.4：0.6

（e）不同红色荧光粉和绿色玻璃粉比例的发光二极管的色坐标图

图 4 - 53　不同红色荧光粉和绿色玻璃粉比例的 EL 光谱图

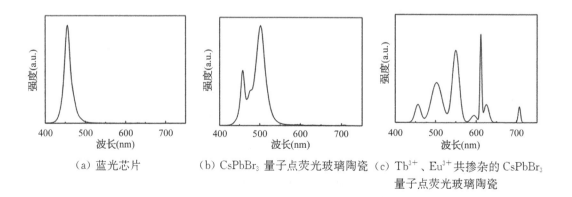

（a）蓝光芯片　　（b）$CsPbBr_3$ 量子点荧光玻璃陶瓷　（c）Tb^{3+}、Eu^{3+} 共掺杂的 $CsPbBr_3$ 量子点荧光玻璃陶瓷

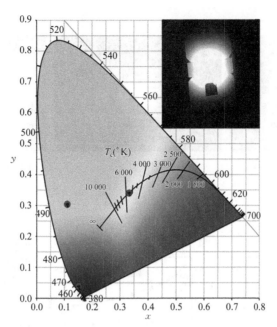

（d）LED 发光器件的色坐标图（插图为白光 LED 发光照片）

图 4 - 54　发光器件的 EL 光谱图

2019 年,武汉理工大学刘超教授团队制备的 $CsPbBr_3$ 纳米晶体在玻璃中的量子效率可以高达 80%,而 $CsPb(Cl/Br)_3$ 和 $CsPb(Br/I)_3$ 纳米晶体在玻璃中的量子效率可以达到 20%。将含 $CsPbBr_3$ 和 $CsPb(Br/I)_3$ 纳米晶体玻璃片分别封装在蓝光芯片上制备成 LED 器件,其中制备的绿光 LED 器件最大发光效率为 119.56 lm/W、外量子效率为 29.63%,发光器件的发射光谱如图 4 - 55 所示。同时,将发绿光的 $CsPbBr_3$ 纳米晶体玻璃片和 $CsPb(Br/I)_3$ 纳米晶体玻璃片进行组合,在蓝光芯片的激发下制备白光发光器件,通过调节驱动电流和纳米晶体玻璃片的厚度,白光发光器件可以实现发光效率在 $50\sim$ 60 lm/W 和外量子效率在 $20\%\sim25\%$ 范围内。

2019 年,Ding 等在硼硅酸盐玻璃基质中成功制备了 Zn 掺杂的 $CsPbBr_3$ 量子点荧光玻璃陶瓷,该方法可以有效地提高 $CsPbBr_3$ 量子点荧光玻璃陶瓷的荧光强度,其 PLQY 从未掺杂的 32% 增加至 36%。使用蓝光芯片、绿色发光 $CsPb_{1-x}Zn_xBr_3$ 量子点荧光玻璃陶瓷和红色发光 $CaAlSiN_3$：Eu^{2+} 商业荧光粉组装了一个白光 LED 的发光器件。图 4 - 56a 为蓝光芯片、绿色发光 $CsPbBr_3$ 量子点荧光玻璃陶瓷和红色发光 $CaAlSiN_3$：Eu^{2+} 商业荧光粉组装成的 LED 发光器件 EL 光谱,图 4 - 56b 为未掺杂制备白光 LED 的色坐标图,图 4 - 56c 为蓝光芯片、绿色发光 $CsPb_{1-x}Zn_xBr_3$ 量子点荧光玻璃陶瓷和红色发光 $CaAlSiN_3$：Eu^{2+} 商业荧光粉组装成的 LED 发光器件 EL 光谱,图 4 - 65d 为 Zn 掺杂制备白光 LED 的色坐标图。未进行掺杂制备的白光 LED 显色指数为 76.9,色坐标为(0.325 1,0.335 8),发光效率仅 26.1 lm/W,而使用 $CsPb_{1-x}Zn_xBr_3$ 量子点荧光玻璃陶瓷制备的白光 LED,其显色指数为 70.1,色坐标为(0.331 4,0.343 7),发光效率可以提高至 72.79 lm/W。

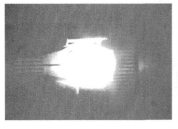  

（a）绿光　　　　　　　　（b）红光　　　　　　（c）白光、发光效率和外量子效率

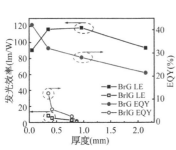 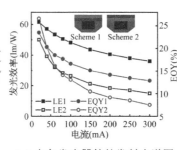 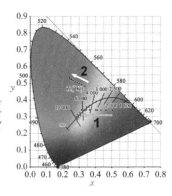

（d）绿色发光器件和红色发光器　（e）白色发光器件的发射光谱图　（f）不同电流驱动下的色坐标图
件的发射光谱图

图 4 - 55　发光器件的发射光谱图

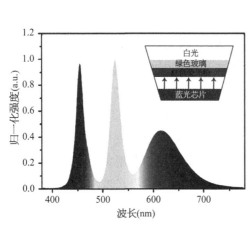 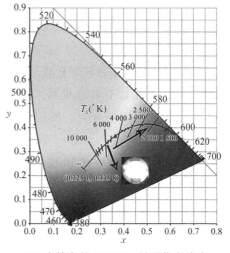

（a）蓝光芯片绿色发光 $CsPbBr_3$ 量子点荧光玻璃　　　（b）未掺杂的 $CsPbBr_3$ 量子荧光玻璃
　　陶瓷和红色发光 $CaAlSiN_3$：Eu^{2+} 荧光粉制备　　　　　陶瓷制备白光 LED 的色坐标图
　　白光 LED 发光器件的 EL 光谱

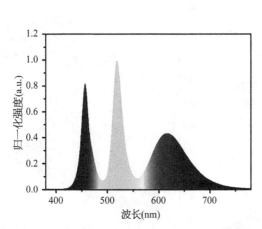

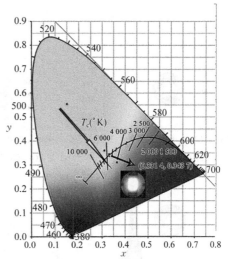

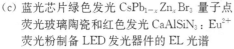

（c）蓝光芯片绿色发光 $CsPb_{1-x}Zn_xBr_3$ 量子点
荧光玻璃陶瓷和红色发光 $CaAlSiN_3$：Eu^{2+}
荧光粉制备 LED 发光器件的 EL 光谱

（d）Zn 掺杂制备白光 LED 的色坐标图

图 4 - 56　绿色 $CsPbBr_3$ 量子点荧光玻璃陶瓷和红色 $CaAlSiN_3$：Eu^{2+} 荧光粉制备白光 LED 器件的性能图

2019 年，Zhang 等采用熔体淬火和原位结晶技术，在硼硅酸盐玻璃基质中成功制备了一系列 Ti 掺杂的 $CsPbI_3$ 量子点荧光玻璃陶瓷，所制备的样品具有良好的水热稳定性和可调谐的发射性能。采用红色发光 $CsPb_{1-x}Ti_xI_3$ 量子点荧光玻璃陶瓷和黄色发光 Ce^{3+}：YAG 商业荧光粉在 InGaN 蓝光芯片的激发下组装了白光 LED 发光器件。图 4 - 57a～d 分别为蓝光芯片、YAG：Ce^{3+}荧光粉、$CsPb_{1-x}Ti_xI_3$ 量子点荧光玻璃陶瓷及白光 LED 发光器件的 EL 光谱，图 4 - 57e 为在 20 mA 的驱动电流下，不同比例的 Ce^{3+}：YAG 荧光粉和 $CsPb_{1-x}Ti_xI_3$ 量子点荧光玻璃陶瓷粉制备的白光 LED 的色坐标图。在最优比例下，可以获得色坐标为（0.3412，0.3621）、显色指数为 74.4、色温为 5176 K 和发光效率为 102.44 lm/W 的白光 LED。

2020 年，Yang 等通过在前驱体玻璃中控制 Br 和 I 的添加比例制备了不同比例的 $CsPb(Br/I)_3$ 量子点荧光玻璃陶瓷，该样品具备长期稳定性和红绿发射波段可调性能。作为概念实验，使用蓝光芯片、绿色发光 $CsPbBr_{2.52}I_{0.48}$ 量子点荧光玻璃陶瓷粉和红色发光 $CsPbBr_{1.5}I_{1.5}$ 量子点荧光玻璃陶瓷粉制备白光 LED 色坐标围成的色域图如图 4 - 58 所示。基于 $CsPbX_3$ 量子点荧光玻璃陶瓷的白光 LED 色域图，其中对应的颜色三角形为背光优化后的蓝色、绿色和红色的色坐标点，坐标分别为（0.15，0.04）（0.14，0.77）（0.68，0.31）。所围成的色域面积约为 NTSC 空间的 123%，约为 Rec. 2020 标准的 91.8%。

2020 年，Yang 等通过调节原料中 $PbBr_2$ 与 Cs_2CO_3 的比例，在硼硅酸盐玻璃基质中制备了 $CsPbBr_3/Cs_4PbBr_6$ 复合量子点，该样品具有优异的热稳定性、光稳定性和耐水性。作为概念实验，使用蓝光芯片、绿色发光 $CsPbBr_3/Cs_4PbBr_6$ 复合量子点和红色发

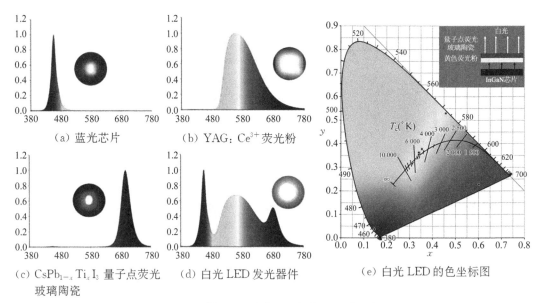

（a）蓝光芯片　　（b）YAG：Ce³⁺ 荧光粉

（c）CsPb₁₋ₓTiₓI₃ 量子点荧光玻璃陶瓷　（d）白光 LED 发光器件　（e）白光 LED 的色坐标图

图 4-57　样品 EL 光谱图及白光 LED 色坐标图

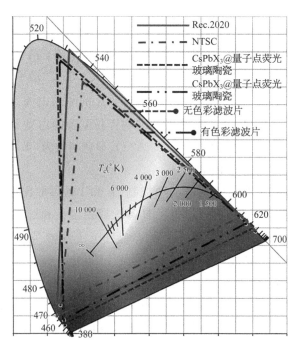

图 4-58　基于 CsPbX₃ 量子点荧光玻璃陶瓷的白光 LED 色坐标围成的色域图

K_2SiF_6：Mn^{4+} 荧光粉制备了白光 LED 设备，其光电性能测试情况如图 4 - 59 所示。所制备的白光 LED 发光器件的色坐标为（0.332 8，0.344 2）、发光效率为 25 lm/W，同时其展示的色域约为 NTSC 标准的 130%。

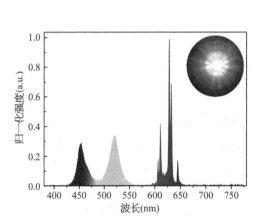

（a）在 100 mA 电流驱动下白光 LED 发光器件的 EL 光谱（插图为白光 LED 发光照片）

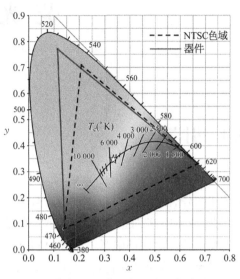

（b）白光 LED 色坐标围成的色域图

图 4 - 59　$CsPbBr_3$/Cs_4PbBr_6 复合量子点和红色发光的 K_2SiF_6：Mn^{4+} 荧光粉封装成白光 LED 发光器件性能图

第5章

荧 光 晶 体

5.1　引言

目前发展前景较好的 YAG 荧光材料主要由陶瓷、微晶玻璃、单晶三种。国内外实验室关于陶瓷、微晶玻璃的研究较多,但这两种材料自身仍存在不足:透明光学陶瓷合成工艺复杂、成本略高、重复率较低;YAG 微晶玻璃制备温度高、量子效率低下、析晶后难以保持透明度等。这些都限制了上述材料在白光 LED 中的应用与发展。相比之下,YAG 单晶热导率高、物化性能稳定、生长工艺成熟,是一种理想的光转换荧光材料。基于上述问题和单晶特性的综合考虑,本章讨论稀土或过渡金属掺杂 YAG 晶体后的发光效率、显色指数和热稳定性等。

5.2　YAG荧光材料及其研究进展

5.2.1　晶体结构和性质

YAG 空间群为 O_h^{10} - Ia_3d,属立方晶系,晶格常数为 1.200 2 nm,它的分子式结构可写成 $L_3B_2(AO_4)_3$,其中 L、A、B 分别代表三种格位。在单位晶胞中有 8 个 $Y_3Al_5O_{12}$ 分子,一共有 24 个 Y^{3+}、40 个 Al^{3+}、96 个 O^{2-}。其中,每个 Y^{3+} 各处于由 8 个 O^{2-} 配位的十二面体的 L 格位,16 个 Al^{3+} 各处于由 6 个 O^{2-} 配位的八面体的 B 格位,另外 24 个 Al^{3+} 各处于由 4 个 O^{2-} 配位的四面体的 A 格位。因此,石榴石结构是一种畸变结构,晶胞可以看作是十二面体、八面体和四面体的链接网,YAG 的晶体结构如图 5-1 所示。

在光学领域,YAG 是一种重要的荧光材料基质,结构相容性非常好。YAG 晶胞中的 Y^{3+} 和 Al^{3+} 可以被有效离子半径相近的稀土离子或过渡金属离子所代替,并给激活离子提供良好的晶场环境。表 5-1 罗列了部分稀土元素和过渡元素的离子半径。由表 5-1 中可知,Y^{3+} 的半径与三价稀土离子的半径较相近,因此十二面体格位中有可能掺入一定数目的三价稀土离子作为激活离子,如 Pr^{3+}、Tb^{3+}、Er^{3+} 等。而 Al^{3+} 半径较小,不易被稀土离子取代,但能被部分过渡金属离子替代,如 Mn^{3+}、Cr^{3+} 等。

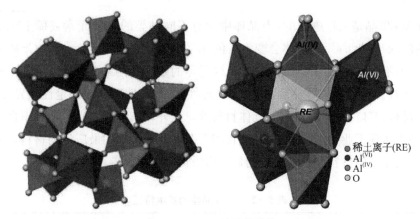

图 5 - 1　YAG 的晶体结构

表 5 - 1　部分稀土元素和过渡元素的离子半径

离子符号	氧化状态	配位数	晶体半径（Å）	离子半径（Å）
Y^{3+}	3	8	1.159	1.019
Ce^{3+}	3	8	1.283	1.143
Dy^{3+}	3	8	1.167	1.027
Er^{3+}	3	8	1.144	1.004
Eu^{3+}	3	8	1.206	1.066
Gd^{3+}	3	8	1.193	1.053
Nd^{3+}	3	8	1.249	1.109
Pr^{3+}	3	8	1.266	1.126
Sm^{3+}	3	8	1.219	1.079
Tb^{3+}	3	8	1.18	1.04
Tm^{3+}	3	8	1.134	0.994
Yb^{3+}	3	8	1.125	0.985
Al^{3+}	3	4	0.53	0.39
	3	6	0.675	0.535
Cr^{3+}	3	6	0.755	0.615
Cr^{4+}	4	4	0.55	0.41
	4	6	0.69	0.55
Ga^{3+}	3	6	0.76	0.62
Mn^{2+}	2	6	0.81	0.67
	2	8	1.1	0.96
Mn^{3+}	3	6	0.785	0.645
Mn^{4+}	4	6	0.67	0.53

　　纯 YAG 单晶是无色透明的,当晶体中含有不同种类的过渡元素或稀土元素会呈现不同的颜色,如掺杂 Ce^{3+} 后晶体会变为黄色,掺杂 Nd^{3+} 后变成紫色,掺杂 Cr 离子后变成绿色,是一种不错的宝石级装饰材料。YAG 晶体的基本特性见表 5-2。由表 5-2 可知,YAG 晶体的机械强度高,导热性能良好,物理性质、化学性质和热稳定性优异,现被广泛用作激光材料、窗口和衬底材料、闪烁体材料等。此外,YAG 单晶光学透过率良好、耐热、耐腐蚀,易于实现工业化生产,是迄今为止固态激光技术中应用最广泛的材料。无论作为功能材料,还是结构材料,YAG 单晶均显现出极佳的应用前景。

表 5-2　YAG 晶体的基本特征

性质种类	基本特性参数	
物理性质	晶系	立方晶系
	晶格常数	$a=1.2002\ nm$
	晶面间脚	$A=90°$
	分子量	$593.618\ g/mol$
	固体密度	$4.55\ g/cm^3$
	熔体密度	$3.675\ g/cm^3$
机械性质	莫氏硬度	$8\sim8.5$
	抗拉强度	$280\ MPa$
	断裂韧性	$2\ MPa/m$
	杨氏模量	$280\sim310\ GPa$
	体积模量	$185\ GPa$
	泊松比	$0.25\sim0.27$
热性质	熔点	$1970℃$
	膨胀系数	$9.1\times10^{-6}/℃$
	热导率	$0.14\ W/(cm\cdot K)$
	比热	$88.8\ cal/(mole\cdot K)$
光学性质	透过率	$85\%(1.064\ \mu m)$
	折射率(633 nm)	1.82
	热学系数	$8.9\times10^{-6}/K$
化学性质	不溶于硫酸、盐酸、硝酸、氢氟酸 溶于磷酸(>250℃),Pbo-PbF$_2$(>556℃)	

5.2.2　研究进展

　　1964 年,Linares 用 Czochralski(提拉法)方法首次生长出大块 YAG 单晶并对其激光性能进行了大量研究。此后 YAG 晶体便开始作为激光和闪烁晶体被广泛研究和使用。

YAG 晶体由于具有光学均匀性好、机械性能好、物化性能稳定和导热性好等优点,目前仍是固体激光器的首选材料。最常用的 YAG 系列晶体主要有(Nd：YAG)(Ce，Nd：YAG)和 Yb：YAG,其中 Nd：YAG 是综合性能最为优异的激光晶体,其激光波长1064 nm,广泛应用于军事、工业和医疗等行业,许多工业用的激光设备如激光打标机、激光焊接机和激光划片机等都是采用 Nd：YAG 激光棒。自 1997 年日本日亚化学公司封装出了第一支白光 LED,YAG 荧光粉的研究引起了人们的广泛关注,InGaN 蓝光芯片与Ce：YAG 黄色荧光粉的组合已经成为目前市场上制备白光 LED 的主流方式。但是随后的研究发现,由于环氧树脂、硅胶导热性和化学稳定性较差,在高功率芯片照射或较高温度环境下使用,Ce：YAG 黄色荧光粉封装而成的白光 LED 器件容易发生老化、黄化,造成 LED 色偏移,进而严重缩短器件的使用寿命。此外,Ce：YAG 微米颗粒高的折射率($n=1.84$)与环氧树脂、硅胶低的折射率($n=1.45\sim1.55$)不匹配,会导致高的光散射损失和低的光提取效率。因此,研究者提出用透明 Ce：YAG 荧光陶瓷、透明 Ce：YAG 微晶玻璃和透明 Ce：YAG 单晶作为替代 YAG 荧光粉/环氧树脂的新型光学材料。然而,陶瓷的制备工艺十分复杂且对原料的要求较高,成本较大不适用于产业化生产;Ce：YAG微晶玻璃由于玻璃组分、掺杂比例、熔化温度及退火工艺等因素的影响,无法控制 Ce：YAG 晶粒的析晶过程,从而导致制备的玻璃不透明、出光率低,由此封装的 LED 光源的发光效率较低,无法满足市场需求。尽管后来研究者又采用通过 PiG 工艺,在较低的温度下将 Ce：YAG 荧光粉掺杂到玻璃基质中,制备出性能比较优异的微晶玻璃,但是依然存在烧结温度高、尺寸比较小、制备工艺烦琐等问题。

相比之下,YAG 单晶热导率高、物化性能稳定、生长工艺成熟,是一种理想的光转换荧光材料。随着 YAG 单晶生长技术和工艺的日趋完善,高质量、大尺寸的 YAG 单晶已经可以成功制备。2005 年,苏锵等提出用 Ce 掺杂的钇铝石榴石单晶片(Ce：YAG)与GaN 蓝光芯片复合代替荧光粉来实现白光发射。邹玉林等将提拉法制备的 Ce：YAG 单晶经切割、抛光处理后用耐高温胶封装在 LED 芯片上,制备的白光 LED 具有良好的热导和物化稳定性。陆神洲等用 Ce：YAG 单晶与蓝光 LED 芯片组装了白光 LED,通过直接镶嵌的方式将 Ce：YAG 单晶片安置于 GaN 芯片上方,使整个白光 LED 器件置于铜质热沉上,以保证 LED 器件具有良好的散热效果,并研究不同厚度单晶组装的白光 LED 器件在 2.5 V 恒定电压下的发射光谱、色坐标亮度、光视效能和色温的变化情况,当晶片厚度为 0.6 mm 时白光 LED 的色坐标为(0.31，0.33),与纯白点十分接近,表明采用 Ce：YAG 单晶与 GaN 芯片组合,适当调整晶片厚度,可以获得色坐标较为理想的白光。制备的 Ce：YAG 单晶及封装成的光源发光如图 5-2 所示。2011 年,华伟等采用提拉法制备了 Pr^{3+} 掺杂的 Ce：YAG 单晶,通过吸收光谱、荧光光谱和光电性能测试对晶体的发光特性进行了详细研究,结果表明,Pr^{3+} 在 610 nm 处的发光弥补了 Ce：YAG 发光中红光成分的不足,一定程度上改善了白光 LED 的显色指数。2013 年,日本学者 Anastasiya Latynina 等采用提拉法生长了具有比较好光学性能的 Ce，Gd：YAG 单晶,其量子效率高达 93%、发光效率达到 136 lm/W,在热性能测试中,与商用荧光粉相比,Ce，Gd：YAG单晶片呈现出更高的热稳定性。向卫东等采用提拉法制备了不同 Sm^{3+} 掺杂浓度的 Ce，

Sm：YAG 单晶,着重研究了晶片厚度对发光效率、色温、色坐标的影响,当 Sm^{3+} 质量分数为 0.31%、切片厚度为 0.2 mm 时获得了比较理想的白光 LED 光源。赵斌宇等仔细研究了 Ce：YAG 中的 Ce^{3+} 掺杂浓度与封装的白光 LED 发光性能之间的对应关系,并用理论计算的方式得出 Ce^{3+} 最佳掺杂浓度为 0.034～0.066,同时从 LED 光源的封装工艺角度研究了芯片、电流、AB 胶和红色荧光粉等因素对晶片发光性能的影响。2015 年,杨程等采用提拉法制备了 Ce,Gd：YAG 单晶,采用涂覆的方式,在单晶片上镀上一层红色荧光粉薄膜与 GaN 蓝光芯片复合制备出了高显色性能的白光 LED 光源,其发光效率达到 140 lm/W、显色指数达到 84,这为解决光源中红光成分不足提供了一个新的思路。

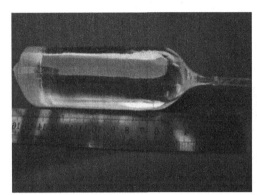 

图 5-2　制备的 Ce：YAG 单晶及封装成的光源发光情况

5.3　荧光晶体在 LED 中的应用

YAG 单晶用于白光 LED 是近几年才发展起来的,基于稀土 Ce^{3+} 掺杂的 YAG 单晶替代了现在普遍使用的 Ce：YAG 荧光粉,解决了该荧光粉组装而成的白光 LED 发光成分中红光不足的问题。华伟等研究了在 Ce：YAG 晶体中双掺杂 Pr、Sm、Eu、Ga 等稀土元素来增加红光成分,在 Ce、Pr 和 Ce、Sm 共掺杂的 YAG 单晶中存在 Ce、Pr 和 Ce、Sm 间的能量传递,使它们能够发射出中心波长分别为 609 nm 和 615 nm 的红光,为制备性能更加优良的白光 LED 奠定了基础。王鑫等对白光 LED 的 Ce,Cr 共掺杂的 YAG 单晶进行了报道,并指出 Cr 的发射光谱在红光区,且比 Ce 单纯掺杂的 YAG 单晶发射强度更强。由于 Tb 的特征发光带峰值分别位于 492 nm、545 nm、585 nm 和 625 nm 处,分别归属于 Tb 的 $^5D_4{\rightarrow}^7F_6$、$^5D_4{\rightarrow}^7F_5$、$^5D_4{\rightarrow}^7F_4$、$^5D_4{\rightarrow}^7F_3$ 跃迁,对 Ce：YAG 发光中心的红移具有促进作用。2005 年,苏锵等公开了 Ce：YAG 晶体切片式的白光 LED,通过 Ce：YAG 晶片与 GaN 基蓝光 LED 芯片组合制备了白光 LED,通过精确控制单晶片荧光体的各项参数,来调节和控制荧光体单晶片转换的黄光与未被转换的蓝光之间的比例,同时利用单晶片自身的优点获得均匀高质量的白光,摆脱了传统 LED 器件中荧光粉在环氧树脂等密封胶中分散性不均的问题,同时切片可以试验全自动封装,能大幅提升白光 LED 器件封装的机械化程度。2012 年,陆神洲等用 Ce：YAG 单晶组装了白光 LED,研究了单晶片厚度及驱动电压的变化对其发射光谱色坐标、亮度、光视效能和色温的影响,当单晶厚度为 0.6 mm 时可获得较纯的白光发射,然而由于单纯的 Ce 掺杂的 YAG 单晶同样存在红光不足的问题,同时制备了白光 LED 的发光效率也较低。曹顿华对石墨加热体生长的 Ce：YAG 晶体进行了低温氧气退火或高温氢气退火处理,通过退火处理后,可以消除晶体中存在的与碳相关的晶体缺陷,提高晶体透过性能。2013 年日本研究学者 Anastasiya Latynina 等用提拉法生成了 Ce,Gd：YAG 单晶,并测试了与蓝光芯片组装的白光 LED 发光光谱及量子效率,其量子效率为 93%,但并未对白光 LED 的光电性能进行研究。

5.4　Ce：YAG 荧光单晶

5.4.1　光学性能

图 5-3 是 Ce：YAG 晶体样品的 XRD 图,其掺杂离子为 Ce^{3+}。从图中可以看出,样品的射线衍射峰强度较大,主要的衍射峰与标准卡(JCPDS No. 33-0040)的图谱吻合,说明掺杂后晶体的结构与纯 YAG 晶体的结构相同,Ce^{3+} 的掺入不会影响 YAG 晶体的基本结构。

图 5-4 为 Ce：YAG 晶体的吸收光谱图,样品为双面抛光,厚度为 1 mm。从图中看出有 3 个宽吸收带的峰值分别位于 223 nm、340 nm、460 nm 处,这些吸收峰均对应于 Ce^{3+} 的 4f-5d 能级的跃迁,由于 5d 能级分裂成 5 个子能级,340 nm、460 nm 处的吸收分别对应于 $^2F_{5/2}$、$^2F_{7/2}$ 子能级到 5d 较低能级 $^2D_{3/2}$ 的跃迁吸收,而 233 nm 处的宽带吸收则对应于 $^2F_{5/2}$ 到 $^2D_{5/2}$ 能级较高的能级间的跃迁吸收。在 460 nm 处有强吸收说明与 460 nm 蓝光芯片相匹配。

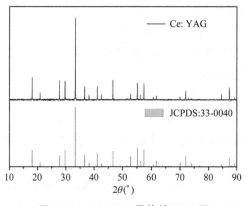

图 5-3　Ce：YAG 晶体的 XRD 图

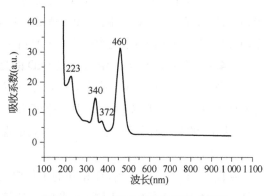

图 5-4　Ce：YAG 晶体的吸收光谱图

　　Ce：YAG 晶体的荧光光谱与 Ce：YAG 晶体能级结构如图 5-5 所示。由吸收光谱可知,Ce：YAG 单晶荧光材料在 460 nm 处有强吸收,所以在测试 Ce：YAG 单晶的荧光光谱时采用 460 nm 蓝光作为激发光源。

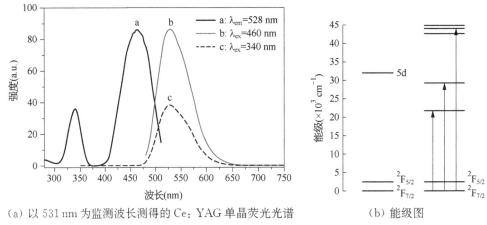

（a）以 531 nm 为监测波长测得的 Ce：YAG 单晶荧光光谱　（b）能级图

图 5-5　Ce：YAG 晶体的荧光光谱图与 Ce：YAG 晶体能级图

从图 5-5 中可以观察到，曲线 a 为以 528 nm 为监测波长测得的 Ce：YAG 单晶荧光材料的 PLE 光谱，中心位于 340 nm 的激发峰对应于 Ce^{3+} 4f 能级到 5d 能级的 $^2F_{5/2} \rightarrow 5d$ 的跃迁吸收，460 nm 的激发峰对应于 $^2F_{7/2} \rightarrow 5d$ 电子跃迁吸收。PL 光谱 b 和 c 是位于 531 nm 处的宽带发射谱，对应于 Ce^{3+} 的 5d→4f 能级电子跃迁的特征发射。

由于激发峰和发射峰均与 5d 能级相关，而激发态 5d 电子的径向波函数可以很好地扩展到 $5s^2 5p^6$ 闭壳层之外，其能级受外场的影响较大，使 5d 态不再是分立的能级，而成为能带，从这个能带到 4f 能级的跃迁也就成为带谱。因此，Ce^{3+} 激发和发射光谱均表现为宽峰，原本独立的能级受外场影响后形成能带，跃迁后形成连续光谱。因为 Ce^{3+} 同YAG 晶格间具有强的电声子耦合导致两个发光峰部分重叠，从发射光谱上观察到的 Ce^{3+}：YAG 晶体的发射光谱呈现出较宽的不对称发射带，故 Ce^{3+} 激发和发射光谱均表现为不对称的宽峰。另一方面，由于 Ce^{3+} 的 4f 组态 $^2F_{5/2}$ 和 $^2F_{7/2}$ 基态能级间的间距约为 2 000 cm^{-1}，因此由 Ce^{3+} 最低的 5d 能级向 4f 基态能级的荧光发射实际上由两个相隔约 50 nm 的发光峰组成，Ce^{3+} 同 YAG 晶格间具有强的电声子耦合导致两个发光峰部分重叠，所以从发射光谱上观察到的 Ce：YAG 晶体的发光谱呈现出较宽的发射带。

5.4.2　Ce：YAG 晶片结构白光 LED 的光色电性能

温州大学以 Ce：YAG 晶片与 GaN 蓝光芯片组合制成白光 LED，并对白光 LED 的光色电性能进行了测试，实验中分别取厚度为 0.6 mm、1.0 mm、2.0 mm（以 T0.6、T1.0、T2.0 表示）的晶片进行测试，并研究不同的驱动电流对光色性能的影响，实验结果如图 5-6 所示。

从图 5-6 中可以看到，在相同的工作电流下，随着晶片厚度的增加，其显色指数明显降低。与之相反的是白光 LED 发光效率却随着样品厚度的增加而增加，T2.0 样品的发光效率远大于 T1.0 和 T0.6 样品。此外，随着驱动电流的增加，白光 LED 的发光效率显著降低，而其显色指数却略有增加，电流的改变对发光效率的影响较大，而对显色指数的影响较小。

图 5-7 是不同厚度 Ce：YAG 晶片结构白光 LED 在不同驱动电流下的相对色温。

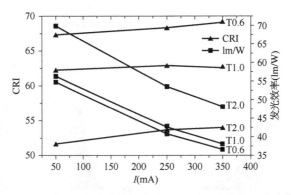

图 5-6 Ce：YAG 晶片制备的白光 LED 的显色指数和发光效率

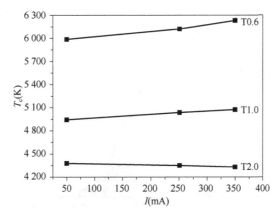

图 5-7 不同厚度 Ce：YAG 晶片制备的白光 LED 的相对色温

从图中可以看出,在相同的驱动电流下,随着晶片厚度的增加,白光 LED 的相对色温显著降低;而对于同一厚度的晶片样品,随着驱动电流的增加,白光 LED 的相对色温稍有升高或不变。其变化趋势与白光 LED 显色指数的变化趋势相似。

图 5-8 是在同一驱动电流($I=350\ \text{mA}$)下测试的不同厚度晶片样品的 EL 光谱图。从图中可以观察到,随着晶片厚度的增加,剩余的蓝光显著减少,这也使得白光的色坐标向黄光区偏移,由 T0.6(0.313 3, 0.374 1)逐渐偏移到 T1.0(0.350 6, 0.443 7)、T2.0(0.400 7, 0.530 0),色温随之显著降低。

对于同一根晶体而言,其内部 Ce^{3+} 发光中心的浓度是比较均匀的,晶片中的发光中心浓度也是相同的。晶片越薄其所含有的 Ce^{3+} 发光中心就越少,相应吸收的蓝光也少,这样便有较多的剩余蓝光与晶片发射的黄光混合生成白光,如此使两种光的混合比例较为适中,白光的显色指数高;但是由于吸收的蓝光少,发射出的黄光也相应较少,发光效率也就比厚度大的晶片低;反之,晶片越厚,Ce^{3+} 含量越多,对蓝光的吸收也随着增加,发射出的黄光增多,蓝光与黄光的配比失衡,造成显色指数和相关色温降低。

蓝光芯片和 T0.6 Ce：YAG 晶片白光 LED 的光电性能参数见表 5-3。从表中可以看出随着电流增加,其发光效率明显降低,但是黄光的发光效率远高于蓝光芯片的发光效率,黄光光通量的增加量远大于蓝光光通量的减少量。对于同一个 LED,随着电流的增

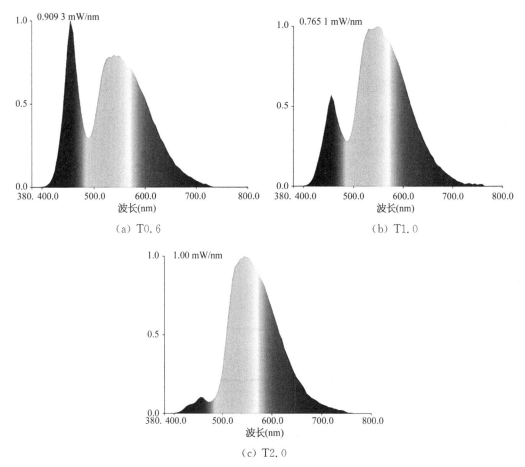

（a）T0.6　　　　　　　　　　（b）T1.0

（c）T2.0

图 5-8　在同一驱动电流($I=350\,mA$)下测试的 Ce：YAG 晶体不同厚度晶片结构白光 LED 的 EL 光谱图

加，其蓝光 LED 的发光效率也显著降低，白光 LED 的发光效率也随之降低；而对于不同厚度晶片的白光 LED，随着厚度的增加，蓝光的吸收也增加，发射出的黄光光通量增加量远大于蓝光光通量的减少量。因此，晶片厚度越大，Ce^{3+} 含量越高，其发光效率也就越高。从 Ce：YAG 晶体的荧光光谱和 EL 光谱可以看出，发光光谱在红光区域覆盖面很少，这使得发射的白光缺少红色成分，显色指数不够理想。但是显色指数越高，对应的色温也越高，为了改善这种情况，需要增加白光中的红光成分。

表 5-3　蓝光芯片和 Ce：YAG 晶片结构白光 LED 的光电性能参数

芯片	驱动电流（mA）	光通量（lm）	发光效率（lm/W）
蓝光 LED	50	1.675 0	11.94
蓝光 LED	250	6.408 3	7.99
蓝光 LED	350	8.446 9	7.26
白光 LED	50	76.101	54.71

5.5　稀土离子共掺杂 Ce：YAG 晶体光学性能

5.5.1　Pr，Ce：YAG 荧光单晶

5.5.1.1　光学性能

图 5-9 为 Pr，Ce：YAG 晶体的 XRD 图，从图中可以看出，样品的 XRD 峰与标准卡（JCPDS No. 33-0040）一致，说明 Pr^{3+}、Ce^{3+} 的共掺杂并没有影响 YAG 的晶相结构。

图 5-10 为 Pr，Ce：YAG 晶体的吸收光谱图，从图中可以看到，由于 Pr^{3+} 的添加，吸收光谱中在 238 nm、288 nm 处出现了两个强烈的窄吸收峰，它们对应于 Pr^{3+} 的 $4f^2(^3H_4)$ →$4f^5$ 能级间的跃迁，同时在 340 nm、460 nm 处还存在两个 Ce^{3+} 4f→5d 能级跃迁所产生的特征宽吸收峰，可见 Pr^{3+} 的掺杂并没有影响 Ce^{3+} 对蓝光的吸收。由于 Pr，Ce：YAG 单晶荧光材料在 460 nm 处依然存在强的吸收，能够有效吸收 GaN 蓝光芯片发射的蓝光，所以，Pr^{3+}、Ce^{3+} 双掺杂的 YAG 单晶荧光材料仍然能与 GaN 蓝光芯片相匹配。

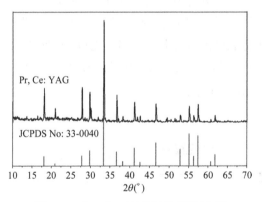

图 5-9　Pr，Ce：YAG 晶体的 XRD 图

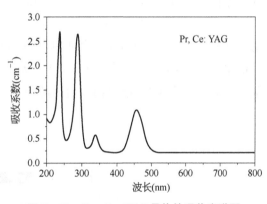

图 5-10　Pr，Ce：YAG 晶体的吸收光谱图

图 5-11 为 Pr，Ce：YAG 单晶荧光材料在波长为 460 nm 的蓝光激发下的荧光光谱图。从谱线 a 上可以看到主发射峰是中心位于 528 nm 处的 Ce^{3+} 的特征宽带发射峰，而在 609 nm 处还存在一个弱的发射峰，它属于 Pr^{3+} 的发射峰，对应于 Pr^{3+} 的 $^1D_2→^3H_4$ 能级间的电子跃迁。谱线 b 和 c 分别为以 528 nm 和 609 nm 监测波长下测得 PLE 光谱。从谱线 b 上可以看到，监测波长为 528 nm 时，PLE 光谱是强 Ce^{3+} 的特征宽带激发峰分别位于 340 nm 和 460 nm 处所对应于 Ce^{3+} 的 4f→5d 能级跃迁。从谱线 c 上可以看到，监测波长为 609 nm 时，PLE 光谱依然是中心位于 460 nm 处强度较弱的宽带激发峰，也是属于 Ce^{3+} 的特征激发峰。

由于 460 nm 的单色光不能直接激发 Pr^{3+}，所以 609 nm 处的 Pr^{3+} 发光应该是来自 Ce^{3+} 的能量传递，即蓝光激发 Ce^{3+} 后，处于激发态的 Ce^{3+} 再将能量传递给 Pr^{3+}，使 Pr^{3+} 能发出红光。Pr^{3+}、Ce^{3+} 之间的能量转换可以从 Pr^{3+}、Ce^{3+} 的能级结构来分析。

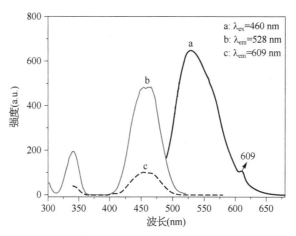

图 5‑11　Pr, Ce: YAG 晶体的荧光材料在波长 460 nm 蓝光激发下的荧光光谱图

图 5‑12 为 Ce³⁺、Pr³⁺ 离子的能级图。从图中看到,Ce³⁺ 具有 4f¹ 基态电子结构,其 4f 能级由于自旋偶合而劈裂为两个基态谱项²F$_{5/2}$ 和²F$_{7/2}$,自由离子 4f⁰5d¹ 激发态中的 5d¹ 电子产生 2D 谱项,并劈裂为²D$_{3/2}$ 和²D$_{5/2}$ 两个光谱支项。当 460 nm 蓝光激发 Ce³⁺ 电子从 4f 基态跃迁到 5d 激发态后,大部分电子随即跃迁回基态并发射出黄光。少部分电子从 Ce³⁺ 的最低 5d 能级以辐射跃迁的形式将能量传递到 Pr³⁺ 的¹D$_2$ 能级,另外,少部分能量还能从 Ce³⁺ 的 5d 能级以非辐射跃迁的形式传递给 Pr³⁺ 的³P$_0$ 能级,最终由 Pr³⁺ 的¹D$_2$ 能级跃迁回³H$_4$ 能级而发射出波长为 609 nm 的红光。

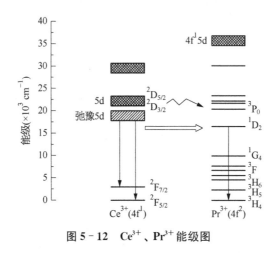

图 5‑12　Ce³⁺、Pr³⁺ 能级图

Pr³⁺ 的掺杂使晶体的发射光谱在红光区域有所拓展,在一定程度上能够弥补 Ce: YAG 晶体荧光材料发光中缺少红光成分的不足,对白光 LED 显色性能的提高有一定的作用。

5.5.1.2　Pr, Ce: YAG 晶片结构白光 LED 的光色电性能

图 5‑13 是 Pr, Ce: YAG 晶片制备的白光 LED 显色指数和发光效率。从图中可以

看到,三种不同晶片制备的白光 LED 显色指数相对于单掺杂的晶片而言有所减小,但是其变化趋势相似。在相同的工作电流下,晶片越薄,相应的白光 LED 显色指数越高;而对于同一白光 LED 而言,随着工作电流的增加,显色指数只有微小的增加或不变。但与 Ce:YAG 晶片不同的是,Pr^{3+} 的掺入对白光 LED 发光效率产生了较大的影响。在相同的工作电流下,三种不同厚度晶片制备的白光 LED 发光效率几乎相同,相差极小,而且三者随电流的变化趋势近似相同。

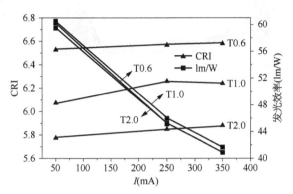

图 5-13　Pr, Ce:YAG 晶片制备的白光 LED 显色指数和发光效率

图 5-14 是 Pr,Ce:YAG 三种不同晶片制备的白光 LED 相关色温。在相同的工作电流下,随着晶片厚度的增加,白光 LED 的相关色温显著降低;电流的改变对相关色温的影响并不大,当电流从 50 mA 增加到 350 mA,T0.6 样品 LED 的相关色温仅仅从 4 829 K 升高到 4 922 K,而 T2.0 样品 LED 的相关色温甚至有所降低,从 4 315 K 降到 4 236 K。

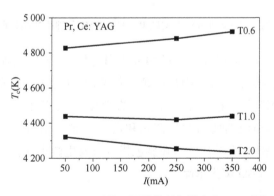

图 5-14　Pr, Ce:YAG 三种不同晶片制备的白光 LED 的相对色温

图 5-15 是在同一驱动电流($I=350$ mA)下测试 Pr, Ce:YAG 三种晶片结构白光 LED 样品的 EL 光谱图。从图 5-15 中可以观察到,在红光区域存在一个明显的锐发射峰,它是 Pr^{3+} 的特征红光发射峰。此外,随着晶片厚度的增加,白光 LED 发光中的蓝光成分显著减少,这也使得白光的色坐标向黄光区偏移,加上 Pr^{3+} 发射出的红光,促使白光 LED 的色温随之显著降低。

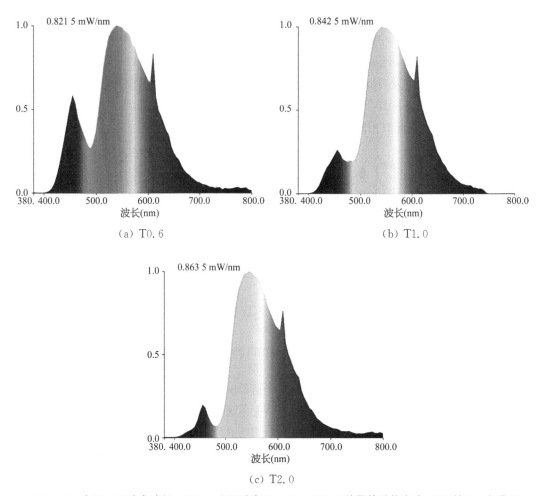

图 5‑15　在同一驱动电流(I＝350 mA)下测试 Pr，Ce：YAG 三种晶片结构白光 LED 的 EL 光谱图

在同一工作电流下，不同厚度晶片的白光 LED 随着厚度的增加，Ce^{3+} 发光中心的数量也随着增加，剩余蓝光减少，而发射出的黄光却增加，这造成了蓝光和黄光的配比失衡，同时 Pr^{3+} 也发射出少量的红光，色坐标往长轴方向偏移，显色指数和相关色温随之降低。对于同一只白光 LED，电流的增加对其蓝光和黄光的输出比例没有太大的改变，其色坐标也仅仅出现微量的偏移，所以其色温和显色指数仅发生微小变化。

5.5.2　Sm，Ce：YAG 荧光单晶

5.5.2.1　光学性能

图 5‑16 为 Sm，Ce：YAG 晶体的 XRD 图，从图中可以看到，样品的衍射峰与标准卡（JCPDS No. 33‑0040）一致，说明 Sm^{3+}、Ce^{3+} 的共掺杂并没有影响 YAG 的晶相结构。

图 5‑17 为 Sm，Ce：YAG 晶体的吸收光谱图。从图中可以观察到，在 223 nm、340 nm、460 nm 处有 3 个 Ce^{3+} 的特征吸收峰，这是因为 Ce^{3+} 的 4f 基态到 5d 激发态能级之间的跃迁。从图中还可以看出，Sm^{3+} 的掺杂没有影响 Ce^{3+} 对蓝光的吸收，Sm，Ce：YAG 单晶荧光材料能够有效地吸收蓝光 LED 芯片发射的蓝光，与蓝光芯片相匹配。

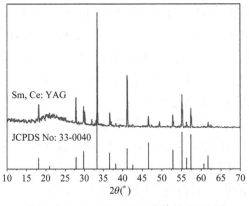

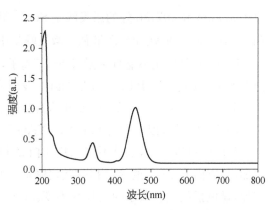

图 5-16　Sm，Ce：YAG 晶体的 XRD 图　　　　图 5-17　Sm，Ce：YAG 晶体的吸收光谱图

图 5-18 为 Sm，Ce：YAG 晶体的荧光光谱图。从图中可以看到，Sm，Ce：YAG 晶体除了有发光中心位于 528 nm 处的 Ce^{3+} 的特征发射峰外，在 615 nm 处还存在一个较弱的发射峰，它是 Sm^{3+} 的特征发射峰，对应 Sm^{3+} 的 $^4G_{5/2} \rightarrow {}^6H_{7/2}$ 能级间的跃迁（图 5-19）。另外，对比 Ce：YAG 和 Sm，Ce：YAG 样品的发射图谱可以发现，在 570 nm 左右还隐约存在一个肩峰，它属于 Sm^{3+} 的 $^4G_{5/2} \rightarrow {}^6H_{5/2}$ 跃迁（见插图）。这两个发射峰的存在使 Sm，Ce：YAG 单晶荧光材料的发射峰在红光区域得到较大的扩展，增加红光的发射，可在一定程度上增加白光 LED 的显色性。

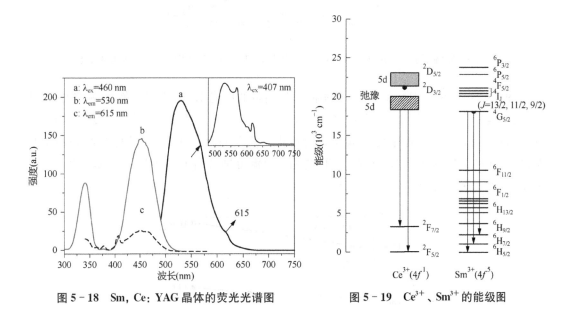

图 5-18　Sm，Ce：YAG 晶体的荧光光谱图　　　　图 5-19　Ce^{3+}、Sm^{3+} 的能级图

图 5-18 中，谱线 b 和 c 分别是以 530 nm 和 615 nm 为监测波长所测的 PLE 光谱。从谱线 b 上可以看到，监测波长为 530 nm 时，PLE 光谱是强 Ce^{3+} 的特征宽带激发峰，最强峰高分别位于 340 nm 和 460 nm 处，对应 Ce^{3+} 的 4f→5d 能级跃迁。监测波长为 615 nm 时，PLE 光谱中存在 4 个激发峰，分别位于 340 nm、377 nm、407 nm、460 nm 处。其中，

位于 377 nm 和 407 nm 处的激发峰是 Sm^{3+} 的特征激发峰,分别对应 Sm^{3+} 的 $^6H_{5/2}\rightarrow{}^4L_{17/2}$ 和 $^6H_{5/2}\rightarrow{}^4K_{11/2}$ 的跃迁。而最强的激发峰是中心位于 460 nm 处的 Ce^{3+} 的特征激发峰,由于 460 nm 的单色光不能直接激发 Sm^{3+} 离子,这说明 Ce^{3+} 离子能够将能量传递给 Sm^{3+},使得 Sm^{3+} 发光。位于 615 nm 处的红光发射来自 Ce^{3+} 的能量传递,与文献研究一致。

5.5.2.2　Sm,Ce:YAG 晶片结构白光 LED 的光色电性能

图 5-20 是室温下测得 Sm,Ce:YAG 三种不同晶片的白光 LED 显色指数和发光效率。从图中可以看到,三种不同晶片的白光 LED 在相同的工作电流下,随着晶片厚度的增加,相应白光 LED 的显色指数随之降低;而对于同一白光 LED 而言,随着工作电流的增加,显色指数只有微小的增加或不变。Sm^{3+} 的掺入对白光 LED 发光效率产生了较大的影响。在相同的工作电流下,三种白光 LED 发光效率的变化趋势几乎相同,均随着驱动电流的增加而降低;在相同工作电流下,T2.0 样品的发光效率明显高于 T0.6 和 T1.0 样品。

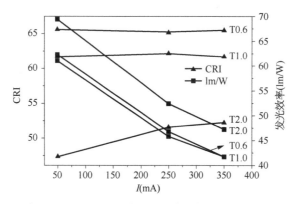

图 5-20　室温下测得 Sm,Ce:YAG 三种不同晶片制备的白光 LED 显色指数和发光效率

图 5-21 为 Sm,Pr:YAG 三种不同晶片制备的白光 LED 的相关色温,从图中可以观察到,晶片的厚度对色温的影响较大。在相同的工作电流下,随着晶片厚度的增加,白光 LED 的相关色温显著降低;电流的改变对相关色温的影响并不大,当电流从 50 mA 增加到 350 mA,T0.6 和 T1.0 样品 LED 的相关色温分别升高了 169 K 和 66 K,而 T2.0 样品 LED 的相关色温反而降低了 37 K。

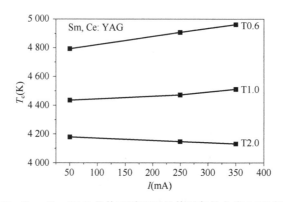

图 5-21　Sm,Ce:YAG 晶体三种不同晶片制备的白光 LED 相对色温

图 5-22 是在同一驱动电流($I=350\,\text{mA}$)下测试的 Sm，Ce：YAG 三种不同晶片结构白光 LED 样品的 EL 光谱图。从图中可以观察到，在红光区域存在一个较弱的发射锋，它是 Sm^{3+} 的 $^4G_{5/2}\rightarrow{}^6H_{7/2}$ 能级跃迁产生的红光发射峰。此外，由于 Ce^{3+} 掺杂浓度偏高，随着晶片厚度的增加，白光 LED 发光中的蓝光成分显著减少，蓝光与黄光的配比失衡，显色指数并没有因 Sm^{3+} 发射出红光而升高，反而因三基色光配比失衡而降低。蓝光的缺失也导致白光 LED 的色温随之显著降低。

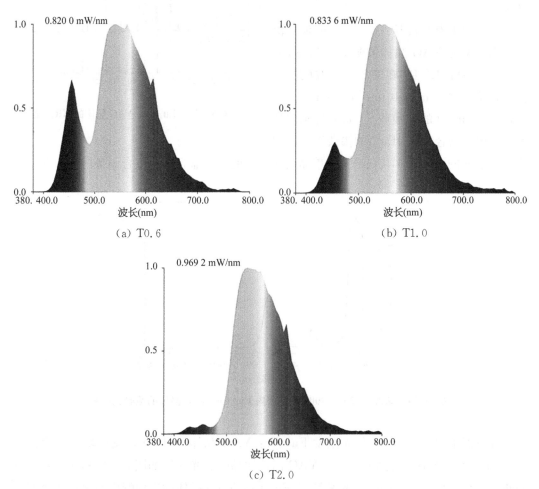

(a) T0.6　　　　　　　　　　　　(b) T1.0

(c) T2.0

图 5-22　在同一驱动电流($I=350\,\text{mA}$)下测试的 Sm，Ce：YAG 三种不同晶片结构白光 LED 的 EL 光谱图

出现以上现象的原因是，在同一工作电流下，不同厚度晶片的白光 LED 随着晶片厚度的增加，大量的蓝光被 Ce^{3+} 发光中心所吸收，剩余蓝光减少，发射出的黄光增加，蓝光和黄光的配比失衡，导致白光的色坐标往长轴方向偏移，显色指数和相关色温随之降低。对于同一个白光 LED，电流的增加对其蓝光和黄光的输出比例没有太大的改变，其色坐标也仅仅出现微量的偏移，故色温和显色指数仅发生微小变化。Sm^{3+} 掺杂的目的是增加红光发射，提高显色指数，但是蓝光的缺失导致 Sm^{3+} 本身的发光也比较微弱，其作用并不明显。

5.5.3　Eu, Ce：YAG荧光单晶

5.5.3.1　光学性能

图5-23为Eu, Ce：YAG晶体的XRD图,从图中可以看到,样品的衍射峰与标准卡(JCPDS No.33-0040)一致,说明Eu^{3+}、Ce^{3+}的共掺杂并没有影响YAG的晶相结构。

图5-24为室温下200~800 nm波长范围内Eu, Ce：YAG晶体的吸收光谱图,从图5-24中可以看到,在三个吸收波段的峰值分别位于228 nm、340 nm、460 nm处。其中,在460 nm处的强吸收与GaN蓝光芯片的发光中心吻合,所以Eu^{3+}的掺杂没有影响

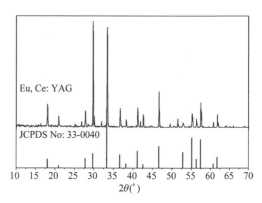

图5-23　Eu, Ce：YAG晶体的XRD图

Ce^{3+}对蓝光的吸收,Eu, Ce：YAG单晶荧光材料能够与蓝光芯片组合制备白光LED。

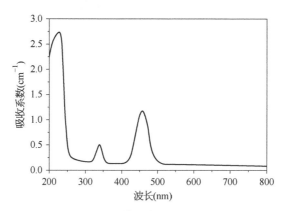

图5-24　室温下,200~800 nm范围内Eu, Ce：YAG晶体的吸收光谱图

在室温下以460 nm单色光激发Eu, Ce：YAG晶体样品,并以发射峰的峰值波长530 nm作为监测波长得到Eu, Ce：YAG晶体样品的荧光光谱如图5-25所示。和其他双掺杂晶体一样,在460 nm蓝光激发下,Eu, Ce：YAG晶体的发射峰中心也位于黄绿光区530 nm处,与上述两种掺杂离子不同的是,在发射光谱的红光区域并没有发现很明显的发射峰存在,也就是说,Eu^{3+}的掺杂并没有在红光区域形成有效的红光发射。其原因可能是晶体中Eu^{3+}的掺杂量较低,进入晶体中并取代Y^{3+}格位成为发光中心的Eu^{3+}较少,发光微弱,甚至被掩盖;另一方面,Eu^{3+}最外层的电子组态为$4f^6$,倾向于得到一个电子形成$4f^7$的半饱和状态,而Ce^{3+}最外层的电子组态为$4f^1$,容易失去一个电子形成最外层全满的稳定状态,在晶体中Eu^{3+}可以与Ce^{3+}易发生以下反应:

$$Eu^{3+} + Ce^{3+} \longrightarrow Eu^{2+} + Ce^{4+}$$

从而对 Ce^{3+} 离子的发光产生猝灭效应,同时也使得 Eu^{3+} 自身不再发光;此外,由于波长为 460 nm 的光不能直接激发 Eu^{3+} 发光,同时受激发的 Ce^{3+} 与 Eu^{3+} 之间可能没有能量传递,也会使得 Eu^{3+} 无法发射出红光。所以在图 5-25 中无法观察到 Eu^{3+} 的红光发射。

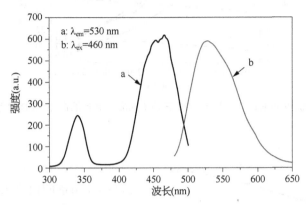

图 5-25 以发射峰的峰值波长 530 nm 作为监测波长得到 Eu,Ce:YAG 晶体的荧光光谱图

图 5-26 为波长 395 nm 的单色光激发得到 Eu,Ce:YAG 的发射光谱图。从图中可以看出,在 528 nm、594 nm、609 nm、631 nm 处有 4 个发射峰存在,其中 528 nm 处的发射峰是 Ce^{3+} 特有的宽带发射峰,而 594 nm、609 nm、631 nm 处的峰则是 Eu^{3+} 的特征发射峰,分别对应于 Eu^{3+} 的 $^5D_0 \rightarrow {}^7F_1$,$^5D_0 \rightarrow {}^7F_2$ 的跃迁。这也说明 Eu^{3+} 顺利地进入晶格中并能够形成发光中心,其被 460 nm 蓝光激发而不能发光的原因在于被激发的 Ce^{3+} 不能将能量传递给 Eu^{3+}。

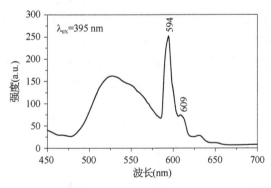

图 5-26 λ_{ex}＝395 nm 的单色光为激发波长得到 Eu,Ce:YAG 晶体的发射光谱图

5.5.3.2 Eu,Ce:YAG 晶片结构白光 LED 的光色电性能

Eu 元素具有[Xe]$4f^76s^2$ 的核外电子层结构,其 $^5D_0$ 到 4f 基态的跃迁能够产生丰富的红光发射,故通过 Eu^{3+}、Ce^{3+} 的共掺杂弥补 Ce^{3+} 发光缺乏红光成分的不足。图 5-27 为室温下测得的 Eu,Ce:YAG 晶体三种不同晶片的白光 LED 显色指数和发光效率,T0.6、T1.0、T2.0 分别表示所使用的晶片为 0.6 mm、1.0 mm、2.0 mm。

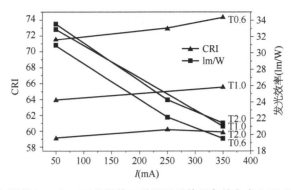

图 5-27　室温下测得的 Eu，Ce：YAG 晶体三种不同晶片制备的白光 LED 显色指数和发光效率

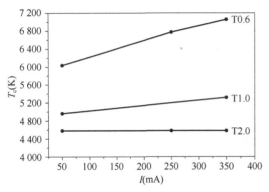

图 5-28　Eu，Ce：YAG 晶体三种厚度晶片制备的白光 LED 的相对色温

图 5-28 为 Eu，Ce：YAG 晶体三种厚度晶片制备的白光 LED 相对色温。图 5-29 为在同一驱动电流（$I = 350\text{ mA}$）下测试的 Eu，Ce：YAG 三种不同晶片结构白光 LED 的 EL 光谱图。其显色指数受晶片厚度及工作电流变化的影响规律与三种晶体相似，即白光 LED 的显色指数和色温随着晶片厚度的增加而显著降低；同样，工作电流的改变对显色指数和色温的影响很小。Eu^{3+} 的掺入对白光 LED 的显色指数有一定的提高，但是也导致了白光 LED 发光效率迅速降低。电流的改变对发光效率的影响较为明显，随着电流的增加，白光 LED 的发光效率降低。另外，由于 Eu^{3+} 的掺杂，白光 LED 发射的白光中蓝色成分有所增加，但随着晶片厚度的增加，蓝光成分依然呈缺乏状态，蓝光、黄光配比不理想；同时，Eu^{3+} 在红光区域并没有形成有效的红光发射，与预想结果有所出入。

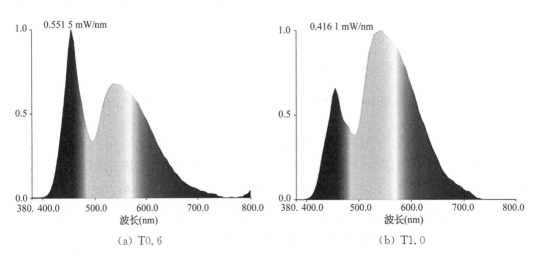

（a）T0.6　　　　　　　　　　　　　（b）T1.0

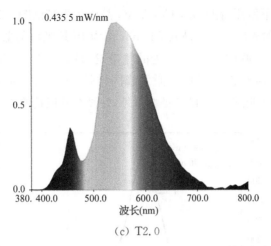

（c）T2.0

图 5-29 在同一驱动电流（$I=350\,\text{mA}$）下测试的 Eu, Ce：YAG 晶片结构白光 LED 的 EL 光谱图

分析以上现象可知，白光 LED 的显色指数随晶片厚度的增加而降低。其原因在于 Ce^{3+} 的掺杂浓度过高，蓝光与黄光比例失衡，导致显色指数降低、色温降低。蓝光芯片的发光效率随工作电流的升高而降低是导致白光 LED 发光效率随电流升高而降低的主要原因。

5.5.4 Gd, Ce：YAG 荧光单晶

5.5.4.1 光学性能

图 5-30 为 Gd, Ce：YAG 晶体的 XRD 图，从图中可以看出，样品的衍射峰与标准卡（JCPDS No. 33-0040）一致，说明 Gd^{3+}、Ce^{3+} 的共掺杂并没有影响 YAG 的晶相结构。

图 5-31 为室温下 Gd, Ce：YAG 晶体在 $200\sim800\,\text{nm}$ 范围内的吸收光谱，图中 $200\sim550\,\text{nm}$ 段存在 4 个吸收峰，它们同为 Ce^{3+} $4f\rightarrow5d$ 能级跃迁产生的吸收，与 Ce：YAG 晶体吸收有所不同的是在 276 nm 处出现了一个吸收峰，出现吸收峰的原因可能是由于生长晶体过程中形成的缺陷造成的晶体自吸收。

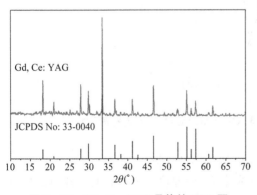

图 5-30 Gd, Ce：YAG 晶体的 XRD 图

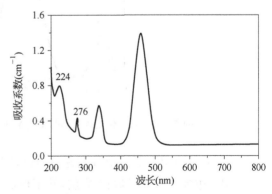

图 5-31 室温下 Gd, Ce：YAG 晶体在 $200\sim800\,\text{nm}$ 范围内的吸收光谱图

图 5-32 为室温下所测得的 Gd, Ce：YAG 晶体荧光光谱图。其中，发射光谱的激发波长为 460 nm，以发射光谱的主峰波长 540 nm 作为 PLE 光谱的监测波长。从图中可以看出，发射光谱是一个主峰位于 540 nm 处的宽带发射峰，是 Ce^{3+} 5d→4f 能级间的跃迁，是 Ce^{3+} 的特征发射。而 PLE 光谱中的激发峰同样是 Ce^{3+} 4f→5d 能级跃迁的特征激发峰。从图中还可以发现，除了 Ce^{3+} 的特征峰以外，并没有发现其他离子的特征荧光峰存在。

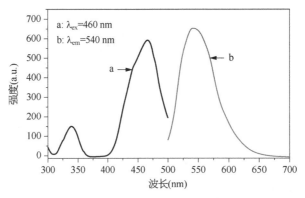

图 5-32 室温下测得 Gd, Ce：YAG 晶体的荧光光谱图

图 5-33 为经过归一化处理后 Ce：YAG 和 Gd, Ce：YAG 晶体材料的荧光光谱图。比较这两种晶体的荧光光谱图可以发现，Gd, Ce：YAG 晶体的发射光谱相对于 Ce：YAG 晶体来说发生了红移，发射峰中心从 528 nm 红移到 540 nm，但是两者的 PLE 光谱几乎完全相同。这主要是由于晶体中 Gd^{3+} 取代 Y^{3+} 格位后，并不形成发光中心，只是改变了 Ce^{3+} 周围的晶体场。当 Gd^{3+} 取代 Y^{3+} 后，会使晶格扩大，这将进一步影响 Ce^{3+}，使其最低 5d 能级变得更低，从而使得其发射光发生红移。

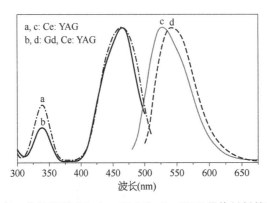

图 5-33 归一化处理后 Gd, Ce：YAG 和 Ce：YAG 晶体材料的荧光光谱图

5.5.4.2 Gd, Ce：YAG 晶片结构白光 LED 的光色电性能

Gd^{3+} 作为基质离子取代 Y 位，并不形成发光中心，取厚度 0.6 mm 的晶片（以 T0.6 表示）测试晶片与蓝光芯片组合的白光 LED 的光色电性能。Gd, Ce：YAG 晶片结构的白光 LED 光色电性能参数见表 5-4。

表 5 - 4　Gd, Ce：YAG 晶片结构的白光 LED 光色电性能参数

工作电流 I(mA)	显色指数	色温 T_c(K)	发光效率 η(lm/W)	色坐标 (x, y)
50	61.2	3 661	53.39	(0.434 7, 0.498 2)
250	60.5	3 663	41.29	(0.425 2, 0.470 7)
350	60.8	3 660	36.72	(0.423 8, 0.465 9)

从表 5 - 4 中可以看出,工作电流的变化对 Gd, Ce：YAG 晶体 T0.6 样品 LED 的显色指数、相关色温及色坐标影响很小,对发光效率有较大的影响。其原因是对于同一白光 LED,其晶片中所含有 Ce^{3+} 浓度是一定的,在不同工作电流下,吸收蓝光的效率相同,发出的白光中蓝光与黄光的比例也相同,所以显色指数、相关色温及色坐标近似相同。而电流的改变直接影响蓝光芯片的发光效率,进而影响白光 LED 的发光效率。

图 5 - 34 为 T1.0 白光 LED 的发光光谱图,从图中可以看到,Gd^{3+} 的掺杂使 Ce^{3+} 的发光红移,使得其发光光谱在红光区域得到较大的扩展,增加了白光 LED 发射白光中的红光成分,能够在一定程度上弥补 Ce^{3+} 发光缺乏红光的不足,提高显色性能。但是,由于晶体中 Ce^{3+} 浓度过高,使得大量的蓝光被吸收,蓝光与黄光比例不适当,导致显色指数不理想。同时,发光主峰中心 577 nm 位于黄绿光波段,因此其相对色温很低。

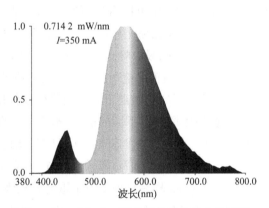

图 5 - 34　Gd, Ce：YAG 晶片结构的白光 LED 的发光光谱图

5.6　Mn：YAG 及 Mn, Ce：YAG 单晶荧光性能

5.6.1　Mn：YAG 及 Mn, Ce：YAG 单晶物相结构分析

图 5 - 35 为 Mn：YAG 和 Mn, Ce：YAG 单晶的 XRD 图,从图中可知,粉末样品各晶面的衍射峰位置均与 YAG 标准卡片(JCPDS No. 33 - 0040)吻合,说明 Mn^{2+}、Ce^{3+} 的掺入并没有影响 YAG 晶相结构,主晶相仍然是 YAG 晶相,满足 LED 用单一光传播介质的前提条件,消除了不同晶相间的界面影响。而 Mn：YAG 和 Mn, Ce：YAG 的单晶片样品则表现出了良好的取向性,其 XRD 图均是由(400)和(800)两个晶面的衍射峰组成的,这与单晶的生长方向相符,并且单晶片的 XRD 图没有其他非晶面族的晶面衍射峰,也证明了生长的单晶结晶质量完好。

YAG、Ce：YAG、Mn：YAG 和(Mn, Ce：YAG)单晶在室温下的吸收光谱如图 5 - 36 所示。

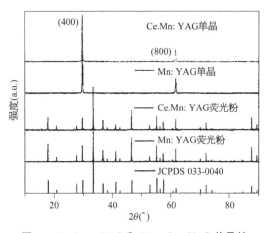

图 5-35　Mn：YAG 和 Mn，Ce：YAG 单晶的 XRD 图

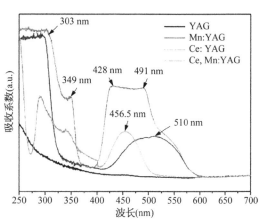

图 5-36　YAG、Ce：YAG、Mn：YAG 和（Mn，Ce：YAG）单晶的吸收光谱图

从图 5-36 中可以看出，纯 YAG 样品的吸收强度随检测波长的减小而缓慢增加；Mn：YAG 样品在绿光和紫外区域有明显的吸收峰，分别是 510 nm 左右的宽吸收峰和 300 nm 以下的强吸收峰；Ce：YAG 样品则在 456.5 nm 位置有一个宽吸收峰，这是受晶体场影响激发态轨道的能级产生分裂而形成的。而 Mn^{2+} 的 3d 壳层处于外部，受晶体场影响较大，d 电子所在轨道不同受到晶体场作用的强弱也不同，结果会产生 d 轨道的能级分裂，而在晶体场作用下形成能带，故 Mn^{2+} 的吸收峰也是宽峰。Ce^{3+} 的特征吸收峰，对应 4f 基态 $^2F_{5/2}$ 到 5d 激发态子能级之间的跃迁吸收。与 Ce^{3+} 的吸收峰相比，Mn^{2+} 在 450～550 nm 的吸收带更加宽，覆盖了整个绿光区，两者吸收带重叠的最高位置对应 470 nm。Mn，Ce：YAG 样品呈现了一个重叠的宽吸收带，是由 Ce^{3+} 4f 基态 $^2F_{5/2}$ 到 5d 激发态子能级跃迁和 Mn^{2+} 在 $^6A_1 \rightarrow ^4T_2$，$^4T_1$ 之间的能级跃迁共同作成，同时在白光 LED 的应用方面，更宽的吸收峰代表了更好的适应性和应用的多样性。

如图 5-37 为 Mn，Ce：YAG 单晶的 PL 光谱和 PLE 光谱图。在监测波长 531 nm 条件下，激发光谱显示在 342 nm 和 460 nm 处有较强的宽带激发峰，均对应 Ce^{3+} $^2F_{5/2}$ 到

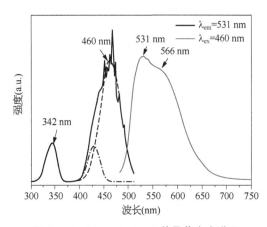

图 5-37　Mn，Ce：YAG 单晶荧光光谱图

5d 的能级跃迁，342 nm 处的激发峰相对较弱。408 nm、440 nm 处较弱激发峰与 460 nm 处的激发峰分别对应 Mn^{2+} 的 $^6A_1 \rightarrow ^4A_1$ 和 $^6A_1 \rightarrow ^4T_2$ 能级跃迁；449 nm、456 nm、459 nm 和 467 nm 处的尖锐激发峰属于活化中心 Mn^{2+} 的能级跃迁。在 YAG 立方晶场的作用下，Mn^{2+} 耦合激发态中的 d 电子分布在 T_{2g} 轨道和 E_g 轨道，这时基态的电子排布为 $(T_{2g})_3(E_g)_2$。八面体对称群（Ob）中的这种排布导致了电子态 $^6A_{1g}$、$^4A_{1g}$、^4E_g 和 $^4T_{1g}$ 的产生。根据 Hund 规

则,处于最低能级的$^6A_{1g}$会产生许多双重态。由于所有激发态的Mn^{2+}(属于 d5 组态)为四重态或双重态,Mn^{2+}的发光只能来源于其自旋禁戒跃迁。

5.6.2 Mn:YAG 及 Mn,Ce:YAG 单晶晶片结构白光 LED 的光色电性能

图 5 - 38 为 Ce:YAG、Mn:YAG 和 (Mn,Ce:YAG)晶体封装器件的 EL 光谱图,在搭配有发光波长为 455 nm 蓝光芯片的 Ce:YAG、Mn:YAG 和(Mn,Ce:YAG)的 EL 光谱中,并未检测到 Mn:YAG 在可见光区有足够强的发光,而 Ce:YAG 则体现了发光中心波长为 530 nm 的黄绿光,Mn,Ce:YAG 除了在 530 nm 有着 Ce^{3+} 的发光峰,在 566 nm 处发光曲线证明了 Mn,Ce:YAG 中 Mn^{2+} 仍然有一定的发光,566 nm 的黄光对提高 LED 发光效率和显色指数有巨大作用。

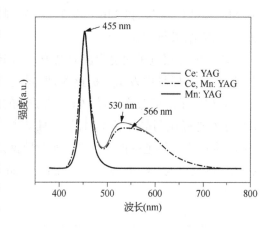

图 5 - 38　Ce:YAG、Mn:YAG 和(Mn,Ce:YAG) 晶体封装器件的 EL 光谱图

Ce^{3+}、Mn^{2+} 的能级如图 5 - 39 所示。在 Mn,Ce:YAG 晶体中,一方面,Ce^{3+} 取代具有 D_2 对称性的 Y^{3+} 格位,Ce^{3+} 的基态由于自旋偶合而劈裂为 $^2F_{5/2}$ 和 $^2F_{7/2}$ 双重态。4f 能级被屏蔽,受晶体场作用小,而 5d 电子的径向波函数位于 $5s^2 5p^6$ 壳层之外,5d 态会受到晶体场的强烈影响。在晶体场作用下,4f 与 5d 能级之间的间距会变小,5d 态发生能级分裂,分裂的能级在晶体场作用下形成能带。另一方面,Mn^{2+} 的 3d 壳层处于外部,受晶体场影响较大,d 电子所在的轨道不同,受到晶体场作用的强弱也不同,会产生 d 轨道的能级分裂。Ce^{3+} 的 $5d^1$ 能级位置高于 Mn^{2+} 的 $^4T_1$ 能级,使 YAG 基质中 Ce^{3+} 和 Mn^{2+} 之间的能量传递成为可能。

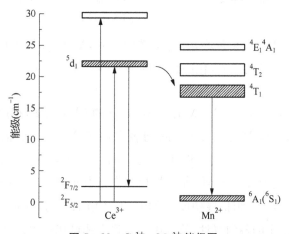

图 5 - 39　Ce^{3+}、Mn^{2+} 能级图

当用 460 nm 蓝光激发 Ce^{3+} 时,电子从 4f 基态跃迁到 5d 激发态后,又从 5d 激发态宽能带跃迁回 4f 基态的 $^2F_{7/2}$ 和 $^2F_{5/2}$ 能级,发射出宽带谱的黄光。由于 Ce^{3+} 的 5d 激发态能带高于 Mn^{2+} 的 $^4T_1$ 能级,部分能量从 Ce^{3+} 的 5d 激发态能级通过非辐射跃迁的形式传递到 Mn^{2+} 的 $^4T_1$ 能级,以 Mn^{2+} 的 $^4T_1 \rightarrow {}^6A_1$ 能级之间自旋禁阻跃迁产生峰值在 566 nm 的发光,研究结果与文献一致。

Ce^{4+} 的外层电子轨道为成对电子,在 EPR 检测中不会有检测信号,而 Ce^{3+} 具有单电子轨道,能在磁场中发出共振谱线,但同其他 +3 价镧系元素一样,其 $4f^n$ 层电子未充满,受到外层电子的屏蔽作用,故 Ce^{3+} 感受到的晶体场都是弱场。Mn^{2+} 作为过渡金属离子,d 电子在外壳层与晶体场作用很强,且 d 电子所在的轨道不同,受到晶体场作用的强弱也不同,会产生 d 轨道的能级分裂。实验数据是在室温条件下测得,测试频率为 9.860 3 Hz、扫描磁场范围为 2 000~6 000 G。测试样品为粉末状固体,测试载具为直径 1 mm 的毛细玻璃管。

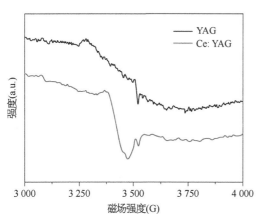

图 5-40 为室温条件下测得的 YAG 和 Ce：YAG 晶体粉末样品的 EPR 谱图,从图中可以看出,两条 EPR 谱线的趋势大致相同,而在磁场强度为 3 482 G 处,Ce：YAG 样品的谱线强度明显增高,但 Ce^{3+} 的特征峰应该出现在 3 550 G 处,图中并没有 Ce^{3+} 的特征峰,原因是对于含奇数个电子的稀土离子,其分裂后的最低能级一定是个 Kramer 二重简并态。但由于它有较大的自旋轨道耦合作用,通常必须在温度低于 20 K 才能观测到 EPR 谱。测试采用的是常温测试,故没有体现 Ce^{3+} 的特征谱。而 3 482 G 处谱线增强的原因可能是由于

图 5-40 室温条件下测得 YAG 和 Ce：YAG 晶体粉末样品的 EPR 谱

Ce^{3+} 的掺杂在 YAG 中形成了色心,并且文献中提到,YAG 晶体中掺杂金属离子会在磁场强度为 3 484 G 左右出现色心,色心位置的谱线强度随着金属离子掺杂浓度的升高而增大。

图 5-41 为 Mn：YAG 和 Ce,Mn：YAG 晶体的 EPR 谱图,相比于图 5-40 的 YAG 谱图,Mn：YAG 和 Ce,Mn：YAG 样品均表现出了 Mn^{2+} 特征谱的超精细结构。图 5-41 的小图给出了从 3 190 G 到 3 620 G 标注 a 的 6 条强线,这 6 条强线是在自旋量子数 $I = 5/2$ 时,由 Mn^{2+} 电子云与 55Mn 原子核相互作用引起的,以强线为中心两侧各有一强一弱共五条线为一组,这六组谱线构成了 Mn^{2+} 的超精细结构,且对于 Mn^{2+} 来说,在超精细耦合方面显示出很小的各向异性,故采用多晶粉末测试仍然可以观察到 Mn^{2+} 的超精细结构,说明在晶体中 Mn^{2+} 是 +2 价的。

在 YAG 晶体中,Y^{3+} 周围由 8 个 O^{2-} 配位形成十二面体,Al^{3+} 则分别处在 6 个 O^{2-}

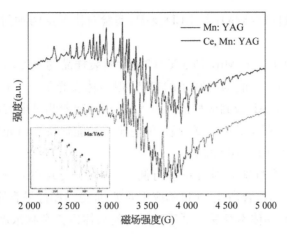

图 5-41 Mn：YAG 和 Ce，Mn：YAG 晶体的 EPR 谱

配位的八面体和 4 个 O^{2-} 配位的四面体中心，而掺杂稀土及过渡元素后，Ce^{3+} 和 Mn^{2+} 分别取代了 YAG 晶体中的 Y^{3+} 格位和 Al^{3+} 格位，8 配位 Y^{3+} 半径为 0.089 3 nm，8 配位 Ce^{3+} 半径为 0.103 4 nm，6 配位 Al^{3+} 半径为 0.053 nm，6 配位 Mn^{2+} 半径为 0.067 nm，8 配位 Mn^{2+} 半径为 0.096 nm。若 Mn^{2+} 取代 Al^{3+} 位置，则掺杂元素的离子半径均大于被取代离子，且由于 Mn^{2+} 和 Al^{3+} 的电荷 $q(Mn^{2+}) < q(Al^{3+})$，离子半径差异和晶体场中静电库仑力的双重作用下使 Ce^{3+} 和 Mn^{2+} 周围的配位 O^{2-} 电子云发生膨胀，引起局域晶格畸变。若 Mn^{2+} 取代 Y^{3+} 位置，则由于 Mn^{2+} 半径更小而更容易进行取代，在取代后仍然保持 +2 价，这与文献研究一致。

5.6.3 Mn，Ce：YAG 单晶白光 LED 的光电性能

对已经生长的 Mn，Ce：YAG 单晶进行不同尺寸的切割，并封装成 LED 灯珠进行测试，不同厚度的 Mn，Ce：YAG 单晶光电参数的比较见表 5-5。

表 5-5 不同厚度 Mn，Ce：YAG 光电参数的比较

封装类型	厚度（mm）	光通量（lm）	色坐标（x，y）	色温（K）	显色指数
Mn，Ce：YAG 晶片＋LED 芯片	0.2	9.867	0.305 1，0.323 3	6 995	70.3
	0.3	10.436	0.327 5，0.363 4	5 696	67.1
	0.4	10.152	0.345 0，0.389 8	5 101	68.9
	0.5	13.046	0.414 3，0.477 7	3 867	64.6

随着样品厚度的增加，光通量呈上升趋势，从 9.867 lm 上升至 13.046 lm；色坐标 x、y 值均有增加，从位于白光区域的（0.305 1，0.323 3）变化至黄绿光区域的（0.414 3，0.477 7）；色温则从 6 995 K 逐渐下降至 3 867 K，因为样品厚度增加，发射的黄光增加，整个光谱中黄光成分增多，进而色温下降；同时显色指数呈下降趋势，这是因为光谱中蓝光比例随样品厚度增加而减少，进而降低了蓝光的显色能力，造成了整体显色指数的下降。

将 Mn，Ce：YAG 封装成灯珠，一种是直接将晶片嵌入 LED 支架凹槽中，另一种是

采用 AB 胶做透明载体黏结晶片与 LED 支架,实验对比了这两种封装形式对白光 LED 色坐标的影响。

通过对不同测试电流下 Mn, Ce：YAG 晶片封装样品的色度图分析,可知随着测试电流的增大,色坐标 x、y 值均有减小的趋势,但整体发光仍处于白光区间。通过对比 Mn, Ce：YAG 晶片和 AB 胶封装样品的色度图可知,随着测试电流的增大,不论是否添加 AB 胶或改变电流,Mn, Ce：YAG 晶片的色坐标均能保持在白光区域内,体现了良好的白光性能,满足白光 LED 照明需求。

实验封装了 200 个灯珠并对灯珠进行测试,大部分灯珠的色坐标满足 $0.29 < x < 0.32$、$0.31 < y < 0.35$,符合白光 LED 的应用要求,而分布图像呈直线排布则受到两方面因素的影响：一方面,晶体本身受分凝系数影响使晶体内掺杂物浓度随生长长度而逐渐增大,反映在色度图上即呈线性变化；另一方面,受晶体切割和封装技术的影响,每一个封装的 LED 灯珠并不能保证完全相同,所以反映在色度图上个别数据偏差较大。

分别将生长晶体 Ce：YAG、Sm, Ce：YAG、Mn, Ce：YAG 晶体与蓝光芯片匹配,测试光电性能,取每种晶体的最佳值(不考虑晶体掺杂浓度、切片厚度晶体本身因素,在相同电流下测试)进行比较,不同晶体光电性能比较见表 5-6。

表 5-6 不同晶体光电性能的比较

晶体	发光光效(lm/W)	显色指数	色坐标(x, y)	黑体辐射线
Ce：YAG	110.13	70.0	0.338 0, 0.422 9	偏离多
Sm, Ce：YAG	98.837	71.1	0.299 1, 0.320 0	偏离少
Mn, Ce：YAG	93.921	72.1	0.310 3, 0.320 7	在线上

结果发现,Sm 和 Mn 的存在使发光光效下降,但显色指数提高,白光性能加强,表明 Sm、Mn 元素掺杂后,在 YAG 晶体场内 Ce 与 Sm、Ce 与 Mn 之间确实进行了离子的能量传递,实现红光补偿作用,提升白光 LED 的发光品质,如能够进一步优化,找到发光效率与显色指数匹配较好的平衡点,将推进白光 LED 的发展。

参考文献

[1] Tsunemasa T. Present Status of White LED Lighting Technologies in Japan [J]. Journal of Light & Visual Environment, 2004, 27(3)：131 - 139.

[2] Nakamura S, Pearton S J, Fasol G. The Blue Laser Diode [M]. Berlin：Springer Berlin Heidelberg, 1997.

[3] Su L, Tok A, Zhao Y, et al. Synthesis and Electron Phonon Interactions of Ce^{3+}-Doped YAG Nanoparticles [J]. Journal of Physical Chemistry C, 2009, 113(15)：5974 - 5979.

[4] Shannon R D. Revised effective ionic radii and systematic studies of interatomic distances in halides and chalcogenides [J]. Acta Crystallographica Section A, 1976, 32(5)：751 - 767.

[5] Giesting P A, Hofmeister A M. Thermal conductivity of disordered garnets from infrared

spectroscopy [J]. Physical Review B, 2002,65(14): 144305.

[6] Lan C. Three-dimensional simulation of floating-zone crystal growth of oxide crystals [J]. Journal of Crystal Growth, 2003,247(3): 597 - 612.

[7] Merz K, Brown W, Kirchner H P. Thermal-Expansion Anisotropy of Oxide Solid Solutions [J]. Journal of the American Ceramic Society, 2010,45: 531 - 537.

[8] Xu X, Zhao Z, Xu J, et al. Thermal diffusivity, conductivity and expansion of $Yb_{3x} Y_{3(1-x)} Al_5 O_{12}$ ($x=0.05$, 0.1 and 0.25) single crystals [J]. Solid State Communications, 2004,130(8): 529 - 532.

[9] Linares R. Growth of garnet laser crystals [J]. Solid State Communications, 1964,2(8): 229 - 231.

[10] Fan T Y, Byer R L. Diode laser-pumped solid-state lasers [J]. Science, 1988,239(4841): 742 - 747.

[11] Ikesue A, Kamata K, Yoshida K. Effects of Neodymium Concentration on Optical Characteristics of Polycrystalline Nd: YAG Laser Materials [J]. Journal of the American Ceramic Society, 2010, 79(7): 1921 - 1926.

[12] Fasol, Nakamura S, And S P. The Blue Laser Diode. The Complete Story [J]. Measurement Science & Technology, 2001,12(6): 755 - 756.

[13] Lin Y H, You J P, Lin Y C, et al. Development of High-Performance Optical Silicone for the Packaging of High-Power LEDs [J]. IEEE Transactions on Components & Packaging Technologies, 2010,33(4): 761 - 766.

[14] 苏锵,谢鸿波,方福波,等. 一种 YAG 晶片式白光发光二极管及其封装方法: CN200510102388.7 [P]. 2008.

[15] 邹玉林,王涛,刘娇,等. 一种将单晶体用于白光 LED 的制作方法: CN201010219439.5 [P]. 2010.

[16] 陆神洲,杨秋红,徐峰,等. 基于 Ce: YAG 单晶的白光发光二极管性能研究[J]. 光学学报,2012(3): 254 - 259.

[17] 华伟,向卫东,董永军,等. 白光 LED 用新型 Ce, Pr 掺杂的 YAG 单晶荧光材料的光谱性能研究 [J]. 光子学报,2011,40(6): 907 - 911.

[18] Latynina A, Watanabe M, Inomata D, et al. Properties of Czochralski grown Ce, Gd: $Y_3 Al_5 O_{12}$ single crystal for white light-emitting diode [J]. Journal of Alloys & Compounds, 2013,553: 89 - 92.

[19] 华伟,向卫东,董永军,等. 白光 LED 用 Ce, Sm 共掺杂 YAG 单晶荧光材料的光谱性能[J]. 硅酸盐学报,2011,39(8): 1344 - 1348.

[20] 赵斌宇,梁晓娟,陈兆平,等. 白光 LED 用 Ce: YAG 单晶的光学性能与掺杂浓度分析[J]. 高等学校化学学报,2014,35(2): 230.

[21] Yang C, Gu G, Zhao X, et al. The growth and luminescence properties of $Y_3 Al_5 O_{12}$: Ce^{3+} single crystal by doping Gd^{3+} for W-LEDs [J]. Materials Letters, 2016,170(1): 58 - 61.

[22] 王鑫,赵广军,陈建玉. 白光 LED 用 Ce, Cr 共掺 $Y_3 Al_5 O_{12}$ 单晶发射光谱和能量转移研究[J]. 激光与光电子学进展,2011,48(10): 128 - 131.

[23] Jung K, Lee H. Enhanced luminescent properties of $Y_3 Al_5 O_{12}$: Tb^{3+} , Ce^{3+} phosphor prepared by spray pyrolysis [J]. Journal of Luminescence, 2007,126(2): 469 - 474.

[24] Pereira P, Matos M, Vila L, et al. Red, green and blue (RGB) emission doped $Y_3 Al_5 O_{12}$ (YAG) phosphors prepared by non-hydrolytic sol-gel route [J]. Journal of Luminescence, 2010,130(3): 488 - 493.

[25] 曹顿华,赵广军,董勤,等.提高掺铈钇铝石榴石晶体发光效率的退火方法：CN101545143B[P].2011.

[26] 娄天军,王天喜,谷永庆,等.YAG：Ce荧光粉体的柠檬酸盐分解法制备和表征[J].人工晶体学报,2007,36(4)：931-934.

[27] Wuister S F, DMD Celso, Meijerink A. Efficient energy transfer between nanocrystalline YAG：Ce and TRITC[J]. Physical Chemistry Chemical Physics, 2004,6(8)：1633-1636.

[28] Nishiura S, Tanabe S, Fujioka K, et al. Preparation and optical properties of transparent Ce：YAG ceramics for high power white LED[J]. Iop Conference, 2009,1：012031.

[29] 华伟.白光LED用RE,Ce：YAG(RE＝Pr,Sm,Eu,Gd)单晶荧光材料的制备及光学性能研究[D].温州：温州大学,2011.

[30] Zych E, Brecher C, Glodo J. Kinetics of cerium emission in a YAG：Ce single crystal：the role of traps[J]. Journal of Physics Condensed Matter, 2000,12(8)：1947.

[31] 黄朝红,张庆礼,周东方,等.Ce^{3+}：YAG单晶闪烁体的激发和发光特性[J].人工晶体学报,2003,32(4)：295-304.

[32] Wisniewska M, D Wisniewski, Wojtowicz A J, et al. Luminescence and scintillation properties of YAG：Pr[J]. IEEE Transactions on Nuclear Science, 2002,49(3)：926-930.

[33] Jang H, Im W, Dong C, et al. Enhancement of red spectral emission intensity of $Y_3Al_5O_{12}$：Ce^{3+} phosphor via Pr co-doping and Tb substitution for the application to white LEDs[J]. Journal of Luminescence, 2007,126(2)：371-377.

[34] Yang H, Kim Y. Energy Transfer-Based Spectral Properties of Tb$^-$, Pr$^-$, or Sm$^-$ Codoped YAG：Ce Nanocrystalline Phosphors[J]. Journal of Luminescence, 2008,128(10)：1570-1576.

[35] Nag A, Kutty T. Photoluminescence of $Sr_{2-x}Ln_xCeO_{4+x/2}$(Ln＝Eu, Sm or Yb) prepared by a wet chemical method[J]. Journal of Materials Chemistry, 2003,13(2)：370-376.

[36] Gong X, Liu L, Chan W, et al. Structures and fluorescence of nanocrystallines MSO_4：xSm^{3+} (M＝Ca, Sr, Ba；$x＝0.001\sim0.005$) with γ-ray irradiation[J]. Optical Materials. 2000；15：143-152.

[37] Kojima K, Kubo A, Yamashita M, et al. Optical Spectra of Sm^{3+} and Sm^{2+} in Chloride Glass[J]. Journal of Luminescence. 2000,87：697-705.

[38] He X, Zhou J, Lian N, et al. Sm^{3+}-activated gadolinium molybdate：an intense red-emitting phosphor for solid-state lighting based on InGaN LEDs[J]. Journal of Luminescence. 2010,130：743-750.

[39] Nazarov M, Noh D Y, Sohn J, et al. Influence of additional Eu^{3+} coactivator on the luminescence properties of $Tb_3Al_5O_{12}$：Ce^{3+}, Eu^{3+}[J]. Optical Materials, 2008,30(9)：1387-1392.

[40] Mukherjee S, Sudarsan V, Vatsa R, et al. Luminescence Studies on Lanthanide Ions(Eu^{3+}, Dy^{3+} and Tb^{3+}) Doped YAG：Ce Nano-Phosphors[J]. Journal of Luminescence, 2009,129(1)：69-72.

[41] Boyer D, Bertrand-Chadeyron G, Mahiou R. Structural and optical characterizations of YAG：Eu^{3+} elaborated by the sol-gel process[J]. Optical Materials, 2004,26(2)：101-105.

[42] 夏国栋,周圣明,张俊计,等.凝胶-燃烧法合成YAG：Eu^{3+}纳米荧光材料的结构和发光性能[J].无机化学学报,2005,21(8)：1203-1207.

[43] Kuklja M. Defects in yttrium aluminium perovskite and garnet crystals：atomistic study[J]. Journal of Physics Condensed Matter, 2000,12(13)：2953.

[44] Dong Y, Zhou G, Xu J, et al. Color centers and charge state change in Ce：YAG crystals grown by

temperature gradient techniques [J]. Journal of Crystal Growth. 2006,286(2): 476 – 480.

[45] Pan Y, Wang W, Liu G, et al. Correlation between structure variation and luminescence red shift in YAG: Ce [J]. Journal of Alloys & Compounds. 2009,488(2): 640 – 642.

[46] Kottaisamy M, Thiyagarajan P, Mishra J, et al. Color tuning of $Y_3Al_5O_{12}$: Ce phosphor and their blend for white LEDs [J]. Materials Research Bulletin, 2008,43(7): 1657 – 1663.

[47] Stout, J. Absorption Spectrum of Manganous Fluoride [J]. Journal of Chemical Physics, 1959,31 (3): 709 – 719.

[48] Noginov M, Loutts G, Warren M. Spectroscopic studies of Mn^{3+} and Mn^{2+} ions in $YAlO_3$ [J]. Journal of the Optical Society of America B, 1999,16(3): 475 – 483.

[49] Singh V, Chakradhar R, Rao J, et al. Green luminescence and EPR studies on Mn-activated yttrium aluminum garnet phosphor [J]. Applied Physics B, 2010,98(2): 407 – 415.

[50] Gedam S, Dhoble S, Moharil S. Dy^{3+} and Mn^{2+} emission in $KMgSO_4Cl$ phosphor [J]. Journal of Luminescence. 2007,124: 120 – 126.

[51] 黄海宇,向卫东,张志敏,等. Ce,Cr:YAG 微晶玻璃的制备及光谱性能研究[J]. 功能材料. 2012 (10): 67 – 70.

[52] Saab E, Abi-Aad E, Bokova M, et al. EPR characterisation of carbon black in loose and tight contact with Al_2O_3 and CeO_2 catalysts [J]. Carbon, 2007,45(3): 561 – 567.

[53] 徐元植. 实用电子磁共振波谱学[M]. 北京:科学出版社,2008.

[54] 孙琼丽,吴建平. YAG 晶体色心的 EPR 谱[J]. 光学学报. 1990,1: 14 – 18.

第 6 章

荧 光 陶 瓷

6.1 引言

LED 的重要发展趋势之一是高功率密度,这就对封装材料及技术提出更高要求,其中荧光材料是 LED 两大核心材料之一。传统的荧光粉胶封装,其稳定性差和高温光衰无法满足高功率 LED 要求。荧光陶瓷作为新型荧光材料,具有发光效率高、物化性能稳定、耐高温等优点,成为国内外 LED 材料研究热点之一。以国产粉体为原料,优化成型、烧结及后加工工艺,可制备出高质量 YAG:Ce^{3+} 透明荧光陶瓷,通过粉末 XRD、紫外可见透过谱、电镜观测和荧光光谱等测试手段,可分析出荧光陶瓷的物相、结晶形态、微结构及发光性质等。研究表明,荧光陶瓷不仅提高了高功率 LED 光源的高温物化性质和发光稳定性,而且可通过离子掺杂调控荧光陶瓷的发射光谱,与蓝光 LED 芯片封装实现高品质暖白发光。进一步开展新型荧光陶瓷封装 LED 的光源散热、出光设计,可大幅提升高功率 LED 照明的可靠性、发光效率和应用领域,实现差异化竞争,具有良好的市场前景。

荧光陶瓷材料的应用研究起源于 20 世纪 80 年代。1983 年,美国 Cusano D 等率先制备出 Eu:$(Y,Gd)_2O_3$ 荧光陶瓷,并成功应用于医疗探测器中。这一划时代性结果意味着陶瓷荧光材料在实际应用领域实现了突破性发展,打破了只停留在学术研究的局面;此后,越来越多新型荧光陶瓷材料涌现,并且以稀土材料居多。如 Ce:$Gd_3Ga_5O_{12}$,Pr:Lu_2O_3 等陶瓷材料,在医疗及显示行业中有着初步的应用,但当时受制于陶瓷材料本身的局限性,并没有引起太大的反应,此时荧光陶瓷材料刚刚进入萌芽时期。

20 世纪末期,随着工业技术的发展,这些初代陶瓷荧光材料的弊端就显现出来:光输出及光产额较低,无法满足高效率的生产要求,且材料的稳定性不好,市场急需新一代高质量陶瓷荧光材料。1992 年,Melcher C. L. 等成功合成了 Ce:Lu_2SiO_5 荧光闪烁陶瓷,由于其高光产额及快响应速度,被用于 PET 医疗成像的新型替代材料,这一革新比以往荧光陶瓷的性能提升达到 61%;随后,1993 年 M. Jacob 等通过合成 Eu:CaF_2 荧光陶瓷实现了将闪烁荧光材料引入辐射检测行业的目标,初步探讨了 Eu:CaF_2 材料在热释光材料中的剂量性作用;再之后的几年,又出现了一些新基质陶瓷荧光材料,如 Ce:YAG 荧光陶瓷拥有衰减时间短、光产额高等特点,使其在探测低能量离子射线方面有着其他材料所不具有的优势。这些新兴的陶瓷材料研究为 21 世纪荧光领域的发展起到重要的奠基作用。

6.2 荧光陶瓷研究现状

进入 21 世纪后,稀土的战略意义被各个国家重视起来,加之半导体等新型行业的出现,荧光陶瓷材料的研究进入飞速发展期。Ce：GYAG 荧光陶瓷在 YAG 的基础上发展并提升,相较于 Ce：YAG,Ce：GYAG 荧光陶瓷材料的高能射线阻断能力提升了 5 倍,这种优异的光学性能使其被用来制备硅光电二极管;Eu,Pr：LuAG 闪烁陶瓷则因其极高的能量分辨率在硅半导体领域中得以重用。这种不同领域之间的跨行业合作,使得荧光陶瓷材料迎来空前的发展前景。

6.2.1 粉体制备工艺

纳米粉体是陶瓷材料的前驱体原料,粉体的质量决定陶瓷材料的品质。经过各界学者的不断研究和完善改进,目前已经出现多种技术成熟的纳米粉体制备工艺,以下介绍几种最为常见的方法：

(1) 水热法。使用密闭的压力容器,将粉体原料置于仪器中用水进行溶解,在高温高压条件下促进粉体合成反应制得纳米粉体。水热法的应用比较广泛,常见于常温下不容易合成的粉体材料。周子凡等就通过水热法制备了 Li^+：Eu^{3+}：CaF_2 纳米粉体,获得了荧光性能良好的粉体材料。水热法制备的粉体团聚程度低、粒度小,但在合成过程中对工艺因素缺乏精密调控,且产量较少,不适用于中大规模生产。

(2) 溶胶-凝胶法。用化学活性高的前驱体原料使原料在溶剂中混合、反应,在溶液中生成溶胶,再经过陈化形成凝胶,最后通过干燥等工艺获得纳米粉体。刘振等通过快速溶胶-凝胶法制备了 Ce 掺杂的 YAG 荧光粉体材料,并实现性能输出和表征。溶胶-凝胶法的反应容易进行,并且可以实现材料的均匀混合和掺杂,是探究新材料的有效途径。但是其原料成本较大,存在一定危险性且生产时间周期较长,同样不适用于规模生产。

(3) 反相微乳液法。通过多种微乳液的方法来反应得到各种粒子尺寸的粉体材料。这种方法是近几年新兴起的一种纳米粉体制备方法。2011 年,武汉理工大学张延等尝试用反相微乳液法制备 CaF_2 纳米粉体,通过配置阴阳离子微乳液反应获得了 CaF_2 纳米粉体。反相微乳液法制备工艺对实验仪器的要求很低,但是由于研究历史很短,缺乏相关的操作经验,目前的应用相较前几种还有局限性。

(4) 化学共沉淀法。通过将含有两种或以上的阳离子溶液与阴离子溶液进行滴定,通过沉淀反应生成不溶于水的粉体沉淀。化学共沉淀法是现如今研究最多、应用最为广泛的工艺,不论是工业生产还是实验制备都能见到它的"身影"。翟鹏飞等通过阴阳离子共沉淀法制备了 Ce：CaF_2 纳米粉体;Weihao Ye 等同样通过共沉淀法制备出 Ce：CaF_2 荧光粉体。可以看出,存在掺杂的多种金属元素粉体材料大部分采用了共沉淀法制备工艺。共沉淀法具有成本低、工艺简单、生产周期短等优点,同时合成的粉体还具有细化原料、降低烧结温度、混合均一的特点。

6.2.2 陶瓷制备工艺

陶瓷的烧结过程需要压力、温度及气氛等多种因素共同调控,不同的烧结工艺也都是

171

对这些参数改进和调节。现代工业中,透明陶瓷的烧结方法分为物理烧结与化学烧结两个类别,以下两种为最常见的陶瓷烧结技术:

(1) 放电等离子烧结。放电等离子烧结,即 SPS 烧结工艺。通过直接使用脉冲电流产生等离子体放电、放电冲击加压达到快速升温的新型烧结工艺。该烧结工艺源于日本,目前已经在很多领域得到了推广应用。2012 年,N. Frage 等尝试通过 SPS 制备 Li, Nd: YAG 透明陶瓷,并取得成功,为后期相关 YAG 的 SPS 烧结技术提供了借鉴和参考;Fumiya Nakamura 等通过 SPS 烧结工艺制备出 Eu: CaF_2 透明荧光陶瓷,经过表征,除了透过率稍低外,烧制的样品同样具有很高的闪烁剂量学性能。SPS 烧结的升温速率高、烧结周期短、制得的陶瓷材料具有很好的密实度,但由于发展时间不长,工艺中同样存在烧结成本较大等一系列需要改进的地方。

(2) 热压烧结(HIP)。热压烧结是陶瓷烧结的传统工艺,通过对模具中的原料施加单轴压力并进行加热,在炉腔内实现成型烧制一体化的工序。热压烧结发展历史很长,目前操作工艺也已经十分娴熟,被广泛应用于 YAG、CaF_2、BaF_2 和 ZnO 等陶瓷材料的制备中。它的升温速率和周期虽然没有 SPS 快速,但是其在对材料的结构和工艺参数调控上更加精准,是如今使用率最广的陶瓷烧结方法之一。

除了上述的两种传统和新型烧结工艺外,反应烧结、化学气相沉积(CVD)及自蔓延烧结等均有各自的特点,结合不同的材料和使用条件,每种制备方法都有针对性的应用。并且,在不久的将来,关于陶瓷材料的烧结制备工艺将会更加细分和创新。

6.3 荧光陶瓷在 LED 中的应用

由于 YAG 体系荧光材料具有特殊的光学性能,且易于烧结致密,YAG 荧光陶瓷材料受到了广大研究人员的青睐,自 2008 年第一支可应用的掺铈 YAG 体系荧光陶瓷封装成的白光 LED 组装成功之后,使用 YAG 荧光陶瓷封装 LED 的研究层出不穷。烧结致密的 YAG 陶瓷具有优良的机械性能和透过性,其化学稳定性好、热稳定性高,且掺杂稀土元素后制备的荧光陶瓷与传统荧光粉相比具有更高的吸收系数和折射率,故非常适用于制作 LED 发光中心。

中国科学院上海硅酸盐研究所研究 YAG: Ce^{3+} 荧光陶瓷中 Ce^{3+} 浓度对其显色性能的影响。研究人员利用固相反应结合真空烧结技术制备出不同 Ce^{3+} 掺杂浓度的 YAG: Ce^{3+} 荧光陶瓷。随着 Ce^{3+} 掺杂浓度的增加,YAG: Ce^{3+} 陶瓷的颜色逐渐从淡黄色过渡到橙黄色,且由于高掺杂浓度下气孔的增加,陶瓷的透过率出现明显下降。随着 Ce^{3+} 浓度增加,YAG: Ce^{3+} 陶瓷的发光强度会达到一个峰值。然后,随着 Ce^{3+} 浓度的进一步增加,发光强度由于猝灭出现下降。Wei 等通过控制 Ce^{3+} 浓度和荧光陶瓷厚度制备出结构非常致密的 YAG: Ce^{3+} 荧光陶瓷,使用 450 nm 蓝光激发可以获得几乎理想的白色光,在色温为 4 600 K 的情况下获得了超过 93 lm/W 的流明效率,优于同时期商业荧光粉的流明效率。罗文飞等通过优化荧光陶瓷封装参数,利用 ASAP 光学分析软件研究陶瓷厚度、荧光粉掺杂浓度、封装位置等因素,对白光 LED 的光通量、色温和色坐标的影响。研究发现，当掺杂浓度一定时，LED 发光的光通量随着荧光陶瓷厚度的增加而增加，但是当厚度超过最佳值时其光通量反而减小。

厦门大学研究团队制备了一系列不同气孔率的 YAG：Ce³⁺ 荧光陶瓷，证明通过气孔这种光学散射中心的调节可以改变荧光陶瓷对蓝光的吸收、发射光的提取效率及发射光的扩展量。气孔率为 6.38% 的 YAG：Ce³⁺ 荧光陶瓷表面形貌、发光性能和色轮应用如图 6-1 所示，大小约为 2 μm 的气孔均匀分布在 YAG：Ce³⁺ 陶瓷内部。当被准直后的蓝光 LED 激发后，气孔率高的 YAG：Ce³⁺ 荧光陶瓷的光束扩展程度小，说明陶瓷中合适量的气孔有约束发光光斑直径的作用。同样地，将得到的多孔荧光陶瓷与蓝光激光二极管结合后发现，随着气孔散射中心含量增加，发射光斑直径逐渐减小，在高气孔率的陶瓷中获得了 7 199 lm 的高光通量和 65 的显色指数。

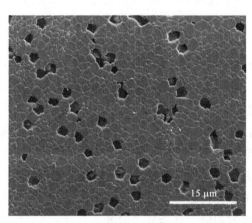

（a）表面 SEM 图

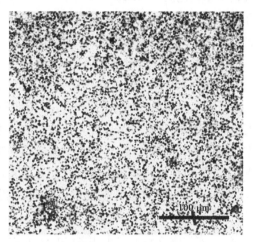

（b）共聚焦激光扫描显微镜图像

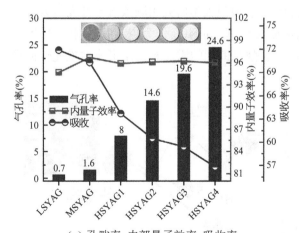

（c）孔隙率、内部量子效率、吸收率

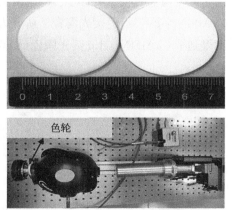

（d）荧光陶瓷色轮及相关测试装置

图 6-1　气孔率 6.38% 的 YAG：Ce³⁺ 荧光陶瓷的表面形貌、发光性能和色轮应用

YAG：Ce³⁺ 荧光陶瓷可以作为优异的白光光源，但是使用这种方式装配的 LED 的发光光谱中红光的成分较少,研究人员会向荧光陶瓷中共掺杂红光发射的离子,以此来提高 LED 的显色指数。邵秀晨等通过掺杂不同浓度 Gd^{3+} 的 YAG：Ce^{3+} 荧光陶瓷使 LED 发射光谱峰值发生红移,显著提高了样品的显色指数。但是,由于 Gd^{3+} 的影响,Ce^{3+} 吸收蓝光的能力降低将蓝光转换为黄光的能力也随之降低,LED 的流明效率从 81.45 lm/W 下降至 63.70 lm/W。除了添加发红光的稀土离子调节显色指数,研究人员还通过添加助溶剂等手段改变陶瓷的微观结构,以此来改善荧光陶瓷的光学性能。Yao 等以纳米级的原料,同时原料中加入纳米级的 MgO 和 SiO_2,采用真空烧结法制备 YAG：Ce^{3+} 荧光陶瓷,制备的样品透光率可达 80%。在空气中退火可以控制缺陷,消除氧空位,使荧光陶瓷的流明效率从 106 lm/W 提高到 223 lm/W,几乎达到了目前有报道的、最好的白光激光照明效果。虽然退火提高了荧光陶瓷的光通量、流明效率和光转换效率,但是也降低了其显色指数和相关色温。LuAG：Ce 作为 YAG 体系陶瓷,同样具有优异的光学性能,同时还拥有更高的热稳定性,是一种应用前景广阔的绿色荧光材料。Ma 等通过带铸法和直接成形法结合真空烧结技术,制备了流明效率高达 223.4 lm/W 的白光 LED,证明 LuAG：Ce 是一种很有发展前景的发光二极管应用材料。

作为荧光转换器的荧光陶瓷要具备一定的光学质量,呈透明或是半透明的状态,从而保证入射光和出射光的顺利提取。与玻璃和单晶不同,陶瓷中有很多任意取向的晶粒和大量的晶界,如果材料本身为非立方对称体系,入射光在不同取向的晶粒处发生双折射,难以保证足够的透明度。因此,受晶体结构特性的限制,目前荧光陶瓷的种类比荧光粉要少,主要集中在经典的高对称性石榴石体系,研究人员也在尝试研发非对称体系的荧光陶瓷。例如,美国加利福尼亚大学研究团队利用微波辅助加热烧结和放电等离子体烧结 (SPS) 技术开发出了 $BaMgAl_{10}O_{17}$：Eu^{2+} 六方晶系半透明荧光陶瓷,在 340 nm 紫外光的激发下,荧光陶瓷有一个于 402 nm 的宽带蓝光发射峰。在紫外光激光二极管激发 11 s 之后,$BaMgAl_{10}O_{17}$：Eu^{2+} 荧光粉表面温度超过了 360 ℃,而荧光陶瓷的温度仅达到 70 ℃,说明荧光陶瓷的散热性能远远超过相应的粉体。厦门大学研究团队致力于开发六方晶系 $CaAlSiN_3$：Eu^{2+} 红色荧光陶瓷。研究人员加入 Si_3N_4 和 SiO_2 作为烧结助剂,利用 SPS 技术得到了 $CaAlSiN_3$：Eu 荧光陶瓷(图 6 - 2)。烧结助剂的添加有助于形成对发光性能没

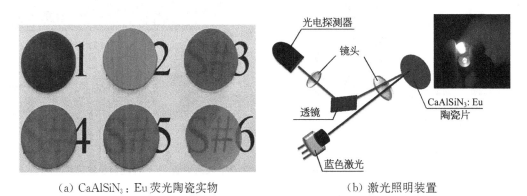

(a) $CaAlSiN_3$：Eu 荧光陶瓷实物   (b) 激光照明装置

图 6 - 2　$CaAlSiN_3$：Eu^{2+} 红色荧光陶瓷实物和与蓝光激光二极管结合下发射模式激光照明装置

有影响的 $CaAlSiN_3$ - Si_2N_2O 固溶体,也有助于形成有利于致密化的液相。在 450 nm 蓝光的激发下,荧光陶瓷有发射峰位于 650 nm 的宽带红光发射,且荧光陶瓷块体维持了原始粉体外量子效率的 87%。与 441 nm 的蓝光激光二极管结合后,光通量随着输入功率密度的增加不断增加,在 150 W/cm^2 时达到饱和。

6.4 YAG 荧光陶瓷

Ce:YAG 荧光陶瓷因其具有很高的均匀性和导热性[5~8 W/(m·K)]而引起了极大的关注。大量研究表明,Ce:YAG 荧光陶瓷是一种非常有前途应用于大功率 LED 的荧光材料。然而,Ce:YAG 荧光陶瓷制备的白光 LED 因其没有红光区域,往往出现低显色指数和高色温。在 Ce:YAG 荧光陶瓷中掺入稀土离子来直接补充红光区域是一种提高显色指数和调节色温的有效办法。Nishiura 等采用 Gd^{3+} 取代 Y^{3+} 会改变发光谱峰位。Fujita 等发现 Gd^{3+} 取代 Y^{3+} 让荧光陶瓷的晶格常数增加。Tanabe 等研究了 Ce:YAG 荧光玻璃陶瓷用于白光 LED 的光学性能,发现 Gd 掺杂的荧光玻璃陶瓷材料可以使光的颜色更接近暖白光。除了光学性能,荧光陶瓷的高热稳定性和强可靠性也是大功率 LED 所需要考虑的问题。为此,上海应用技术大学和中国科学院上海硅酸盐研究所联合制备了一系列 Ce:GdYAG 荧光陶瓷,并进行了其光学性能、热稳定性和可靠性的研究。

6.4.1 Ce:GdYAG 荧光陶瓷制备

通过固相反应技术和真空烧结法制备 Ce:GdYAG 荧光陶瓷,以纯度为 99.99% 的 Y_2O_3、CeO_2、Gd_2O_3、α - Al_2O_3 为原料,按照所需化学计量比严格称量,加入质量分数 0.8% 的正硅酸四乙酯(TEOS)和 0.08% 的 MgO 作为烧结助剂。将配好的原料、玛瑙珠和乙醇混合后放入行星球磨机内研磨 12 h,充分混合。将混合物置于 70 ℃ 的烤箱中烘烤,获得干料。经过 200 目的筛网过筛造粒后,在 600 ℃ 的空气中煅烧 4 h 后,将这些粉末混合物在约 37 MPa 的单轴压机下干压成型,然后于 250 MPa 压力下冷等静压成型得到素坯。将素坯在 1765 ℃、5.0×10^{-5} Pa 的真空下烧结 10 h,烧结后的样品在 1450 ℃ 下退火 3 h,最终得到 Ce:GdYAG 系列荧光陶瓷,将得到的荧光陶瓷双面抛光至 1 mm 以备后续测试和器件封装。

6.4.2 Ce:GdYAG 荧光陶瓷光学性能

图 6-3 为不同 Gd^{3+} 浓度的透明 Ce:GdYAG 荧光陶瓷样品实物。所有样品的直径和厚度分别为 15 mm 和 1 mm。由图可知,随着 Gd^{3+} 含量的增加,荧光陶瓷的颜色逐渐从绿黄色变为橙黄色。

图 6-4 为不同 Gd^{3+} 浓度的透明 Ce:GdYAG 荧光陶瓷样品的 XRD 图。由图可知,不同 Gd^{3+} 浓度的透明 Ce:GdYAG 荧光陶瓷样品其衍射峰都与 YAG(PDF No. 33 -

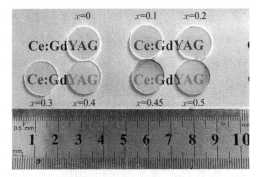

图 6-3 不同 Gd^{3+} 浓度的透明 Ce:GdYAG 荧光陶瓷样品实物

0040)的标准衍射峰很好地匹配,没有出现杂峰,说明 Ce：GdYAG 荧光陶瓷样品呈现单一的相。并且随着 Gd³⁺ 浓度的增加,其衍射峰逐渐向小角度方向偏移。这是因为 Gd³⁺ (离子半径为 1.05 Å)部分取代了 Y³⁺(离子半径为 1.02 Å),使其晶格膨胀,晶胞参数增大。

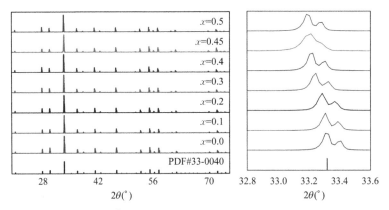

图 6-4　不同 Gd³⁺ 浓度的透明 Ce：GdYAG 荧光陶瓷样品的 XRD 图

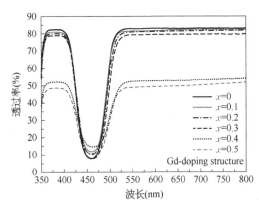

图 6-5　不同 Gd³⁺ 浓度的透明 Ce：GdYAG 荧光陶瓷样品的透射光谱图

为了量化所制备陶瓷的光学质量,测试了不同 Gd³⁺ 含量的 Ce：GdYAG 荧光陶瓷的直线透过率,图 6-5 是不同 Gd³⁺ 浓度的透明 Ce：GdYAG 荧光陶瓷样品的透射光谱图。从图 6-5 可以看出,随着 Gd³⁺ 含量的增加,荧光陶瓷的透过率下降,其中 YAG：Ce³⁺ 荧光陶瓷在 800 nm 处的透射率最高为 82%。所有荧光陶瓷在 460～480 nm 范围内的宽波段吸收是由 Ce³⁺ 的 4f→5d¹ 跃迁引起的,该处吸收可恰好与 460 nm 的蓝色 LED 或激光二极管结合产生白光。除此之外,在 Ce：YAG 荧光陶瓷中引入 Gd³⁺

后,该吸收波段被拓宽意味着更多的绿光被吸收,故加入 Gd³⁺ 后陶瓷颜色会发生变化。

为了进一步探究系列 Ce：GdYAG 荧光陶瓷透过率差异的原因,通过 FESEM 观察样品热腐蚀后的表面形貌(图 6-6)。从图 6-6 中可以看到,所有样品均具有规则的晶粒和干净的晶界。利用截线法计算出 YAG：Ce³⁺ 陶瓷的平均晶粒尺寸约为 12.3 μm。随着 Gd³⁺ 的引入,陶瓷的晶粒尺寸逐渐减小,Gd³⁺ 含量为 0.5 的 Ce：GdYAG 荧光陶瓷其平均晶粒尺寸为 4.4 μm。这是因为在固相反应过程中,Gd₂O₃ 粉体的颗粒尺寸较大,在反应过程中迁移速率较慢,起到了钉扎效应,晶界的移动受到抑制,最终得到的晶粒尺寸较小。随着 Gd³⁺ 浓度的增加,陶瓷微观结构变得不均匀,出现了第二相。对第二相进行了 EDS 成分分析,得到该第二相中存在较多的 Al 元素和 O 元素。该结果与图 6-5 中的透

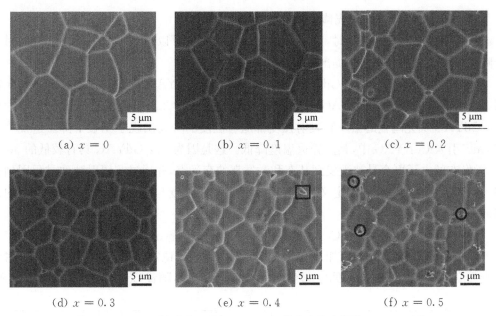

(a) $x = 0$ (b) $x = 0.1$ (c) $x = 0.2$

(d) $x = 0.3$ (e) $x = 0.4$ (f) $x = 0.5$

图 6 - 6 不同 Gd³⁺ 浓度透明 Ce：GdYAG 荧光陶瓷表面的 FESEM 形貌

射率结果一致,Al₂O₃ 第二相的出现增加了光的散射,降低了 Ce：GdYAG 荧光陶瓷的透过率。

图 6 - 7 是不同 Gd³⁺ 浓度 Ce：GdYAG 荧光陶瓷在 460 nm 激发光下的归一化 PL 光谱图。从图中可以发现,Ce：GdYAG 荧光陶瓷的发射带范围为 530 nm 至 575 nm,这是由于 Ce³⁺ 的 f 轨道通过自旋耦合分裂成 $^2F_{5/2}$ 和 $^2F_{7/2}$ 两个能级,电子从 5d 激发态向 4f 基态跃迁辐射形成的。荧光陶瓷的主发射峰从 542 nm 到 575 nm,这种红移行为可以通过晶体场效应来解释。因为晶格场和自旋轨道相互作用,Ce³⁺ 的 $^2F_{5/2}$ 和 $^2F_{7/2}$ 两个能级形成分裂,导致 5d¹ 和 4f¹ 的能量差减小,这是由于掺入 Gd³⁺ 引起的。同时,发射光谱发生红移,荧光陶瓷颜色逐渐变为橙黄色。

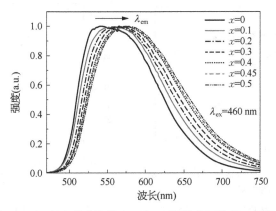

图 6 - 7 Ce：GdYAG 荧光陶瓷在 460 nm 激发光下的归一化 PL 光谱图

6.4.3 Ce：GdYAG 荧光陶瓷的热稳定性和可靠性

高功率照明设备在工作时,其核心器件的工作温度可以达到 150～200 ℃,因此对荧光陶瓷的热导率和热稳定性提出了很高的要求。

图 6-8 为 Ce：YAG 和 Gd³⁺ 含量为 40% 的 Ce：GdYAG 荧光陶瓷的变温荧光光谱图。从图中可以发现,Ce：YAG 荧光陶瓷的发光强度在 225 ℃之前几乎没有下降。而 Ce：GdYAG 荧光陶瓷的激发和发射强度都随着温度的升高出现了明显下降。这说明在将 Gd³⁺ 引入 Ce：YAG 中,其热猝灭温度降低。这是因为 Ce：GdYAG 具有较低的 5d 能级,激发态的电子更容易被激发到基态和激发态的交叉点,并通过非辐射弛豫过程回到基态。将荧光材料的热稳定性定义为高温下的 PL 积分强度与室温下的 PL 积分强度的比值（PL $I_{25～225℃}/I_{25℃}$）。

图 6-9 为 Ce：YAG 和 Ce：GdYAG 两种陶瓷的热稳定性对比和热导率随 Gd³⁺ 含量增加的变化曲线,可以发现加入 Gd³⁺ 后,荧光陶瓷的热稳定性下降明显,在 225 ℃时的发光强度只有室温下发光强度的 22%。从图中可以看出,随着 Gd³⁺ 含量增加,Ce：GdYAG

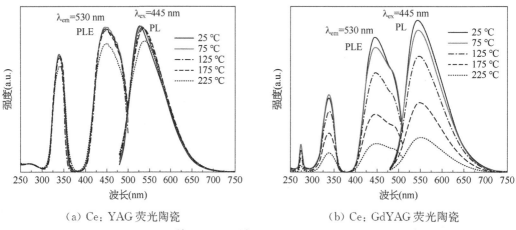

(a) Ce：YAG 荧光陶瓷　　(b) Ce：GdYAG 荧光陶瓷

图 6-8　Ce：YAG 和 Gd³⁺ 含量为 40% 的 Ce：GdYAG 荧光陶瓷的变温荧光光谱图

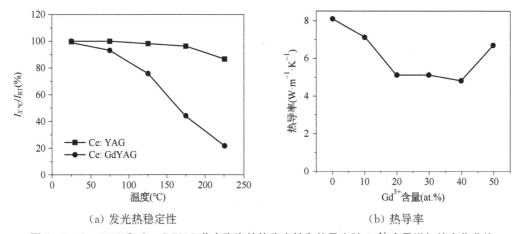

（a）发光热稳定性　　（b）热导率

图 6-9　Ce：YAG 和 Ce：GdYAG 荧光陶瓷的热稳定性和热导率随 Gd³⁺ 含量增加的变化曲线

荧光陶瓷的热导率逐渐下降，当 Gd^{3+} 含量为 50% 时，其热导率的略微上升，可能是由于陶瓷中出现了热导率较高的富铝第二相。热导率的降低会使 Ce：GdYAG 荧光陶瓷的散热能力降低，在温度升高时严重的热积累导致其发生热猝灭，发光强度急剧下降。

图 6-10 为将 Ce：GdYAG 系列荧光陶瓷经过冷热冲击试验之后 PL 光谱的变化。冷热冲击试验为将透明 Ce：GdYAG 系列荧光陶瓷样品在 150 ℃烘箱中放置 1 h，然后立即放入 -40 ℃冰箱中 1 h，以此为一轮，反复这个过程 8 轮。由图可知，荧光陶瓷的峰值波长在冷热冲击测试后不发生变化，这表明荧光陶瓷的晶格结构和带隙能在经过冷热冲击后没有改变。在经过冷热冲击测试之后，所有样品的发射强度都降低了。Yupu Ma 等提

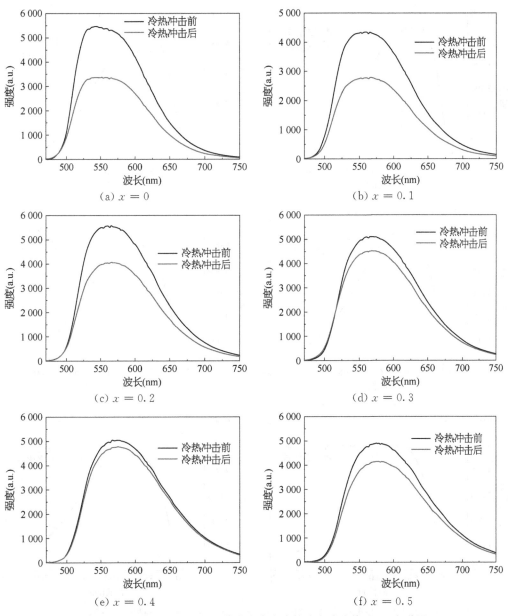

(a) $x = 0$　　(b) $x = 0.1$　　(c) $x = 0.2$　　(d) $x = 0.3$　　(e) $x = 0.4$　　(f) $x = 0.5$

图 6-10　Ce：GdYAG 系列荧光陶瓷在冷热冲击试验前后 PL 光谱图

出了一种光热耦合模型,通过研究荧光粉量子效率对温度依赖性来评估激光激发的远程荧光粉的热猝灭效果。结果表明,荧光粉量子效率的降低导致荧光粉温度的升高,荧光粉的温度远远超过热猝灭的温度。冷热冲击后,所有样品发射强度降低的原因可能是荧光陶瓷的透射率在冷热冲击后降低导致荧光陶瓷外部量子效率降低。Yoon Hwa Kim 等总结了荧光体的总体特性,发现荧光陶瓷具有比荧光玻璃陶瓷、单晶玻璃更好的热稳定性和可靠性。冷热冲击试验后,当 $x<0.4$ 时,Gd^{3+} 增加了 Ce:GdYAG 系列荧光陶瓷的可靠性;当 $x>0.4$ 时,随着 Gd^{3+} 浓度的增加,Ce:GdYAG 系列荧光陶瓷的可靠性开始下降。

图 6-11 为透明 Ce:GdYAG 系列荧光陶瓷在经过氙灯老化试验前后 PL 光谱图,

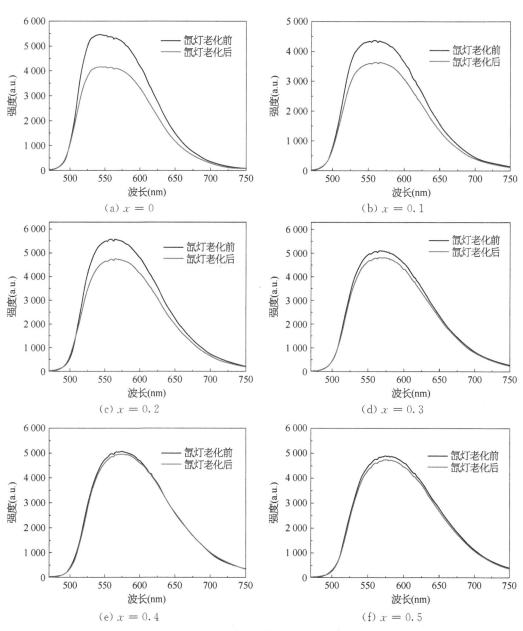

(a) $x=0$

(b) $x=0.1$

(c) $x=0.2$

(d) $x=0.3$

(e) $x=0.4$

(f) $x=0.5$

图 6-11 Ce:GdYAG 系列荧光陶瓷在氙灯老化试验前后 PL 光谱图

发射光谱在 460 nm 处激发。从图中可知,荧光陶瓷的峰值波长在经过氙灯老化试验之后不发生变化,这表明荧光陶瓷的晶格结构和带隙能在经过氙灯老化试验之后没有改变。不过,在经过氙灯老化试验之后,所有样品的发射强度都降低了。比较 Gd^{3+} 掺杂后的氙灯老化前后 PL 光谱强度,可以发现,当 $x<0.4$ 时,Gd^{3+} 的浓度增加了 Ce：GdYAG 系列荧光陶瓷的可靠性;当 $x>0.4$ 时,随着 Gd^{3+} 浓度增加,Ce：GdYAG 系列荧光陶瓷的可靠性开始下降。

图 6-12 为 Ce：GdYAG 系列荧光陶瓷在 85 ℃、RH 85％环境条件下放置 200 h 的 PL 光谱图。PL 谱采用 460 nm 蓝光激发。从图中可知,荧光陶瓷的峰值波长在高温高湿

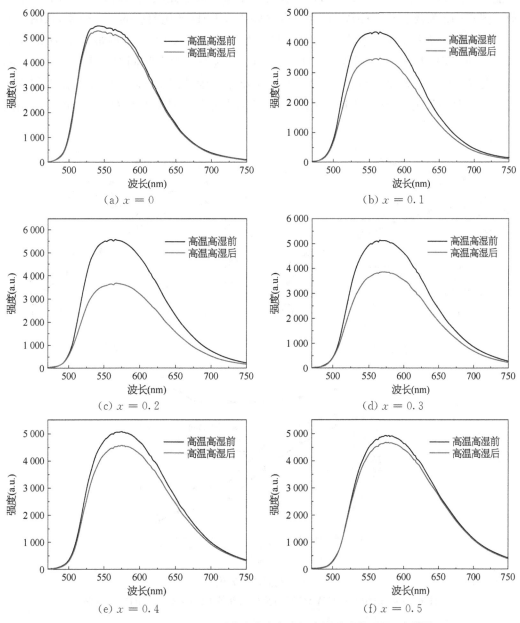

图 6-12　Ce：GdYAG 系列荧光陶瓷在高温高湿试验前后 PL 光谱图

试验之后不发生变化,这表明荧光陶瓷的晶格结构和带隙能在高温高湿试验之后没有改变。此外,从图 6-12 中可知,在经过高温高湿试验后,所有样品的发射强度均降低。强度降低的一个原因可能是高湿度使水分进入荧光陶瓷降低了陶瓷的透射率,另一个原因是高温导致猝灭效应。因此,可以发现,当 $x<0.2$ 时,添加 Gd^{3+} 会降低 Ce:GdYAG 系列荧光陶瓷的可靠性;当 $x>0.2$ 时,Ce:GdYAG 系列荧光陶瓷的可靠性开始随着 Gd^{3+} 含量的增加而增加。

为了进一步确定荧光陶瓷在 LED 应用中的情况,将其封装在大功率 LED 蓝光芯片上形成基于荧光陶瓷的 LED 器件(荧光陶瓷基 LED),并分析荧光陶瓷老化前后的光学性能。不同 Gd^{3+} 浓度的 Ce:GdYAG 系列荧光陶瓷被蓝光激发,并由 2 W 的电功率驱动。图 6-13 为透明 Ce:GdYAG 系列荧光陶瓷基 LED 老化前后的发光效率,从图中可知,发光效率随着 Gd^{3+} 含量的增加明显降低。当 $x=0$ 时可获得最高的发光效率(90.59 lm/W),当 $x=0.5$ 时仅变为 66.17 lm/W,这是因为在相同厚度下,Ce:GdYAG 系列荧光陶瓷的透射率随 Gd^{3+} 含量的增加而降低,导致从 LED 芯片激发的蓝光和荧光陶瓷中激发的黄光量减少。同时,可以看到,相对发光效率具有与相对 PL 光谱强度相同

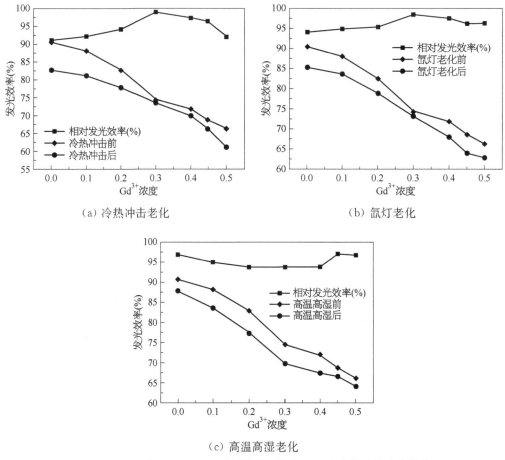

图 6-13　透明 Ce:GdYAG 系列荧光陶瓷基 LED 老化前后的发光效率

的变化趋势。但是,数据显示,在经过冷热冲击和氙气灯老化测试之后,$x=0.3$ 的荧光陶瓷基 LED 具有最佳的可靠性;经过高湿高温试验后,$x=0.45$ 的荧光陶瓷基 LED 具有最佳的可靠性,这是热猝灭效应的影响。更多的能量会通过非辐射跃迁过程以较低的热导率转化为热量。因此,荧光陶瓷基 LED 的发光效率下降。

图 6-14 为老化前后 Ce：GdYAG 系列荧光陶瓷基 LED 色坐标图,图中黑色曲线是普朗克轨迹,仅当 LED 的色坐标在普朗克轨迹上时,才可以将其应用于常规照明产品。从图中可以发现,由于 Gd^{3+} 增加了红光,这些色坐标的位置从绿黄色漂移到橙黄色区

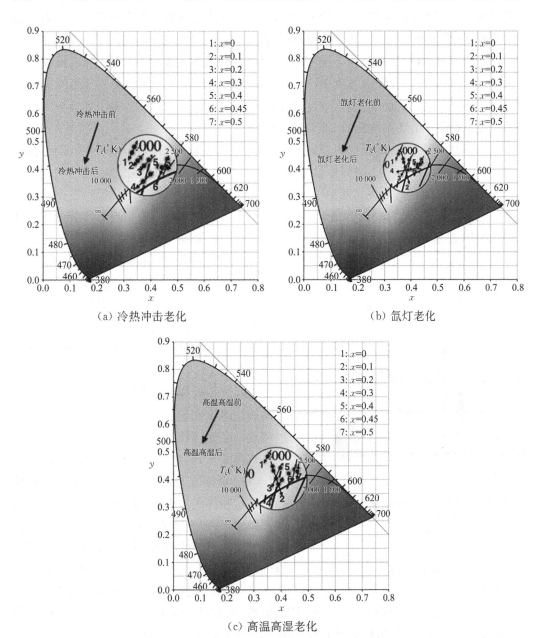

（a）冷热冲击老化　　　　　　　　（b）氙灯老化

（c）高温高湿老化

图 6-14　老化前后 Ce：GdYAG 系列荧光陶瓷基 LED 色坐标图

域；还可以发现，色坐标在老化后朝着色温上升的方向漂移，这是因为荧光陶瓷的量子效率降低导致荧光陶瓷发出的黄光减少，最终导致色坐标的漂移和色温的升高。

6.5 LuAG荧光陶瓷

以 Lu_2O_3 粗粉（99.99%）和优级纯的浓 HNO_3 为原料，配制浓度为 0.15 mol/L 的 $Lu(NO_3)_3$ 溶液，然后将配制好的浓度为 2 mol/L 的 NH_4HCO_3 溶液以 3 mL/min 的速度逐渐滴加到室温下不断搅拌的 $Lu(NO_3)_3$ 溶液中，溶液最终的 pH 控制在 8.0 左右。滴定结束后，继续搅拌 12 h。待时效结束后，将前驱体沉淀物用去离子水清洗 4 次，除去反应的副产物 NH_4NO_3 和多余的 NH_4HCO_3，然后再用无水乙醇清洗 3 次，除去沉淀物中的水分，以防止沉淀物在干燥过程中产生严重的团聚。清洗后的沉淀物在 120 ℃ 的烘箱中干燥 12 h，干燥后的沉淀物用 Al_2O_3 研钵研碎，放入 Al_2O_3 坩埚中，置于硅棒炉中在不同的温度下煅烧 2 h，得到所需的 Lu_2O_3 粉体。

以经 800 ℃ 煅烧 2 h 后获得的 Lu_2O_3 粉体及市售的 Al_2O_3 和 CeO_2 粉体为原料，按照化学计量比（$Lu_{2.98}Ce_{0.015}Al_5O_{12}$）称量，加入质量分数 0.5% 的正硅酸乙酯（TEOS）为烧结助剂，用高纯的 ZrO_2 球在无水乙醇中球磨 6 h。球磨后的粉体经干燥、过筛，在钢模中压成直径为 20 mm 的圆柱形坯体，最后再将该坯体在 200 MPa 的压力下进行冷等静压。坯体烧结采用石墨电阻真空炉，真空度 $>5 \times 10^{-3}$ Pa。烧结后的陶瓷体再在空气中于 1 450 ℃ 保温 20 h 进行退火处理，除去在烧结过程中引入的氧空位和碳。

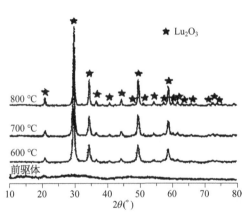

图 6-15 Lu_2O_3 的前驱体沉淀物及不同温度煅烧 2 h 后粉体的 XRD 图

图 6-15 为 Lu_2O_3 的前驱体沉淀物及不同温度煅烧 2 h 后粉体的 XRD 图。当用碳酸氢铵为沉淀剂，生成的胶状沉淀物是无定形的，在 600 ℃ 煅烧 2 h 后，无定形的前驱体转化为纯的 Lu_2O_3 相，随着煅烧温度的升高，Lu_2O_3 的衍射峰更加尖锐，强度增加，说明提高煅烧温度和延长保温时间，Lu_2O_3 的结晶相变的完整、颗粒长大、缺陷减少。

图 6-16 为市售的和沉淀法制备的 Lu_2O_3 粉体显微形貌。由图可知，市售的 Lu_2O_3 粉体大多成鳞片状结构、尺寸较大，约几微米，用这样的粉体作初始原料活性差。而用碳酸氢铵为沉淀剂重新处理后的粉体，虽然也有团聚，但尺寸较小，不到 50 nm，而且形貌为球形、活性较高、适宜制备透明陶瓷，采用固相反应法制备透明陶瓷时，烧结体的致密化程度强烈依赖于原料粉体的活性及形貌。图 6-17 为市售 Al_2O_3 粉体的 SEM 形貌，可以看出，Al_2O_3 粉体的平均粒径为 200 nm，分散性好、颗粒为球形，适宜作为制备透明陶瓷的初始原料。

图 6-18 为经 1 760 ℃ 保温 10 h 真空烧结后，并在 1 450 ℃ 空气中保温 20 h 进行退火

处理的 Ce：LuAG 荧光陶瓷烧结体 XRD 图。从图中可以看出，烧结体为单一的 LuAG 相，没有其他的相析出，此烧结体的相对密度在 99.8％以上。

 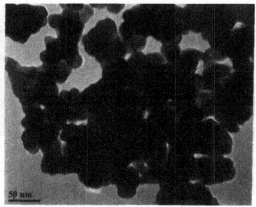

（a）市售的 Lu_2O_3 粉体　　　　　　　　　　（b）沉淀法制备的 Lu_2O_3 粉体

图 6 - 16　市售和沉淀法制备的 Lu_2O_3 粉体显微形貌

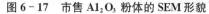

图 6 - 17　市售 Al_2O_3 粉体的 SEM 形貌

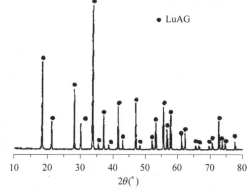

图 6 - 18　退火处理过后的 Ce：LuAG 荧光陶瓷烧结体的 XRD 图

　　图 6 - 19 为双面抛光的 Ce：LuAG 荧光陶瓷实物，试样厚度为 1.2 mm。烧结后的试样透明度高，试样后面的字母清晰可见，样品呈黄绿色，具有优良的透光性。

　　图 6 - 20 为抛光陶瓷样品在 1400 ℃保温 1 h 热腐蚀后的表面形貌，可以看出样品具有均匀的显微结构，平均晶粒尺寸为 4 μm 左右。另外，还可看到晶界上由颜色较深的第二相析出。对深色晶界和晶粒内部做 EDS 成分分析，见表 6 - 1。

　　为了便于比较，表 6 - 1 中的最后一列给出了 $Lu_3Al_5O_{12}$ 的理论组成。可以看出，晶粒内部和深色晶界处的化学成分有较大的差异，晶粒内部的化学组成与 $Lu_3Al_5O_{12}$ 的理论化学组成基本相同，Lu_2O_3 稍有偏高，而晶界相出现了富 Al_2O_3 成分的物质。晶界上第二相物质的出现对透明陶瓷的透过率是不利的。

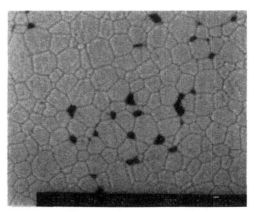

图 6‑19　双面抛光的 Ce：LuAG 荧光陶瓷实物（1.2 mm 厚度）

图 6‑20　透明 Ce：LuAG 荧光陶瓷样品经 1 400 ℃ 热腐蚀保温 1 h 后的表面形貌

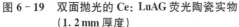

表 6‑1　晶粒内部及深色晶界的 EDS 成分分析

成分	晶粒内部（%）	深色晶界（%）	理论组成（%）
Al_2O_3	27.59	90.45	29.93
Lu_2O_3	72.41	9.55	70.07

图 6‑21 为 Ce：LuAG 透明荧光陶瓷在 200～1 100 nm 波长范围内的直线透过率曲线。其中 450 nm 左右的宽吸收带是由于 Ce^{3+} 的 4f 基态到 5d 激发态的电子跃迁所导致的，从图中可以看出，陶瓷多晶体的透过率是随着入射波长的增大而逐渐增加的，在 600 nm 处的透过率为 56%，当入射波长增加到 1 000 nm 时，相应的透过率也增加到 73%。这是由陶瓷的显微结构造成的。和单晶相比，陶瓷具有更为复杂的显微结构，除了晶粒外，还包含气孔、晶界、第二相等。当光线通过陶瓷时，陶瓷内的气孔、晶界、第二相等都可以成为散射光线的中心降低，陶瓷的透过率，其中尤以微气孔的影响最为显著，这是含有大量微气孔和杂质的普通陶瓷不能使光线大量透过的根本原因。各种尺寸的散射中心对光线的散射程度不同，因此不仅是气孔的数量，更重要的是散射中心的尺寸和分布对陶瓷的透光性有明显的影响。根据光散射原理，当散射中心的尺寸和入射光波长处于同一数量级时，以米氏散射为主，当气孔等散射中心的尺寸与入射光波长基本相等时，散射最大，透过率最低。当散射中心的尺寸为入射光波长的 1/3 以下时，为瑞利散射，气孔尺寸越小，个数越少，散射光的比例就越小，透过率就越高。该陶瓷多晶体在不同波长范围内的透光性能差异，可用上述光的散射原理进行解释。由于透明多晶体散射中心的尺寸明显小于入射光的波长，光线透过时发生瑞利散射，因而透过率随着波长的增大而急剧上升。

Ce：LuAG 透明荧光陶瓷在 X 射线激发下的发射光谱如图 6‑22 所示，该发射光谱包含一个 170～650 nm 的宽发射带。该发射光谱用高斯拟合可以分解为两个曲线，其中心位置分别在 517 nm 和 552 nm，说明该发射光谱具有双峰结构，是 Ce^{3+} 的典型发射光

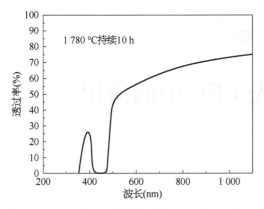

图 6 - 21　Ce：LuAG 透明荧光陶瓷在 200～1 100 nm 波长范围内的直线透过率曲线

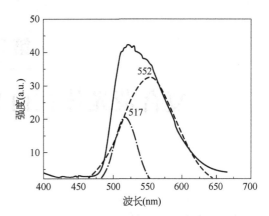

图 6 - 22　Ce：LuAG 透明荧光陶瓷在 X 射线激发下的发射光谱图

谱。这个双峰结构是由于 Ce^{3+} 的 4f 基态受 LuAG 晶体场的影响,分裂为 $^2F_{5/2}$ 和 $^2F_{7/2}$ 两个能态所引起的,Ce：LuAG 的发射光谱和同类单晶(512 nm 和 547 nm)相比,具有很好的一致性,只是双峰的中心位置有少许的红移,这是由于两者不同的显微结构造成的。但无论是单晶还是陶瓷,其发射光谱的位置都在硅光电二极管的高敏感曲线范围内(500～900 nm),是一种具有良好应用前景的闪烁材料。

第 7 章

复合荧光体在白光 LED 中的应用

7.1 引言

白光通常是依据加色法原理将三基色光(红、绿、蓝)或两互补色光(如蓝、黄)混合形成的。基于 LED 模块的物理性质,白光的实现方法可以分为以下三种:

(1) 采用两种、三种或四种不同颜色的 LED 合成白光。采用多芯片合成白光的方式不需要转换光谱、能量损失小、发光效率高、显色性好、光色调节灵活。但是由于不同颜色的 LED 芯片驱动电流不同,该方法的控制电路较为复杂,系统可靠性也较差。此外,各色 LED 的光输出功率随温度、驱动电流和老化时间的变化程度不同,使得合成白光的色温不能保持稳定。因此,多芯片合成白光技术由于成本较高、封装难度较大,仅限于一些特定的应用场合,如显示屏、液晶屏和电视机等的背光源。

(2) 采用近紫外 LED 激发红、绿、蓝三基色荧光粉混合实现白光。这种荧光粉转换式 LED 技术具有色彩稳定、显色指数高、结构紧凑和驱动电路简单等优点。同时该技术也存在如下缺点:近紫外 LED 的发光效率较低,多重荧光粉混合的方式由于光谱部分重叠而存在光线重吸收的现象,不同颜色荧光粉的配比调控复杂,缺少发光效率高的红色荧光粉,存在紫外光污染,封装材料容易老化。

(3) 采用蓝光 LED 激发黄色荧光粉混合形成白光。这种方式具有制备工艺简便、驱动电路简单、成本低廉、发光效率高和可靠性高等优点,占据了商用白光 LED 的绝大部分市场。由于形成的白光光谱中只有蓝光和黄光两种颜色,缺少红光成分,故该方式得到的白光 LED 的显色指数较低,不适合应用于室内照明。此外,在不同驱动电流或温度下,蓝光 LED 芯片和荧光粉的发光效率的变化程度不同,合成的白光存在色温不稳定的现象。

对于不同的应用场所、办公场所及室外照明多选用高色温的冷白光 LED,而室内照明则多选用低色温的暖白光 LED。目前,白光 LED 在照明领域虽然占有一席之地,但是要想进一步取代传统照明设备,相关技术仍有很大的改善与研发空间。除了基板、垒晶、晶粒与封装的技术有待改进外,主要的差距在于所选用的荧光材料不同。目前市场上的 LED 显色指数较低、色温较高,需要加入红色荧光体材料和(或)绿色荧光体材料来调节其显色指数和色温。

7.2 复合荧光薄膜

7.2.1 复合粉荧光薄膜的光学性能研究

选取发射波长为 530 nm 的 YAG：Ce^{3+} 荧光粉和发射波长为 620 nm 的 CASN：Eu^{2+} 荧光粉来制备复合荧光薄膜。YAG：Ce^{3+} 荧光粉、CASN：Eu^{2+} 荧光粉与 A 胶、B 胶的配比为 1.389 2：0.125：1.9：1.9,通过旋转涂覆法即可制得实验所需的复合粉荧光薄膜样品。荧光薄膜的氙灯老化实验是将荧光薄膜置于氙灯老化试验箱中氙灯照射 168 h。高温高湿实验是将荧光薄膜置于可程式恒温恒湿试验箱中,在温度为 80 ℃、相对湿度为 80% 的环境下实验 168 h。

图 7 - 1 为 YAG：Ce^{3+} 与 CASN：Eu^{2+} 荧光粉的 SEM 图。从图 a 中可看到,YAG：Ce^{3+} 荧光粉呈微球状结构,形态差异不大,表面比较光滑,颗粒团聚程度比较小,YAG：Ce^{3+} 荧光粉的晶粒直径在 83~300 μm。从图 b 中可看出,CASN：Eu^{2+} 荧光粉的形态是不规则的长条状或块状的结构,形态差异比较大,颗粒之间有略微团聚的现象,CASN：Eu^{2+} 荧光粉的晶粒直径为 5~27 μm。

(a) YAG：Ce^{3+} 荧光粉　　　　　　　(b) CASN：Eu^{2+} 荧光粉

图 7 - 1　YAG：Ce^{3+} 与 CASN：Eu^{2+} 荧光粉的 SEM 图

荧光薄膜实物与荧光薄膜 SEM 图如图 7 - 2 所示,从 a 中可看出,实验制备出的荧光薄膜表面非常光滑,可以看到任意弯曲而不变形。从图 b 中可根据荧光粉颗粒的形貌清晰地分辨出 YAG：Ce^{3+} 和 CASN：Eu^{2+} 两种荧光粉,其中颗粒较大、圆球形的为 YAG：Ce^{3+} 荧光粉颗粒,而颗粒较小、长条形的为 CASN：Eu^{2+} 荧光粉颗粒。从图 c 中也可以看出两种荧光粉的形态,比较均匀地分布在荧光薄膜内部,并且没有荧光粉沉淀的现象发生。在应用于白光 LED 封装时,只有荧光粉均匀分布且无沉淀,才会保障 LED 出光的均匀性,LED 才不会有黄圈效应的存在。

图 7 - 3 为荧光薄膜 PL 光谱与 PLE 光谱图,激发波长为 460 nm,发射波长为 600 nm。从 PLE 光谱图上可看到 343 nm 和 466 nm 处存在两个激发峰,包括了紫外和蓝

（a）荧光薄膜实物

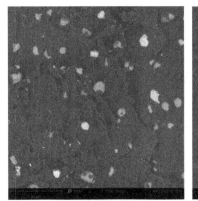 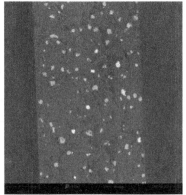

（b）荧光薄膜表面 SEM 图　　（c）荧光薄膜横截面 SEM 图

图 7－2　荧光薄膜的实物与荧光薄膜 SEM 图

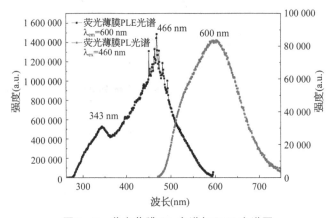

图 7－3　荧光薄膜 PL 光谱与 PLE 光谱图

光波段，保证了荧光薄膜可以匹配峰值波长为 460 nm 的蓝光 LED 芯片。本实验的复合荧光薄膜样品是由 YAG：Ce^{3+} 和 CASN：Eu^{2+} 两种荧光粉制备而成的，因此 343 nm 和 466 nm 处的两个激发峰是 YAG：Ce^{3+} 荧光粉中 Ce^{3+} 和 CASN：Eu^{2+} 荧光粉中的 Eu^{2+} 引起的，激发峰在 PLE 光谱中 450～480 nm 存在一些尖锐的小峰，是由于在测试过程中氙灯强度的变化引起的。

　　图 7－4 为荧光薄膜的 PL 光谱图与高斯拟合曲线。从图 a 中可看到,荧光薄膜拟合得到的 PL 光谱与测试得到的 PL 光谱相吻合,将测试的 PL 光谱拟合得到了三个小峰,其中 523 nm 和 567 nm 处的两个小峰为 Ce^{3+} 的发射峰,分别对应 Ce^{3+} 的 $^2D_{3/2} \rightarrow {}^2F_{5/2}$ 跃迁和 $^2D_{3/2} \rightarrow {}^2F_{7/2}$ 跃迁;615 nm 处的峰对应的是 Eu^{2+} 的 $5d^1 \rightarrow 4f$ 跃迁发射峰。图 b 中 530 nm 处是 Ce^{3+} 的发射峰,图 a 中 Ce^{3+} 的两个发射峰进行拟合成为一个 Ce^{3+} 的发射峰,可看到有两个明显的包峰,为 Ce^{3+} 的两个跃迁发射峰,615 nm 处的峰为 Eu^{2+} 的 $5d^1 \rightarrow 4f$ 跃迁发射峰。对荧光薄膜 PL 光谱高斯拟合曲线进一步说明了荧光薄膜内存在 YAG: Ce^{3+} 和 CASN: Eu^{2+} 两种荧光粉。

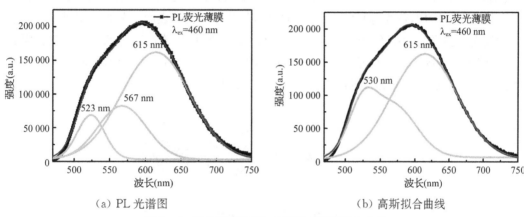

（a）PL 光谱图　　　　　　　　　　　　　（b）高斯拟合曲线

图 7－4　荧光薄膜的 PL 光谱图与高斯拟合曲线

　　图 7－3 中在 343 nm 和 466 nm 处有两个特征峰,是由于 Ce^{3+} 的 $^2F_{5/2} \rightarrow {}^2D_{5/2}$ 和 $^2F_{7/2} \rightarrow {}^2D_{5/2}$ 跃迁形成的。当发射波长为 615 nm 时,PLE 光谱主要为荧光薄膜内 CASN: Eu^{2+} 荧光粉的发光,同时也存在部分 YAG: Ce^{3+} 荧光粉的发光,因此 PLE 光谱在 343 nm 处存在一个包峰,是由于 Ce^{3+} 发光引起的,波长为 466 nm 处的激发峰是因为 Eu^{2+} 的 $4f^7 \rightarrow 4f^6 5d^1$ 跃迁而形成的。

图 7－5　荧光薄膜封装 LED 器件的点亮图

　　为了验证实验制备的荧光薄膜可用于白光 LED 的封装,将复合粉荧光薄膜封装在蓝光 LED 器件上,荧光薄膜封装 LED 器件的点亮如图 7－5 所示。从图中可以看出,点亮后 LED 发出了暖白光,LED 发出的光很柔和也比较均匀,没有明显的光色差异,说明了荧光薄膜可应用于白光 LED 封装,可以进行实际白光 LED 的封装和测试应用,为下一步打下了良好的基础。

7.2.2　层状结构荧光薄膜的光学性能研究

　　实验用到发射波长为 530 nm 的 YAG: Ce^{3+} 荧光粉和发射波长为 620 nm 的 CASN: Eu^{2+} 的荧光粉,A 胶、B 胶与 YAG: Ce^{3+} 荧光粉的配比为 1∶1∶0.6,A 胶、B 胶与

CASN：Eu^{2+} 荧光粉的配比为 1：1：（0.15、0.2、0.25、0.3、0.35、0.4、0.5、0.6、0.7、0.8）。通过旋转涂覆法，先旋涂两层 YAG：Ce^{3+} 荧光粉胶膜，然后将不同比例的 CASN：Eu^{2+} 荧光粉胶膜分别旋涂在两层 YAG：Ce^{3+} 荧光粉胶膜上面，即形成了含有两层 YAG：Ce^{3+} 荧光粉的膜层和一层 CASN：Eu^{2+} 荧光粉不同含量的膜层，共计 10 个荧光薄膜样品。荧光薄膜样品虽然是分层制备的，但是在最后一层旋涂完毕之后，将荧光薄膜彻底固化的时候，硅胶之间已经完全固化在一起，因此荧光薄膜即是一个整体的荧光薄膜。

图 7-6 为实验制备得到 CASN：Eu^{2+} 红色荧光粉的含量分别为 0.15、0.3、0.5、0.8 的荧光薄膜样品和三种封装结构的示意图，为了清晰地看出荧光粉含量的变化，选取 4 个样品凸显出 CASN：Eu^{2+} 荧光粉含量的不同，可以清晰地看出随着 CASN：Eu^{2+} 红色荧光粉含量的增加，荧光薄膜的颜色逐渐加深，且荧光薄膜的表面十分光滑平整。实验制备的荧光薄膜样品大小为 10 cm×10 cm。为表述方便，将传统点胶后的结构命名为混合结构，将荧光薄膜中绿色荧光粉靠近蓝光芯片的结构命名为 G-R 结构，同时将荧光薄膜中红色荧光粉靠近蓝光芯片的结构命名为 R-G 结构。

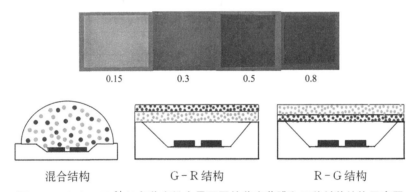

图 7-6　CASN：Eu^{2+} 红色荧光粉含量不同的荧光薄膜和三种封装结构示意图

图 7-7 为荧光薄膜的微观和宏观形貌，从图 a 中可以清晰地看出 YAG：Ce^{3+} 荧光粉球状的形态；从图 b 中可看出不规则的条状结构的 CASN：Eu^{2+} 荧光粉颗粒；从图 c 中可看出两种荧光粉的形态，同时也可看出荧光薄膜三层荧光粉层的结构；从图 a～c 中可看出两种荧光粉在荧光薄膜内分布比较均匀，同时也没有发生荧光粉团聚或沉淀的现象；从图 d 中可看到根据荧光粉颜色变化可以清晰地分辨出三层荧光粉结构，其中两层 YAG：Ce^{3+} 荧光粉层的厚度分别为 0.22 mm 和 0.26 mm，CASN：Eu^{2+} 荧光粉层的厚度为 0.22 mm，整体荧光薄膜的厚度为 0.7 mm；从 e 中可看出荧光薄膜两种荧光粉形成的两面颜色差异，以及荧光薄膜内 CASN：Eu^{2+} 红色荧光粉浓度的变化，荧光薄膜的两面比较光滑、柔韧性良好，并且可任意弯曲而不发生形变。

图 7-8 为 YAG：Ce^{3+} 荧光粉和 CASN：Eu^{2+} 荧光粉的 XRD 图。从图中可以看出 YAG：Ce^{3+} 荧光粉的所有衍射峰与 $Y_3Al_5O_{12}$ 标准卡片（PDF♯33-0040）保持一致，表明实验制备的 YAG：Ce^{3+} 荧光粉是纯相，没有其他的相存在，少量 Ga^{3+} 和 Ce^{3+} 掺杂到 $Y_3Al_5O_{12}$ 中没有改变其主结构。CASN：Eu^{2+} 荧光粉的所有衍射峰与 $CaAlSiN_3$ 标准卡

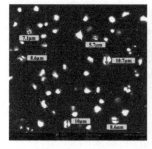

（a）荧光薄膜 YAG：Ce³⁺ 荧光粉平面的 SEM 图 （b）荧光薄膜 CASN：Eu²⁺ 荧光粉平面的 SEM 图 （c）荧光薄膜横截面的 SEM 图 （d）两种荧光薄膜横截面厚度图

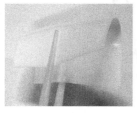

（e）复合荧光薄膜外观

图 7－7　荧光薄膜的微观和宏观形貌

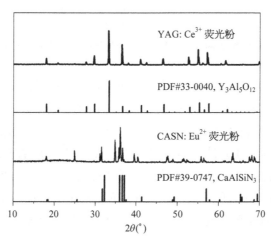

图 7－8　YAG：Ce³⁺ 荧光粉和 CASN：Eu²⁺ 荧光粉的 XRD 图

片（PDF♯39－0747）保持一致，表明实验制备的 CASN：Eu²⁺ 荧光粉是纯相，同时少量的 Sr²⁺ 和 Eu²⁺ 没有影响 CaAlSiN₃ 的主衍射峰。YAG：Ce³⁺ 荧光粉和 CASN：Eu²⁺ 荧光粉具有很强的衍射峰，表明实验制备的 YAG：Ce³⁺ 荧光粉和 CASN：Eu²⁺ 荧光粉具有很强的结晶度。

　　图 7－9 为 YAG：Ce³⁺ 荧光粉和 CASN：Eu²⁺ 荧光粉归一化的 PL 光谱与 PLE 光谱图。从图 7－9 中可看出，YAG：Ce³⁺ 荧光粉的 PL 光谱峰值波长为 530 nm，CASN：Eu²⁺ 荧光粉的发射光谱峰值波长为 620 nm。YAG：Ce³⁺ 荧光粉的 PLE 光谱中可以明显地看到具有两个激发峰，两个激发峰的波段分别为 344 nm 和 438 nm，其中 344 nm 处的激发峰是由于 Ce³⁺ 的 $^2F_{5/2} \rightarrow {}^2D_{5/2}$ 跃迁产生的，438 nm 处的激发峰是由于 Ce³⁺ 的 $^2F_{7/2} \rightarrow {}^2D_{5/2}$

跃迁形成的。CASN：Eu^{2+}荧光粉的 PLE 光谱具有很宽的激发峰，是由于 Eu^{2+}的 4f^7→4f^{6}5d^1 跃迁引起的。YAG：Ce^{3+}荧光粉的发射光谱的谱带比较宽，CASN：Eu^{2+}荧光粉具有 220～600 nm 很宽的激发峰。在 460 nm 与 600 nm 波长之间，CASN：Eu^{2+}荧光粉的激发峰与 YAG：Ce^{3+}荧光粉的发射峰之间存在光谱重叠现象，因此，YAG：Ce^{3+}荧光粉发射出的绿光可以被 CASN：Eu^{2+}荧光粉吸收，并转换成红光。

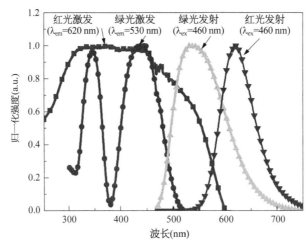

图 7-9　YAG：Ce^{3+}荧光粉和 CASN：Eu^{2+}荧光粉归一化的 PL 光谱与 PLE 光谱图

　　图 7-10 为 CASN：Eu^{2+}荧光粉不同比例的 G-R 结构荧光薄膜 PL 光谱和色坐标图。在这种结构中，蓝光先激发 YAG：Ce^{3+}荧光粉发出绿光，然后激发不同比例的 CASN：Eu^{2+}荧光粉。从图中可以看出，随着 CASN：Eu^{2+}荧光粉比例的逐渐增加，PL 光谱的发射峰的波长逐渐由绿光波段向红光波段偏移。同时，随着 CASN：Eu^{2+}荧光粉比例的逐渐增加，PL 光谱的绿光波段范围的峰强度逐渐降低，红光波段逐渐发生了偏移。与此相对应，在色坐标图中，随着 CASN：Eu^{2+}荧光粉比例的逐渐增加，荧光薄膜的色坐标落点也由绿光区域向红光区域偏移。因此，CASN：Eu^{2+}荧光粉对绿光有吸收作用，并且可以把吸收的绿光转换为红光。

　　图 7-11 为 CASN：Eu^{2+}荧光粉不同比例的 R-G 结构荧光薄膜的 PL 光谱和色坐标图。在这种结构中，蓝光先激发 CASN：Eu^{2+}荧光粉发出红光，然后 CASN：Eu^{2+}荧光粉作为激发源去激发 YAG：Ce^{3+}荧光粉。从图中可明显地看出，当 CASN：Eu^{2+}荧光粉作为第一层激发源时，PL 光谱的绿光波段明显比图 7-10 中 G-R 结构荧光薄膜 PL 光谱绿光波段的强度低很多。随着 CASN：Eu^{2+}荧光粉比例的逐渐增加，荧光薄膜 PL 光谱的绿光波段的强度逐渐降低，红光波段略微发生了偏移。在色坐标图中，随着 CASN：Eu^{2+}荧光粉比例的逐渐增加，荧光薄膜的色坐标点逐渐向红光波段偏移。结果表明，蓝光激发 CASN：Eu^{2+}荧光粉可以发出红光，但是红光却不能够激发 YAG：Ce^{3+}荧光粉，即 YAG：Ce^{3+}荧光粉不能通过吸收 CASN：Eu^{2+}荧光粉发出的红光而转换为其他波段的光。虽然 YAG：Ce^{3+}荧光粉对于红光没有光学吸收效应，但在这种结构中，YAG：

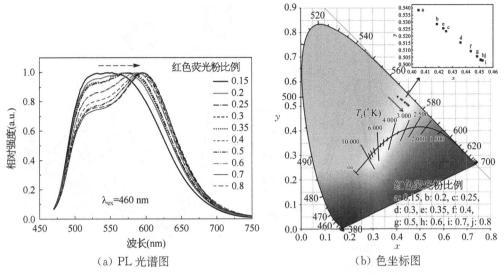

(a) PL 光谱图　　　　　　　(b) 色坐标图

图 7 - 10　CASN：Eu²⁺ 荧光粉不同比例的 G - R 结构荧光薄膜 PL 光谱和色坐标图

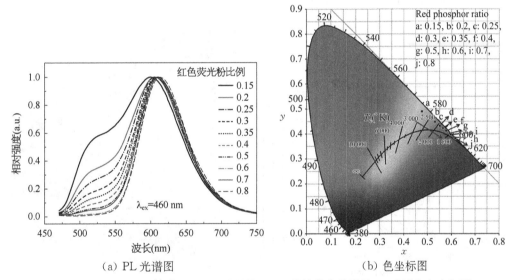

(a) PL 光谱图　　　　　　　(b) 色坐标图

图 7 - 11　CASN：Eu²⁺ 荧光粉不同比例的 R - G 结构荧光薄膜的 PL 光谱和色坐标图

Ce^{3+} 荧光粉作为散射粒子起到了散射作用，将 CASN：Eu^{2+} 荧光粉发出的红光散射出去，同时也导致了红光转换效率的降低。

图 7 - 12 和图 7 - 13 分别为 CASN：Eu^{2+} 荧光粉不同比例的 G - R 和 R - G 结构荧光薄膜封装到 LED 器件上的 EL 光谱和色坐标图。从 EL 光谱图中可以看出，随着 CASN：Eu^{2+} 荧光粉比例的增加，EL 光谱图中蓝光和绿光波段的强度逐渐降低。从图 7 - 12 色坐标图中可看出，随着 CASN：Eu^{2+} 荧光粉比例的增加，LED 器件的色坐标点以线性方式变化，逐渐由黄绿光波段向红光波段偏移；同时，LED 发出的光由绿光逐渐变为暖白光，与色坐标点的变化保持一致。从图 7 - 13 色坐标图中可看出，随着 CASN：Eu^{2+} 荧光粉比例的增加，LED 器件的色坐标点也呈线性变化，由黄光区域向红光区域偏移，

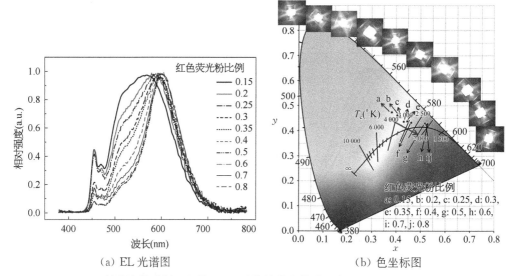

（a）EL 光谱图　　　　　　　　　　　（b）色坐标图

图 7 - 12　CASN：Eu²⁺ 荧光粉比例不同的 G - R 结构的荧光薄膜封装 LED 器件上的 EL 光谱图、色坐标图和点亮照片

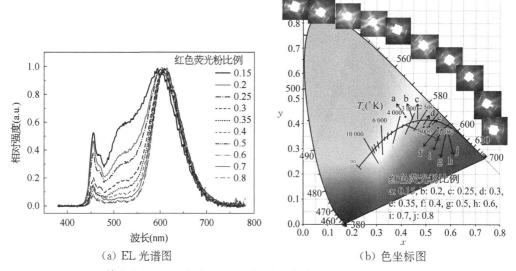

（a）EL 光谱图　　　　　　　　　　　（b）色坐标图

图 7 - 13　CASN：Eu²⁺ 荧光粉不同比例的 R - G 结构荧光薄膜封装 LED 器件上的 EL 光谱图、色坐标图和点亮照片

LED 器件发出的光由暖白光逐渐变为红光。在 G - R 结构荧光薄膜中，YAG：Ce³⁺ 荧光粉层靠近蓝光芯片，LED 芯片发出的蓝光可以充分被 YAG：Ce³⁺ 荧光粉吸收，然后转换为绿光再去激发 CASN：Eu²⁺ 荧光粉并转换为红光。在 R - G 结构的荧光薄膜中，CASN：Eu²⁺ 荧光粉层靠近蓝光芯片，LED 芯片发出的蓝光激发 CASN：Eu²⁺ 荧光粉发出的红光不能激发 YAG：Ce³⁺ 荧光粉并转换为绿光，YAG：Ce³⁺ 荧光粉只有散射作用，才导致了蓝光和绿光的损失。因此，在 EL 光谱图中绿光波段范围内，G - R 结构的荧光薄膜 EL 光谱强度强于 R - G 结构的荧光薄膜。

表 7-1 和表 7-2 分别为 CASN：Eu^{2+} 荧光粉不同比例的 G-R 结构和 R-G 结构荧光薄膜封装到 LED 器件上得到的光学参数。

表 7-1　CASN：Eu^{2+} 荧光粉不同比例的 G-R 结构荧光薄膜封装 LED 器件上得到的光学参数

红色荧光粉比例	发光效率（lm/W）	色温（K）	显色指数	色坐标	
				x	y
0.15	128.95	4 458	65.1	(0.382 4,	0.473 3)
0.2	121.01	3 970	69.7	(0.404 8,	0.460 7)
0.25	122.97	3 721	76.1	(0.416 5,	0.454 6)
0.3	115.39	3 332	74.6	(0.431 6,	0.435 7)
0.35	112.18	3 102	74.1	(0.446 3,	0.437 2)
0.4	106.41	2 813	73.3	(0.463 2,	0.431 7)
0.5	95.6	2 209	66.6	(0.519 1,	0.429 5)
0.6	93.34	2 063	64.6	(0.528 6,	0.426 1)
0.7	89.72	2 094	65.2	(0.523 7,	0.424 4)
0.8	87.98	1 980	65.9	(0.529 4,	0.426 5)

表 7-2　CASN：Eu^{2+} 荧光粉不同比例的 R-G 结构荧光薄膜封装 LED 得到的光学参数

红色荧光粉比例	发光效率（lm/W）	色温（K）	显色指数	色坐标	
				x	y
0.15	107.96	3 538	79.1	(0.417 1,	0.427 7)
0.2	101.7	2 829	79.2	(0.449 4,	0.407 5)
0.25	101.22	2 519	76.4	(0.468 8,	0.402 7)
0.3	91.85	2 136	70.5	(0.492 3,	0.386 9)
0.35	86.46	1 946	66.5	(0.515 0,	0.389 3)
0.4	83.53	1 664	59	(0.549 7,	0.384 4)
0.5	78.81	1 408	48.2	(0.587 9,	0.376 4)
0.6	78.05	1 426	49.7	(0.584 1,	0.376 1)
0.7	83.11	1 539	54.5	(0.562 8,	0.375 8)
0.8	77.44	1 397	47.7	(0.589 6,	0.375 7)

从表 7-1 和表 7-2 中可以看出，随着 CASN：Eu^{2+} 荧光粉比例的增加，G-R 结构和 R-G 结构荧光薄膜封装得到 LED 器件的发光效率和色温均呈现逐渐下降的趋势。在表 7-1 中，随着 CASN：Eu^{2+} 荧光粉比例的增加，G-R 结构荧光薄膜封装 LED 器件的显色指数呈现先增加后降低的趋势。在表 7-2 中，随着 CASN：Eu^{2+} 荧光粉比例的增

加,R-G 结构荧光薄膜封装 LED 器件的显色指数呈逐渐降低的趋势。在表 7-1 中,G-R 结构荧光薄膜封装的 LED 器件的发光效率参数最高为 128.95 lm/W、色温为 4 458 K、显色指数为 65.1。在表 7-2 中,R-G 结构荧光薄膜封装的 LED 器件的发光效率参数最高为 107.96 lm/W、色温为 3 538 K、显色指数为 79.1。

通过对比表 7-1 和表 7-2 可以看出,G-R 结构荧光薄膜封装的 LED 器件其发光效率参数整体高于 R-G 结构荧光薄膜封装的 LED 器件。由于在 G-R 结构中,LED 芯片发出的蓝光可以充分被 YAG:Ce^{3+} 荧光粉吸收,然后转换为绿光再去激发 CASN:Eu^{2+} 荧光粉并转换为红光。在 R-G 结构中,LED 芯片发出的蓝光激发 CASN:Eu^{2+} 荧光粉发出的红光不能激发 YAG:Ce^{3+} 荧光粉并转换为绿光,YAG:Ce^{3+} 荧光粉只有散射作用。同时在 EL 光谱图中绿光波段范围内,G-R 结构的荧光薄膜 EL 光谱强度强于 R-G 结构的荧光薄膜,除此之外,在人眼的视觉效率曲线中,在这条曲线上所对应的波长为 555 nm 时,曲线达到了最大值,也就是说人的眼睛对于 555 nm 波段附近的光,即绿光比较敏锐,也进一步说明了 G-R 结构荧光薄膜更加适合应用于 LED 器件的封装。

图 7-14 为三种封装方式光线传播原理图。在图 a 中传统的混合荧光粉封装结构中共有六种光线传播方式:光线①表示 LED 芯片发出的蓝光直接发射出去;光线②表示 LED 芯片发出的蓝光被红色荧光粉吸收并转换为红光发射出去;光线③表示 LED 芯片发出的蓝光被绿色荧光粉吸收并转换为绿光发射出去;光线④表示 LED 芯片发出的蓝光激发红色荧光粉发出的红光不能激发绿色荧光粉,绿色荧光粉仅有光学散射效应;光线⑤表示 LED 芯片发出的蓝光被红色荧光粉吸收没有进行其他光的转换;光线⑥表示 LED 芯片发出的蓝光激发绿色荧光粉发出绿光,绿光激发红色荧光粉发出红光,同时红色荧光粉也存在部分光学散射效应,散射出绿光。在 G-R 结构和 R-G 结构中也存在相对应的光线传播方式。在 G-R 结构中,LED 芯片发出的蓝光首先被绿色荧光粉吸收并转换成绿光去激发红色荧光粉,而在 R-G 结构中,LED 芯片发出的蓝光被红色荧光粉吸收后发出的红光不能够激发绿色荧光粉,因此 G-R 结构荧光薄膜封装 LED 器件的 EL 光谱绿光波段强度高于 R-G 结构封装 LED 器件的 EL 光谱绿光波段的强度。在 G-R 结构中,随着 CASN:Eu^{2+} 荧光粉比例的增加,红色荧光粉对绿色荧光粉发出的绿光的吸收能力增强,导致发射出的绿光减少,进而导致绿光的转换效率降低,因此随着 CASN:Eu^{2+} 荧光粉比例的增加,EL 光谱图中绿光波段的强度逐渐降低。在 R-G 结构中,LED 芯片激发红色荧光粉发出的红光不能激发绿色荧光粉,绿色荧光粉作为散射粒子,只存在光学散射效应。随着 CASN:Eu^{2+} 荧光粉比例的增加,大部分蓝光被红色荧光粉所吸收,导致透射出的蓝光转换的绿光逐渐降低,因此 R-G 结构的荧光薄膜封装 LED 器件的发光效率比较低。综上所述,当荧光薄膜中绿色荧光粉作为第一层时,EL 光谱图中 555 nm 绿光波段较强,所以封装得到的 LED 器件具有较高的发光效率;当荧光薄膜中红色荧光粉作为第一层时,因为具有更多的红光组分,所以封装得到的 LED 器件发光效率和色温都会比较低。

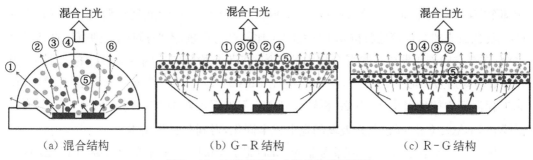

(a) 混合结构　　　　　(b) G-R 结构　　　　　(c) R-G 结构

图 7-14　三种封装方式光线传播原理图

图 7-15 为 G-R 结构和 R-G 结构荧光薄膜封装 LED 的色温与角度关系,扫描角度为 -90°~90°,其中 CASN:Eu^{2+} 荧光粉比例为 0.3。从图中可以看出,G-R 结构荧光薄膜封装 LED 器件的色温大约为 3 250 K,色温分布相对比较均匀,R-G 结构荧光薄膜封装 LED 器件的色温大约为 2 750 K。当测试角度为 0°时,位于 LED 芯片的正上方,LED 芯片发出的蓝光被荧光粉充分吸收并转换为其他光进行传播,当测试角度为两端时,荧光薄膜内荧光粉与芯片距离稍远,蓝光转换效率略微低于测试角度为 0°时,因此中间的色温偏高,两端的色温略低。通过对 G-R 结构和 R-G 结构荧光薄膜封装 LED 器件的色温与角度关系的简单分析,可看出 G-R 结构色温随着角度变化的曲线中色温变化情况的均匀程度高于 R-G 结构曲线中色温的均匀程度,可进一步得到 G-R 结构荧光薄膜封装 LED 器件的色温均匀性较好,因此 G-R 结构荧光薄膜更适合应用于 LED 器件的封装。

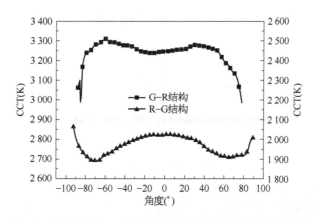

图 7-15　G-R 结构和 R-G 结构荧光薄膜封装 LED 的色温与角度关系

7.3　复合荧光玻璃陶瓷

7.3.1　基于铋酸盐荧光玻璃陶瓷层状结构的光学性能研究

预先制备 25%Bi$_2$O$_3$-70%B$_2$O$_3$-5%ZnO 基质玻璃在玛瑙研钵中粉碎成玻璃粉,并过 100~300 目筛;再将一定质量分数比例的 Lu$_{2.94-x}$Y$_x$Al$_5$O$_{12}$:0.06Ce(x=0~0.8)荧光粉和基质玻璃粉充分混合均匀;放置 650 ℃的马弗炉中进行二次烧结,20 min 后取出,

冷却至室温即得到 $Lu_{2.94-x}Y_xAl_5O_{12}:0.06Ce(x=0\sim0.8)$ 荧光玻璃陶瓷。$CaAlSiN_3:$ Eu^{2+} 红色荧光粉与传统硅胶按 $0.125:1:1$ 比例进行称量,不断搅拌混合原料,直到混合完全,在真空脱泡机器中去除混合物中的气泡;将荧光粉胶匀速滴入旋转涂覆机器中,当托盘旋转时通过离心力的作用,均匀涂覆在 $LuAG:Ce^{3+}$ 绿色荧光玻璃陶瓷上;然后在 80 ℃ 保温箱中初步固化 0.5 h 后,再转移到 150 ℃ 的保温箱中 1 h,$CaAlSiN_3:Eu^{2+}$ 荧光薄膜在 $LuAG:Ce^{3+}$ 绿色荧光玻璃陶瓷上完全固化,得到双层荧光体。

从图 7-16 中可以看出底部为蓝光 LED 芯片,双层荧光体在反光碗开口处,其中 $CaAlSiN_3:Eu^{2+}$ 荧光薄膜在 $LuAG:Ce^{3+}$ 荧光玻璃陶瓷上方。发光过程是荧光体吸收部分蓝光后,$LuAG:Ce^{3+}$ 荧光玻璃陶瓷发射绿光,$CaAlSiN_3:Eu^{2+}$ 薄膜发射红光,双层荧光体发出的绿光和红光,混合透过去的蓝光,会发出暖白光。事实上,双层荧光体封装是一个复杂的光作用过程,包括 $LuAG:Ce^{3+}$ 和 $CaAlSiN_3:Eu^{2+}$ 荧光粉吸收蓝光,两种荧光粉之间的重吸收。图 7-16 利用原子力显微镜可以清晰地看出 $CaAlSiN_3:Eu^{2+}$ 荧光薄膜紧密覆盖在 $LuAG:Ce^{3+}$ 荧光玻璃陶瓷上,将双层荧光体用 3014 蓝光芯片激发可以发出明亮的暖白光。本实验用 3014 蓝光芯片激发 $CaAlSiN_3:Eu^{2+}$ 荧光薄膜和 $Lu_{2.94-x}Y_xAl_5O_{12}:0.06Ce^{3+}(x=0、0.2、0.4、0.6、0.8)$ 荧光玻璃陶瓷形成的双层荧光体制成暖白光 LED 器件。

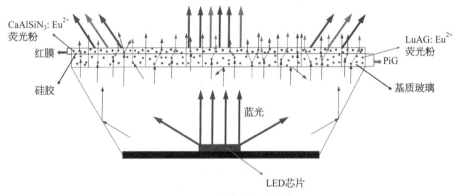

(a) WLED 封装模型示意图

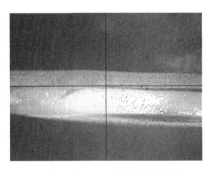

(b) $CaAlSiN_3:Eu^{2+}$ 荧光薄膜涂覆在 $LuAG:Ce^{3+}$ 荧光玻璃陶瓷

(c) 实验中的发光图

图 7-16 暖白光 LED 器件的封装

图 7 - 17 为 CaAlSiN$_3$：Eu^{2+} 荧光薄膜涂覆在 LuAG：Ce^{3+} 荧光玻璃陶瓷的色坐标图，其中 a～e 为 Lu$_{2.94-x}$Y$_x$Al$_5$O$_{12}$：0.06Ce^{3+} ($x=0$、0.2、0.4、0.6、0.8)荧光玻璃陶瓷色坐标落点，当 x 从 0 增加到 0.8 时，色坐标点 a 到点 e 向红色区域偏移，与图 3 - 9 不同 x 值时的 PL 光谱图对应；f 为 CaAlSiN$_3$：Eu^{2+} 荧光薄膜色坐标落点；g 为蓝光光源色坐标落点 $x=0.14$，$y=0.03$；h～l 为 CaAlSiN$_3$：Eu^{2+} 荧光薄膜涂覆在不同荧光玻璃陶瓷上色坐标落点。色坐标点 g 与 a、b、c、d、e 之间的曲线代表 LuAG：Ce^{3+} 荧光玻璃陶瓷发射绿光和激发源蓝光的混合光可能的色坐标落点，色坐标点 g 与 f 之间的曲线代表 CaAlSiN$_3$：Eu^{2+} 荧光薄膜发射红光和激发源蓝光的混合

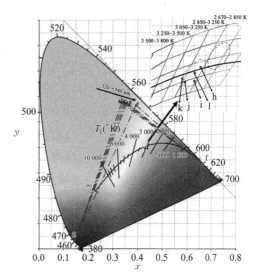

图 7 - 17　CaAlSiN$_3$：Eu^{2+} 荧光薄膜涂覆在 LuAG：Ce^{3+} 荧光玻璃陶瓷的色坐标图

光可能的色坐标落点，由色坐标点 g、f 和 a(或 b、c、d、e)构成的五个三角形区域，代表发射出的绿光、红光和残留蓝光的混合光可能的色坐标落点。图 7 - 17 中的插图为 CIE 1931 图，具有 ANSI C78.377 标准的不同四边形，色坐标 h～l 是蓝光光源激发 CaAlSiN$_3$：Eu^{2+} 荧光薄膜涂覆在不同荧光玻璃陶瓷上的落点，均落在 3 000 K 色温范围内。CaAlSiN$_3$：Eu^{2+} 荧光薄膜涂覆 LuAG：Ce^{3+} 荧光玻璃陶瓷封装成 WLEDs 的光学参数见表 7 - 3，其中包括色温、显色指数、色坐标和发光效率，可以看出当 x 从 0 增加到 0.6 时，显色指数均在 90 以上；当 x 为 0.4 时，显色指数最高为 94、发光效率为 62 lm/W。

表 7 - 3　CaAlSiN$_3$：Eu^{2+} 荧光薄膜涂覆 Lu$_{2.94-x}$Y$_x$Al$_5$O$_{12}$：0.06Ce^{3+} 荧光玻璃陶瓷封装成 WLEDs 的光学性能参数

Y 的下标	色温(K)	显色指数	色坐标		发光效率(lm/W)
			x	y	
0	2 896	93.4	0.445 6	0.408 7	60.29
0.2	2 881	93.3	0.439 7	0.395 2	56.28
0.4	3 087	94	0.428 8	0.397 5	62
0.6	3 015	91.8	0.431 3	0.394 1	63.11
0.8	2 939	84.2	0.440 1	0.403 1	67.28

7.3.2　双掺红、绿荧光粉的铋酸盐荧光玻璃陶瓷光学性能研究

铋酸盐基质玻璃所需的氧化物原料按 15%Bi$_2$O$_3$、72%B$_2$O$_3$、5%ZnO、5%Al$_2$O$_3$、3%Ba$_2$O$_3$ 摩尔质量分数进行称量，称量好的原料粉在玛瑙研钵中充分混合，然后放入

900℃电阻炉中保温 2 h,制备出铋酸盐基质玻璃,然后粉碎成玻璃粉,并过 100～300 目筛;将 1%～9%质量分数的 LuAG：Ce^{3+}、$CaAlSiN_3$：Eu^{2+} 荧光粉和基质玻璃粉进行充分混合,其中 LuAG：Ce^{3+} 与 $CaAlSiN_3$：Eu^{2+} 按 2∶1、6∶1、10∶1、14∶1、18∶1 比例称取。在 600℃的马弗炉中进行二次烧结,一段时间后取出,冷却至室温得到双掺 LuAG：Ce^{3+} 与 $CaAlSiN_3$：Eu^{2+} 的铋酸盐荧光玻璃陶瓷。

图 7 - 18 为 LuAG：Ce^{3+}、$CaAlSiN_3$：Eu^{2+} 荧光粉和荧光玻璃陶瓷的 XRD 图,通过对比荧光玻璃陶瓷、荧光粉及标准 JCPDS 卡片可知,LuAG：Ce^{3+}、$CaAlSiN_3$：Eu^{2+} 荧光粉分别成功掺入铋酸盐基质玻璃中。从图 c 中可以发现荧光玻璃陶瓷的所有衍射峰刚好对应 JCPDS 卡片(PDF♯73 - 1368 和 PDF♯39 - 0747),其中 PDF♯73 - 1368 对应的是 $CaAlSiN_3$ 晶格环境,PDF♯39 - 0747 对应的是 $Lu_3Al_5O_{12}$ 晶格环境。结果表明,铋酸盐基质玻璃中确实存在两种荧光粉(LuAG：Ce^{3+}、$CaAlSiN_3$：Eu^{2+})。

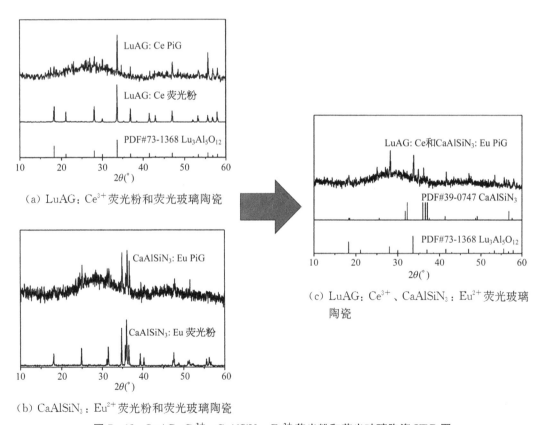

(a) LuAG：Ce^{3+} 荧光粉和荧光玻璃陶瓷

(b) $CaAlSiN_3$：Eu^{2+} 荧光粉和荧光玻璃陶瓷

(c) LuAG：Ce^{3+}、$CaAlSiN_3$：Eu^{2+} 荧光玻璃陶瓷

图 7 - 18 LuAG：Ce^{3+}、$CaAlSiN_3$：Eu^{2+} 荧光粉和荧光玻璃陶瓷 XRD 图

图 7 - 19 为 LuAG：Ce^{3+}、$CaAlSiN_3$：Eu^{2+} 荧光玻璃陶瓷的 SEM 图和 EDS 元素分析图。根据 LuAG：Ce^{3+} 和 $CaAlSiN_3$：Eu^{2+} 荧光粉颗粒的形状,可以明显识别出铋酸盐荧光玻璃陶瓷中的两种荧光粉。对圆形颗粒的 EDS 分析证实了 Lu、Y、Al、O 和 Ce 元素的存在,对长方体颗粒的分析证实了 Ca、Sr、Al、Si、N 和 Eu 元素的存在,在玻璃上进行 EDS 分析证实玻璃基质由 Bi、Al、B、Zn 和 Ba 五种元素组成。因此,两种荧光粉同时

存在铋酸盐基质玻璃中。

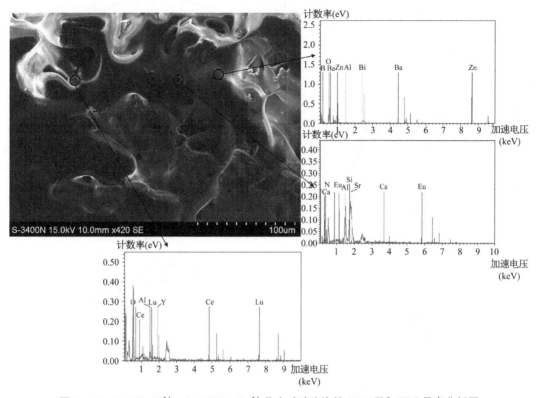

图 7 - 19　LuAG：Ce³⁺、CaAlSiN₃：Eu²⁺ 荧光玻璃陶瓷的 SEM 图和 EDS 元素分析图

图 7 - 20 为 LuAG：Ce^{3+} 和 $CaAlSiN_3$：Eu^{2+} 荧光光谱图和相应发光离子能级示意图。从图 a 中可看出 LuAG：Ce^{3+} 和 $CaAlSiN_3$：Eu^{2+} 荧光玻璃陶瓷的 PLE 光谱图中激发强度和范围均有变化，$CaAlSiN_3$：Eu^{2+} 荧光玻璃陶瓷的激发范围从 325～600 nm，LuAG：Ce^{3+} 荧光玻璃陶瓷的 350 nm 处激发峰强度变小，原因是铋酸盐基质玻璃在250～400 nm 波段范围内的吸收。而 LuAG：Ce^{3+}、$CaAlSiN_3$：Eu^{2+} 荧光粉与 LuAG：Ce^{3+}、$CaAlSiN_3$：Eu^{2+} 荧光玻璃陶瓷的 PL 光谱没有明显的变化，对图 7 - 20（b）Ce^{3+} 和 Eu^{2+} 的能级原理进行分析，Ce^{3+}：$4f(^2F_{7/2}) \rightarrow 5d^1(^2D_{3/2})$，$4f(^2F_{5/2}) \rightarrow 5d^1(^2D_{3/2})$ 电子跃迁对应 PLE 光谱图中的包峰（峰值在 350 nm 和 460 nm），$5d^1(^2D_{5/2}) \rightarrow 4f(^2F_{7/2})$ 过程会释放光子对应 PL 光谱图，发射中心在 530 nm。Eu^{2+}：$4f \rightarrow 5d^1$，$4f \rightarrow 5d^2$，$4f \rightarrow 5d^3$ 对应 PLE 光谱图里 200～600 nm 的宽峰，$5d^1 \rightarrow 4f$ 过程会释放光子形成以 630 nm 为中心的宽带发射。结果表明，LuAG：Ce^{3+}、$CaAlSiN_3$：Eu^{2+} 荧光粉可以成功掺杂到铋酸盐基质玻璃中，并保持荧光粉受激发可以高效地发射出相应的波段光子。双掺 LuAG：Ce^{3+} 和 $CaAlSiN_3$：Eu^{2+} 荧光玻璃陶瓷的 PLE 光谱和 PL 光谱图可以看作两种不同荧光玻璃陶瓷的 PLE 光谱和 PL 光谱通过高斯拟合而成，这表明铋酸盐基质玻璃中的两种荧光粉（LuAG：Ce^{3+}和 $CaAlSiN_3$：Eu^{2+}）成功掺入，相互之间发生化学反应，均保持了光学性能。

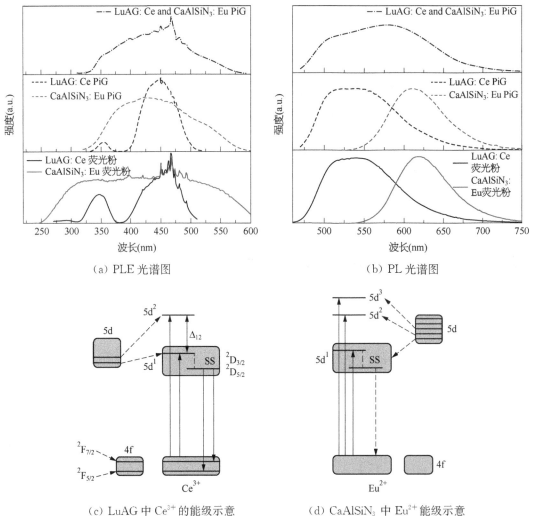

（a）PLE 光谱图 （b）PL 光谱图

（c）LuAG 中 Ce³⁺ 的能级示意 （d）CaAlSiN₃ 中 Eu²⁺ 能级示意

图 7-20　LuAG：Ce³⁺ 和 CaAlSiN₃：Eu²⁺ 的荧光光谱和相应发光离子能级示意图

研究了荧光粉（LuAG：Ce^{3+} 和 CaAlSiN₃：Eu^{2+}）在铋酸盐基质玻璃中的微观结构和发光机理之后，利用 HAAS-2000 高精度阵列光谱辐射计测量 EL 光谱，CIE-1931 色度图软件得出对应的色坐标，对双掺 LuAG：Ce^{3+} 和 CaAlSiN₃：Eu^{2+} 荧光玻璃陶瓷的光学性能进行研究，如图 7-21 所示。从图 a、b 中可以看出，当荧光粉（LuAG：Ce^{3+} 和 CaAlSiN₃：Eu^{2+}）的混合质量分数在 1%～3% 时，EL 光谱表明 460 nm 的峰值较高，这是由于混合荧光粉的掺入比例低，蓝光芯片激发荧光玻璃陶瓷时透过大量的蓝光；对照色坐标和实物发光图，发现色坐标落点都大于 10 000 K，并随着 CaAlSiN₃：Eu^{2+} 红色荧光粉含量的减少，落点向绿光区域移动，封装后的 LED 器件发出冷白光。从图 7-21 得出，当掺入荧光粉（LuAG：Ce^{3+} 和 CaAlSiN₃：Eu^{2+}）的比例从 1% 增加到 9% 时，透过的蓝光部分逐渐降低，LED 器件发出的光从冷白光向自然白色光转变，最终转变为暖白光。当 LuAG：Ce^{3+} 与 CaAlSiN₃：Eu^{2+} 的混合比例从 2:1 到 18:1 时，绿光部分逐渐增多，色坐标落点呈现向绿光区域直线移动。

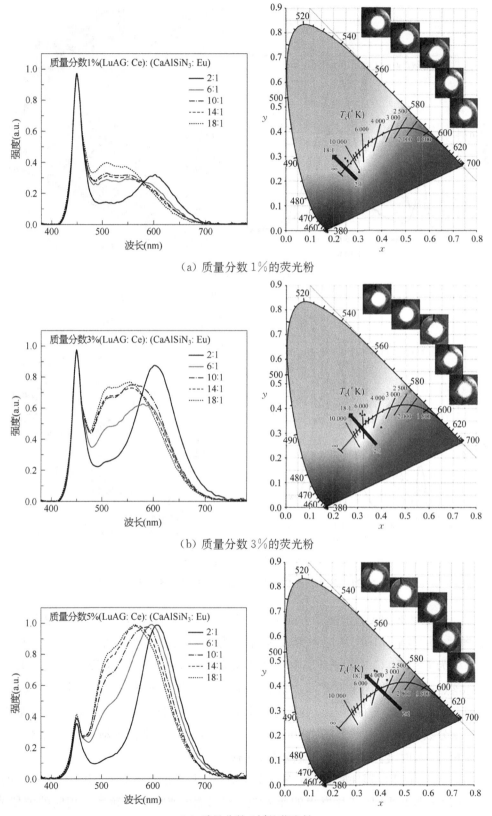

（a）质量分数 1％的荧光粉

（b）质量分数 3％的荧光粉

（c）质量分数 5％的荧光粉

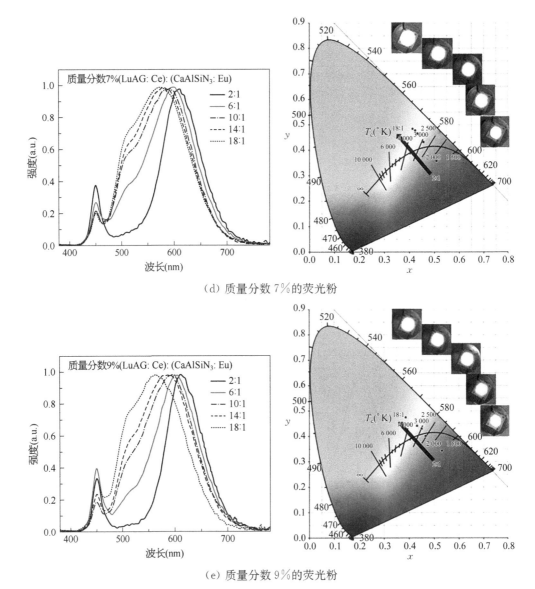

（d）质量分数 7% 的荧光粉

（e）质量分数 9% 的荧光粉

图 7－21　不同荧光玻璃陶瓷样品的 EL 光谱图和色坐标图

图 7－22 为 30 mA 直流驱动下（LuAG：Ce^{3+} 和 $CaAlSiN_3$：Eu^{2+}）荧光玻璃陶瓷封装 LED 器件中的色坐标图。从图中可以看出，a 为蓝光光源色坐标落点（$x=0.14$、$y=0.03$），b 为 LuAG：Ce^{3+} 荧光玻璃陶瓷色坐标落点，c 为 $CaAlSiN_3$：Eu^{2+} 荧光玻璃陶瓷色坐标落点；a、b、c 相互连接形成三角形区域，表示双掺荧光玻璃陶瓷发出的绿光、红光和透射蓝光的可能色坐标落点。当荧光粉（LuAG：Ce^{3+} 和 $CaAlSiN_3$：Eu^{2+}）混合基质玻璃中质量分数在 1%～9% 变化时，由于透过蓝光的减少，其坐标逐渐偏离蓝光区。当掺入荧光粉为 9% 时，色坐标落点向蓝色区域转移。

图 7－23 为 LED 器件模型示意图。发光是一个复杂的过程，图 a 中①代表透过的蓝光，②③代表蓝光 LED 芯片发出的蓝光激发荧光粉，被吸收并转换成相应的波段光，

④⑤蓝光被吸收而不被转换,⑥代表转换后的绿光被 $CaAlSiN_3$：Eu^{2+} 吸收并转换成红光,⑦⑧代表转换后的绿光被吸收而未被转换。当掺入荧光粉($LuAG$：Ce^{3+} 和 $CaAlSiN_3$：Eu^{2+})的质量分数为 9％时,从图 b 中可看出,由于荧光粉过多掺入会产生光猝灭现象,①过程会减少,④⑤⑦⑧的过程会增加,从而导致色坐标和相关色温的变化。因此,通过简单地改变基质玻璃粉与掺入荧光粉($LuAG$：Ce^{3+} 和 $CaAlSiN_3$：Eu^{2+})的质量比和改变 $LuAG$：Ce^{3+} 与 $CaAlSiN_3$：Eu^{2+} 的比值,可以实现 LED 器件的色坐标、相关色温可调。不过当掺入荧光粉($LuAG$：Ce^{3+} 和 $CaAlSiN_3$：Eu^{2+})的比例过大时,色坐标反而会向蓝色区域偏移。

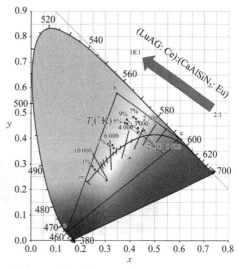

图 7 - 22　30 mA 直流驱动下($LuAG$：Ce^{3+} 和 $CaAlSiN_3$：Eu^{2+})荧光玻璃陶瓷封装 LED 器件中的色坐标图

○ LuAG: Ce荧光粉
● CaAlSiN$_3$: Eu荧光粉

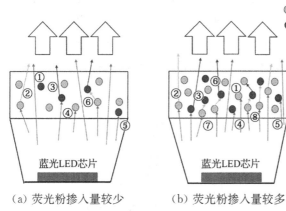

(a) 荧光粉掺入量较少　　(b) 荧光粉掺入量较多

图 7 - 23　LED 器件模型示意图

7.3.3　掺铕 $LuAG$：Ce^{3+} 荧光玻璃陶瓷的光学性能研究

将氧化物原料 25％Bi_2O_3、70％B_2O_3、5％ZnO 和质量分数为 x％的 Eu_2O_3(3％~11％)进行配比,充分混合均匀,将原料混合粉倒入刚玉坩埚中并放置于马弗炉内烧结,设置马弗炉的温度为 950 ℃,保温 2 h 后得到玻璃液;将熔融的玻璃液倒入温度为室温的铸铁模上,快速退火至室温后把基质玻璃研磨成玻璃粉末,并过 100~300 目筛;用研磨得到的玻璃粉末与 $LuAG$：Ce^{3+} 荧光粉以 2％~10％质量分数混合;混合均匀的粉末置于马弗炉中,温度设置为 600 ℃,保温 20 min 后形成掺铕 $LuAG$：Ce^{3+} 荧光玻璃陶瓷。

日光和蓝光下掺铕铋酸盐荧光玻璃陶瓷如图 7 - 24 所示,其中图 a 是采用熔融冷却法制备的 3％~11％掺入量的掺铕铋酸盐荧光玻璃陶瓷,样品有一定的透明度。从图 b 中可以看出,蓝光下掺铕铋酸盐荧光玻璃陶瓷均匀发出橙红色光,并且随着掺入铕质量百分比增加而变得更红。理论上掺铕铋酸盐荧光玻璃陶瓷可以补充一部分橙红色光,具有一定的照明应用潜力。

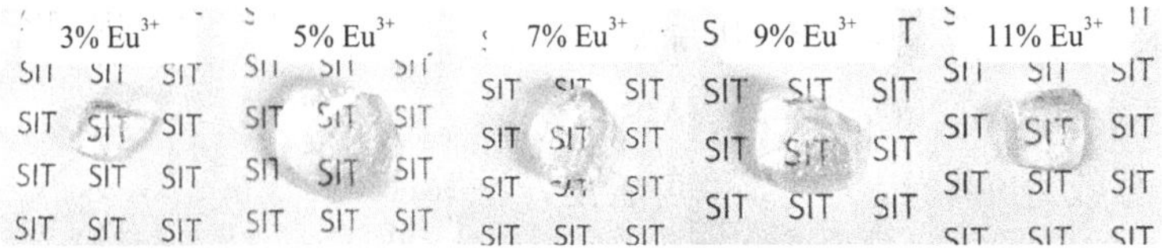

（a）日光下掺铕铋酸盐荧光玻璃陶瓷

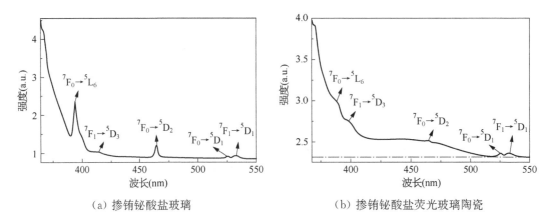

（b）蓝光下掺铕铋酸盐荧光玻璃陶瓷

图 7 - 24　日光和蓝光下掺铕铋酸盐荧光玻璃陶瓷

图 7 - 25 为掺铕铋酸盐玻璃和掺铕铋酸盐荧光玻璃陶瓷的吸收光谱图，从图 a 可以看出五个吸收尖峰分别是 394 nm、414 nm、465 nm、526 nm、532 nm，对应 Eu^{3+} 的 $^7F_0 \to ^5L_6$、$^7F_1 \to ^5D_3$、$^7F_0 \to ^5D_2$、$^7F_0 \to ^5D_1$、$^7F_1 \to ^5D_1$ 的能带跃迁；从图 b 不仅观察到 Eu^{3+} 的五个吸收尖峰，还可以在 $400 \sim 500$ nm 波段找到一个宽带吸收峰，这个峰是 LuAG：Ce^{3+} 荧光粉中三价铈离子的特征吸收峰。因此，掺铕荧光玻璃陶瓷有很宽的吸收波段，可以匹配蓝光芯片激发。

（a）掺铕铋酸盐玻璃　　　　　　　　（b）掺铕铋酸盐荧光玻璃陶瓷

图 7 - 25　掺铕铋酸盐玻璃和掺铕铋酸盐荧光玻璃陶瓷的吸收光谱图

图 7 - 26 为掺铕铋酸盐玻璃和掺铕荧光玻璃陶瓷的 XRD 图，研究掺铕铋酸盐玻璃对 LuAG：Ce^{3+} 荧光粉的晶体结构有无影响，将实验用掺铕荧光玻璃陶瓷的 XRD 图与 $Lu_3Al_5O_{12}$ 的标准卡片（PDF♯73 - 1368）进行对比分析，从图中可以看出，掺铕铋酸盐荧光玻璃陶瓷除了与标准卡片对应的峰外并无其他杂质峰出现。掺铕铋酸盐玻璃和掺铕铋酸盐荧光玻璃陶瓷均在 $20° \sim 35°$ 有一个非晶馒头峰，此为玻璃的特征峰。由此得出，掺入 LuAG：Ce^{3+} 荧光粉后，主体仍为玻璃体，且 LuAG：Ce^{3+} 荧光粉保持原有晶体结构。

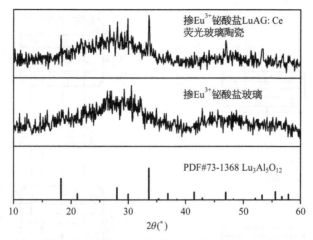

图 7 - 26 掺铕铋酸盐玻璃和掺铕铋酸盐荧光玻璃陶瓷的 XRD 图

图 7 - 27 为 LuAG：Ce³⁺ 荧光粉、掺铕铋酸盐玻璃和掺铕铋酸盐荧光玻璃陶瓷 PLE 光谱和 PL 光谱图，以及 LuAG 中 Ce³⁺ 和铋酸盐玻璃中 Eu³⁺ 能级示意图。从图 a 中可以看出，LuAG：Ce³⁺ 荧光粉有两个激发包峰分别处于 348 nm 和 465 nm，是由于 Ce³⁺：4f($^7F_0$)→5d($^5D_1$)、4f($^7F_0$)→5d($^5D_0$)电子跃迁产生的；掺铕铋酸盐玻璃在 612 nm 检测波长下，观察到 395 nm 和 465 nm 附近有两个激发尖峰，它们是由于 Eu³⁺：4f($^7F_0$)→5d($^5L_6$)、4f($^7F_0$)→5d($^5D_2$)跃迁产生的；掺铕铋酸盐荧光玻璃陶瓷同时拥有 Ce³⁺、Eu³⁺ 的电子跃迁，而处于 348 nm 的 Ce³⁺：4f($^7F_0$)→5d($^5D_1$)跃迁消失是由于基质玻璃的吸收。从图 b 中可以看出，LuAG：Ce³⁺ 荧光粉的发射峰为一个 530 nm 宽峰，对应 Ce³⁺：5d($^5D_0$)→4f($^7F_0$、$^7F_1$)的跃迁；掺铕铋酸盐玻璃有四个发射峰，对应 Eu³⁺：5d($^5D_0$)→4f($^7F_1$)，5d($^5D_0$)→4f($^7F_2$)，5d($^5D_0$)→4f($^7F_4$)的跃迁；掺铕铋酸盐荧光玻璃陶瓷同时存在 Ce³⁺、Eu³⁺ 的电子跃迁，其中在 525 nm、532 nm 有部分发射光缺失，根据图 7 - 27a 可以发现，这是由于掺铕铋酸盐玻璃在这两个波段存在吸收导致的。

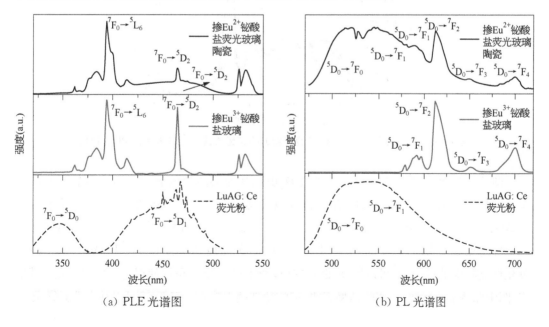

(a) PLE 光谱图   (b) PL 光谱图

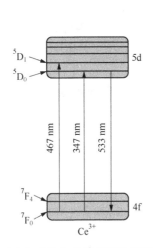
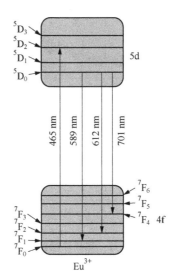

（c）LuAG 中 Ce³⁺ 能级示意图   （d）铋酸盐玻璃中 Eu³⁺ 能级示意图

图 7 - 27　LuAG：Ce³⁺ 荧光粉、掺铕铋酸盐玻璃和掺铕荧光玻璃陶瓷 PLE 光谱和 PL 光谱图，以及 LuAG 中 Ce³⁺ 和铋酸盐玻璃中 Eu³⁺ 能级示意图

对掺入不同 LuAG：Ce³⁺ 荧光粉的掺铕铋酸盐荧光玻璃陶瓷光学性能进行研究，如图 7 - 28 所示。在 465 nm 蓝光激发下，样品有 470～650 nm 的包峰和四个不同波段的尖峰，正对应样品中 Ce³⁺、Eu³⁺ 的电子跃迁；随着 LuAG：Ce³⁺ 荧光粉掺入量增大，对应 Ce³⁺ 跃迁的峰强逐渐增强，而 Eu³⁺ 跃迁产生的峰逐渐降低。

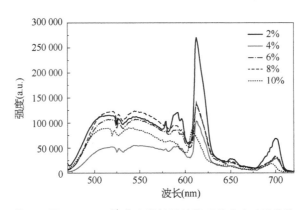

图 7 - 28　掺入不同 LuAG：Ce³⁺ 荧光粉的掺铕铋酸盐荧光玻璃陶瓷 PL 光谱图

图 7 - 29 为 8％LuAG：Ce³⁺ 荧光玻璃陶瓷、掺铕铋酸盐玻璃和掺铕铋酸盐荧光玻璃陶瓷的色坐标图。从图中可以看出掺铕铋酸盐玻璃的色坐标落点在红光区域，8％LuAG：Ce³⁺ 荧光玻璃陶瓷的色坐标落点更靠近绿光区域，五种不同荧光粉掺入量的样品色坐标落点处于中间；其中对比 8％LuAG：Ce³⁺ 荧光玻璃陶瓷和 8％ LuAG：Ce³⁺ 掺铕荧光玻璃陶瓷的色坐标，可以发现在铋酸盐玻璃中掺入 Eu³⁺ 可以使得色坐标向红光区域偏移（图中深色箭头标注）。实验结果表明，铋酸盐玻璃中掺入一定 Eu³⁺ 可以补充部分红光。

7.3.4　基于碲酸盐荧光玻璃陶瓷层状结构的光学性能研究

称取 0.05 mol 的玻璃组分原料 60% TeO_2-20%Na_2O-10%ZnO-10%B_2O_3（摩尔比）和一定质量分数的 LuAG：Ce 荧光粉（占玻璃原料总质量的百分比）；置于玛瑙研钵中搅拌混合均匀后转移到刚玉坩埚中；放入 600 ℃的马弗炉中恒温熔融 30 min；之后将玻璃液迅速倒在另一个设定为 250 ℃的马弗炉中的铸铁模上；在 250 ℃条件下退火 2 h 后再慢慢降至室温，得到透明的 LuAG：Ce 荧光玻璃陶瓷；经机械加工（研磨抛光）后得到一定厚度的荧光玻璃陶瓷片。称取一定量的 A 胶、B 胶和 CASN：Eu^{2+} 红色荧光粉置入容器内，混合搅拌 15 min；之后将混合均匀

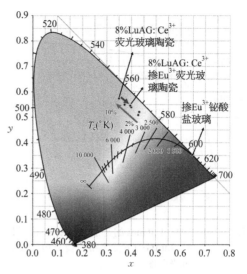

图 7-29　8%LuAG：Ce^{3+} 荧光玻璃陶瓷、掺铕铋酸盐玻璃和掺铕荧光玻璃陶瓷的色坐标图

的胶料放入真空脱泡机中进行脱泡处理 5 min；再将 LuAG：Ce 荧光玻璃陶瓷片固定在涂覆平台上，通过控制转盘转速和胶量在荧光玻璃陶瓷片表面形成一层薄且均匀的红色荧光薄膜；将涂覆好的荧光玻璃陶瓷先转移到 80 ℃的烤箱里烘烤 20 min，再转移到 150 ℃的烤箱里烘烤 20 min；冷却至室温后切割成一定尺寸大小的样品进行后续测试。

图 7-30 为厚度 1.0 mm 的基质玻璃和掺杂质量分数 8%LuAG：Ce 荧光粉的荧光玻璃陶瓷的透过光谱图，两种样品的透过率在 600～700 nm 波段内约为 70%，表明它们有良好的光学透过性。对比基质玻璃和荧光玻璃陶瓷的透过率曲线，可观察在 455 nm 左右荧光玻璃陶瓷的透过率明显地下降，这是因为 Ce^{3+} 对该波段位置的光有很强的吸收作用。LuAG：Ce 荧光玻璃陶瓷展现出极好的透明度和亮绿色，这是因为碲酸盐基质玻璃组分与 LuAG：Ce 荧光粉的折射率很相近，进而减少了有害的光散射。

图 7-31 为 LuAG：Ce 荧光粉和 LuAG：Ce 荧光玻璃陶瓷的 XRD 图。与荧光粉的 XRD 图相比，可以发现荧光玻璃陶瓷存在很明显的非晶态驼峰，这是基质玻璃的特性。除了非晶态驼峰外，LuAG：Ce 荧光玻璃陶瓷和 LuAG：Ce 荧光粉的物相结构与标准 LuAG：Ce 图（PDF♯73-1368 $Lu_3Al_5O_{12}$）相对应，没有出现多余的杂相，表明 LuAG：Ce 荧光粉被成功掺入碲酸盐基质玻璃中，并保留原有的晶格结构。

图 7-32 是掺杂不同浓度荧光粉的 LuAG：Ce 荧光玻璃陶瓷和 LuAG：Ce 荧光粉的 PL 光谱和 PLE 光谱图。在 455 nm 蓝光激发下得到了中心波长约为 520 nm 的 Ce^{3+}：5d→4f 宽发射带，同时在 520 nm 监测波长的发射下得到了以 350 nm 和 455 nm 为中心波长的两个激发峰，这是典型的 Ce^{3+}：4f→5d 的宽带跃迁。另外，随着荧光粉浓度的增加，荧光玻璃陶瓷的荧光强度逐渐增大。值得注意的是，LuAG：Ce 荧光玻璃陶瓷样品在 350 nm 处的激发峰强度明显弱于 YAG：Ce^{3+} 荧光粉的相对强度，这主要是因为基质玻璃对短波长光（300～400 nm）的强吸收作用。

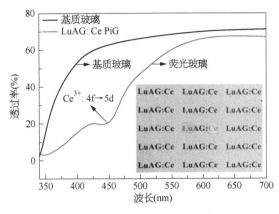

图 7-30 厚度 1.0 mm 的基质玻璃和掺杂质量分数 8%LuAG：Ce 荧光粉的荧光玻璃陶瓷的透过光谱图

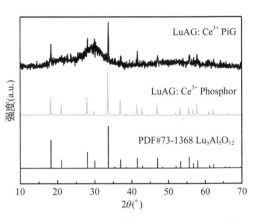

图 7-31 LuAG：Ce 荧光粉和 LuAG：Ce 荧光玻璃陶瓷的 XRD 图

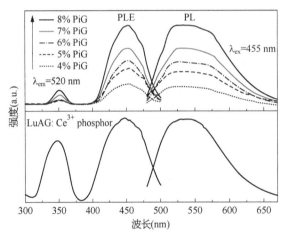

图 7-32 掺杂不同浓度荧光粉的 LuAG：Ce 荧光玻璃陶瓷和 LuAG：Ce 荧光粉的 PL 光谱和 PLE 光谱图

图 7-33 为不同样品的变温光谱图。研究结果表明两种荧光材料的荧光发射强度都随着温度的升高而逐渐降低，LuAG：Ce 荧光玻璃陶瓷在 473 K 时的荧光强度降低至室温（298 K）时的 79.6%，而 LuAG：Ce 荧光硅胶在 473 K 时的荧光强度却降低至室温（298 K）时的 72.3%，这主要是因为荧光玻璃陶瓷的热导率[0.85 W/(m·K)]比荧光硅胶的[0.18 W/(m·K)]更高，进而快速传导出芯片产生的热量。因此，荧光玻璃陶瓷具有更优异的热稳定性，有望替代传统硅胶封装材料来提高 LED 器件的可靠性。

图 7-34 为不同荧光粉的 SEM 图。从图 a、b 中可知两种荧光粉的形貌和颗粒大小是有差异的。从图 c 中很明显地看到，红色荧光薄膜无缝黏结在荧光玻璃陶瓷表面，红色荧光薄膜的厚度约为 198 μm，两种荧光粉均匀地分散在各自的基质中，没有出现颗粒聚集现象。另外，通过 EDS 分析在上层红色荧光薄膜的荧光粉颗粒上检测到 Ca、Al、Si、N 和 Eu 元素信号，在下层荧光玻璃陶瓷中的荧光粉颗粒上检测到 Lu、Al、O 和 Ce 元素信号，证明两种荧光粉颗粒都被成功地引入各自的基质中，并维持良好的光学性能。

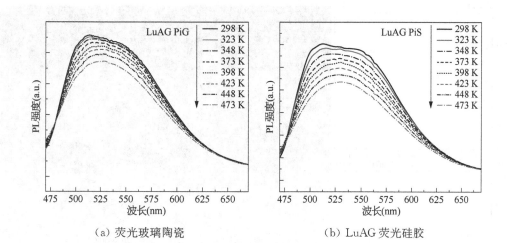

（a）荧光玻璃陶瓷　　　　　　　　　　（b）LuAG 荧光硅胶

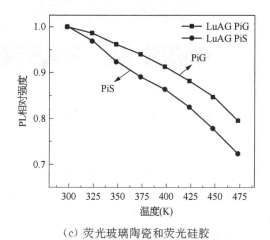

（c）荧光玻璃陶瓷和荧光硅胶

图 7-33　不同样品的变温光谱图

（a）LuAG：Ce 绿色荧光粉　　　　　　（b）CaAlSiN₃：Eu²⁺ 红色荧光粉

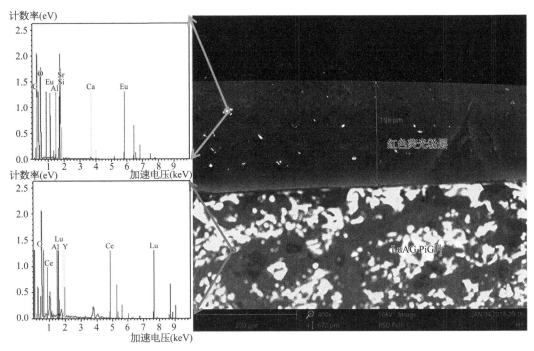

（c）涂覆有红色荧光粉层的 LuAG：Ce 荧光玻璃陶瓷

图 7 - 34　不同荧光粉的 SEM 图

为了研究 CASN：Eu^{2+} 荧光粉的掺杂浓度和 LuAG：Ce 荧光玻璃陶瓷的厚度对白光 LED 光电参数的影响，将制备的复合碲酸盐荧光玻璃陶瓷切割成一定尺寸的玻璃片，再与 3014 蓝光芯片进行封装，得到的 LED 器件在 20 mA 电流激发下发出明亮的白光，如图 7 - 35 所示。图 a 是掺杂不同 CASN：Eu^{2+} 荧光粉浓度的复合荧光玻璃陶瓷片封装成的白光 LED 的 EL 光谱图，可以发现，与未掺杂红色荧光粉的 LuAG：Ce 荧光玻璃陶瓷相比，复合荧光玻璃陶瓷的光谱发生了红移，向着长波长的方向移动。随着红色荧光粉浓度的增加，红光波段的强度逐渐增加，这是因为在相同蓝光光源激发下，增加 CASN：Eu^{2+} 荧光粉浓度将增加荧光薄膜中 Eu^{2+} 的含量，更多的 Eu^{2+} 会被蓝光和绿光激发发出更多的红光，进而增强红光波段的强度。图 b 为掺杂不同 CASN：Eu^{2+} 荧光粉浓度的复合荧光玻璃陶瓷片封装成的白光 LED 所对应的色坐标图，随着荧光粉浓度从 0% 增加到 20% 时，色坐标逐渐从冷白光区域移向暖白光区域，相应的白光 LED 器件的色温从 8 271 K 降至 3 289 K，发光效率从 100.4 lm/W 降至 90.65 lm/W，显色指数从 71.2 提高至 91.6。图 c 为不同 LuAG：Ce 荧光厚度的复合荧光玻璃陶瓷片封装成的白光 LED 的 EL 光谱图，可以发现，随着 LuAG：Ce 荧光玻璃陶瓷厚度的增加，绿光波段的强度也在逐渐增加，而红光波段的强度增加不太明显，这是因为增加 LuAG：Ce 荧光玻璃陶瓷的厚度虽然增加了蓝光对绿色荧光粉的激发，但会削弱蓝光对红色荧光粉的激发。图 d 为不同 LuAG：Ce 玻璃厚度的复合荧光玻璃片封装成的白光 LED 所对应的色坐标图，随着 LuAG：Ce 荧光玻璃陶瓷厚度从 0.7 mm 增加到 1.2 mm 时，色坐标逐渐从橙光区域移向黄光区域，

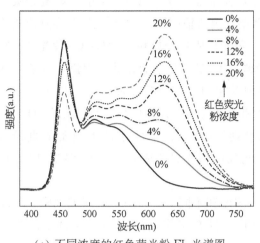

（a）不同浓度的红色荧光粉 EL 光谱图

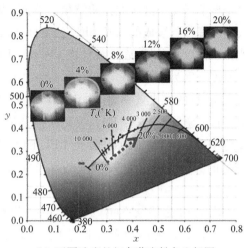

（b）不同浓度的红色荧光粉色坐标图

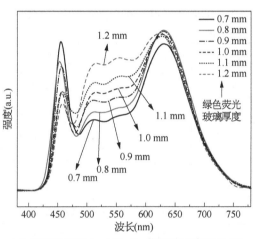

（c）不同厚度的 LuAG：Ce 荧光玻璃陶瓷的 EL
光谱图

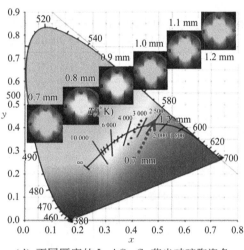

（d）不同厚度的 LuAG：Ce 荧光玻璃陶瓷色
坐标图

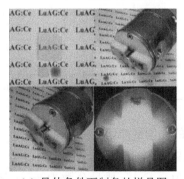

（e）最佳条件下制备的样品图

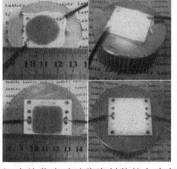

（f）大块荧光玻璃陶瓷封装的大功率
COB 器件图

图 7 - 35　涂覆有红色荧光粉的 LuAG：Ce 荧光玻璃陶瓷封装成的 LED 器件 EL 光谱、色坐标图及
发光实物图

这是调节绿光与红光配比的结果。然而,为了满足商业白光 LED 的照明需求,复合荧光玻璃陶瓷片封装成的白光 LED 色坐标必须要落在黑体辐射线上,否则就没有实际应用价值。根据以上分析,确定最佳的 CASN:Eu^{2+} 荧光粉质量分数和 LuAG:Ce 荧光玻璃陶瓷厚度分别为 20%、1.0 mm,在 20 mA 电流激发下,最佳复合荧光玻璃陶瓷片封装成的白光 LED 的发光效率为 90.65 lm/W,色温为 3 289 K,显色指数为 91.6。以上结果表明:通过调节 CASN:Eu^{2+} 荧光粉掺杂浓度和荧光玻璃陶瓷厚度可实现白光 LED 的色度可调,有针对性地改善白光 LED 的光电性能。另外,在最佳条件下制备的直径为 2 cm 的圆形和边长为 2.5 cm 的方形复合荧光玻璃陶瓷封装成大功率 COB 器件如图 f 所示。

表 7 - 4 是掺杂不同 CASN:Eu^{2+} 荧光粉浓度和不同 LuAG:Ce 荧光玻璃陶瓷片厚度的复合荧光玻璃陶瓷片封装成的白光 LED 器件在工作电流 20 mA 条件下的光电参数。

表 7 - 4 掺杂不同 CASN:Eu^{2+} 红色荧光粉浓度和不同 LuAG:Ce PiG 厚度的荧光玻璃陶瓷片封装成的白光 LED 器件在工作电流 20 mA 条件下的光电参数

样品	发光效率(lm/W)	色温(K)	显色指数	色坐标
质量分数 0% 的红色荧光粉	100.40	8 271	71.2	(0.278 4, 0.345 8)
质量分数 4% 的红色荧光粉	98.82	6 952	76.4	(0.300 4, 0.355 2)
质量分数 8% 的红色荧光粉	97.24	5 806	79.8	(0.325 2, 0.362 5)
质量分数 12% 的红色荧光粉	95.70	4 829	83.4	(0.351 8, 0.371 0)
质量分数 16% 的红色荧光粉	92.54	3 945	89.5	(0.384 8, 0.388 4)
质量分数 20% 的红色荧光粉	90.65	3 289	91.6	(0.414 9, 0.400 4)
0.7 mm PiG	80.20	3 371	94.2	(0.384 7, 0.328 8)
0.8 mm PiG	82.36	3 331	93.4	(0.396 1, 0.354 1)
0.9 mm PiG	85.82	3 311	92.8	(0.407 7, 0.380 9)
1.0 mm PiG	90.65	3 289	91.6	(0.419 4, 0.400 4)
1.1 mm PiG	91.47	3 227	86.4	(0.425 0, 0.413 0)
1.2 mm PiG	93.28	3 209	80.5	(0.433 0, 0.429 5)

7.3.5 掺红荧光粉的 YAG 荧光玻璃陶瓷的光学性能研究

为了提高荧光陶瓷显色指数和降低色温,掺入不同含量的红色荧光粉是一种比较可靠的解决方案。本实验固定掺入黄色荧光粉 YAG:Ce^{3+}(质量分数为 6%),按照质量浓度比例为 1%~5% 称取一定量的红色荧光粉 Sr$_2$Si$_5$N$_8$:Eu^{2+},首先将两种荧光粉和玻璃粉在研钵中充分研磨混合 20 min,混合均匀后装入直径 15 mm 的模具中,利用电动压片机在 20 MPa 下进行压片,之后放入马弗炉内按照之前得到的工艺制度进行热处理,保温后随炉降温,即可得到厚度为 2 mm 左右的复合荧光玻璃陶瓷材料,然后利用抛光机抛光,最后进行后续测试。

实验研究了不同红色荧光粉 $Sr_2Si_5N_8$：Eu^{2+} 掺入量下复合荧光玻璃陶瓷的物相结构变化,如图 7-36 所示。从图 a 可以看出,所有样品在 $2\theta=23.24°$ 附近均出现一个玻璃特有的馒头峰,这是由样品中存在 Si-O-Si 的非晶体衍射峰所导致的,说明样品基质主要仍是玻璃相。由于掺入红色荧光粉较少,图中其他衍射峰与样品中 YAG：Ce^{3+} 荧光粉的特征峰有较好符合。从图 b 可以看出,样品的 XRD 图与红色荧光粉 $Sr_2Si_5N_8$：Eu^{2+} 的标准卡(JSPDS No. 85-0101)相比缺少一些特征峰,这是由于氮化物荧光粉在 700℃ 下与二氧化硅发生一定程度的界面反应出现物质相互迁移导致的。此外,荧光粉的热稳定性也会造成这种现象,不过从发光颜色来说,荧光玻璃陶瓷中荧光粉的荧光特性得以保留。

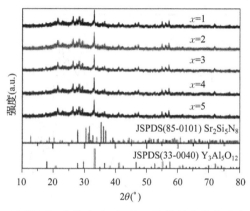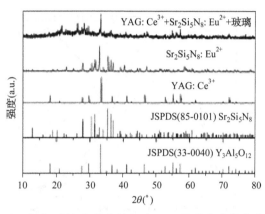

(a) YAG：Ce^{3+} 和 $Sr_2Si_5N_8$：Eu^{2+} 复合荧光玻璃陶瓷

(b) 含有 3% 红色荧光粉 $Sr_2Si_5N_8$：Eu^{2+} 复合荧光玻璃陶瓷

图 7-36 复合荧光玻璃陶瓷的 XRD 图

从图 7-37a 中可以看出,两者均可以被 450 nm 蓝光有效激发,其中 $Sr_2Si_5N_8$：Eu^{2+} 荧光粉具有 350～550 nm 的宽激发带,该激发带源于 Eu^{2+} 的 $4f^7 \rightarrow 4f^65d^1$ 跃迁。从图 7-37b 中可以看到,复合荧光玻璃陶瓷的发射峰主位于 530 m,但由于红色荧光粉不是商用,其发光强度较低,实验仪器不能很好监测到红光,导致复合荧光玻璃陶瓷中红光成分较弱。

从图 7-37c、d 中可以看出,样品的发射峰强度随着 $Sr_2Si_5N_8$：Eu^{2+} 荧光粉掺入量的增加而降低,其原因是在测试过程中,光源总能量是不变的,随着红色荧光粉的增多,样品中黄色荧光粉受到蓝光激发的能量减少,导致黄光强度下降。此外,为了验证红色荧光粉掺入对样品发射光谱的影响,利用 origin 软件对光谱的半高峰宽进行拟合计算,半高峰宽是达到吸收谱带高度的一半时吸收谱带的宽度,光谱半高峰宽可以在一定程度下反映光的纯度,半高峰宽越窄颜色越纯。从图中可以看出,通过调节样品中黄、红荧光粉的比例改变光谱的半高峰宽,半高峰宽从 66.69 增加到 75.10,最终得到半高峰宽更宽、覆盖区域更广的发射光谱,以期达到提高显色指数的目的。

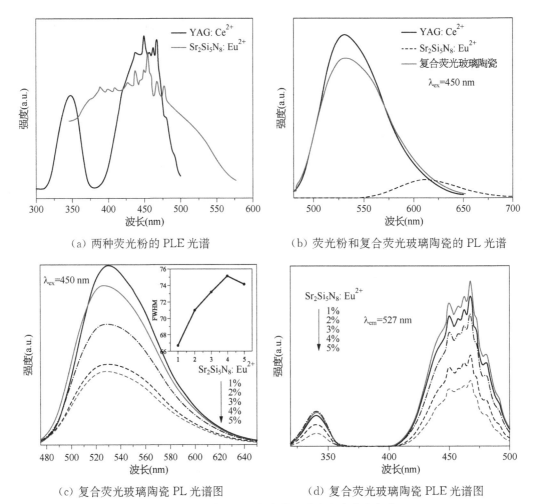

（a）两种荧光粉的 PLE 光谱　　　　　　（b）荧光粉和复合荧光玻璃陶瓷的 PL 光谱

（c）复合荧光玻璃陶瓷 PL 光谱图　　　　（d）复合荧光玻璃陶瓷 PLE 光谱图

图 7 - 37　两种荧光粉和复合荧光玻璃陶瓷荧光光谱图

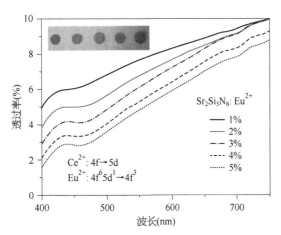

图 7 - 38　黄红两种荧光粉混合的 $Sr_2Si_5N_8$ ∶ Eu^{2+} 不同掺入量下复合荧光玻璃陶瓷的透过率曲线图

图 7 - 38 为黄红两种荧光粉混合的 $Sr_2Si_5N_8$ ∶ Eu^{2+} 不同掺入量下复合荧光玻璃陶瓷透过率曲线图。在 400 ～ 750 nm 测试光谱范围内，随着红色荧光粉掺入量的增多，样品的透过率降低。从样品的实物图也可以看出，随着荧光粉的浓度增加，样品色从黄色变化为红色，此外由于红色荧光粉的加入，折射率进一步不匹配，使光散射作用增强。与 YAG ∶ Ce^{3+} 玻璃荧光陶瓷相比，透过率进一步降低，从 10％逐渐下降至 1.5％，其透明度降低和红色荧光粉与基质玻璃的界面反应也有一定关系。从图中可以看出，所有

样品在 450 nm 均有吸收峰,该吸收峰来源于 Ce^{3+} 和 Eu^{2+} 的吸收。

图 7-39a、b 分别为商用 YAG:Ce^{3+} 荧光粉和 $Sr_2Si_5N_8$:Eu^{2+} 荧光粉形貌图,图 c 为复合荧光玻璃陶瓷的 FESEM 图。从图 c 中可以看出,荧光粉颗粒较好地分布在玻璃基质中,样品中荧光粉的尺寸与初始荧光粉相比没有明显改变。从图 b 可以看出,$Sr_2Si_5N_8$:Eu^{2+} 红色荧光粉的形貌不规则,会加强光的散射,导致样品透过率变低,对后续测试有一定影响,同时可以观察到抛光后的样品表面出现气孔,这会影响样品的发光效率。

(a) YAG:Ce^{3+} 荧光粉

(b) $Sr_2Si_5N_8$:Eu^{2+} 荧光粉

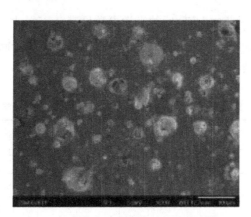

(c) 复合荧光玻璃陶瓷的 FESEM 图

图 7-39　掺 $Sr_2Si_5N_8$:Eu^{2+} 荧光粉的 YAG:Ce^{3+} 荧光玻璃陶瓷微观形貌图

考虑实际应用,把抛光后的复合荧光玻璃陶瓷片与商用 GaN/NGAN 蓝光 LED 芯片进行封装,并测试白光 LED 器件的光电性能参数,在 20 mA 的电流激发下封装 LED 后复合荧光玻璃陶瓷的光谱功率分布如图 7-40 所示,随着 $Sr_2Si_5N_8$:Eu^{2+} 荧光粉浓度的增加,样品中黄色光和红色光的强度也随之增强。芯片发出的蓝光照射玻璃陶瓷片时部分转换成黄光,剩余的蓝光与样品发出的黄光复合后得到白光,调整红色荧光粉的掺入量可以使 LED 实现低色温、暖白的效果。图 7-41 为色坐标图及实物样品点亮图,从图中可以看出,白光 LED 的发光颜色从冷白转为暖白,相对应色坐标变化也相同,同时可以从实物图中看到,由于蓝光不能很好地覆盖整个玻璃陶瓷片,导致样品中央为白光,边是橙红色光。

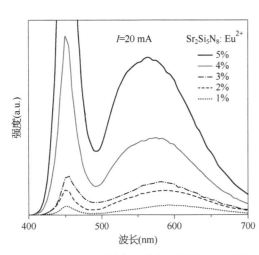 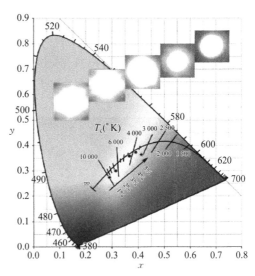

图7-40 在20 mA的电流激发下封装LED后复合荧光玻璃陶瓷光谱功率分布图

图7-41 复合荧光玻璃陶瓷色坐标图及实物样品点亮图

复合荧光玻璃陶瓷封装成LED后的光学参数见表7-5。由表可以看出,由于在样品中掺入红色荧光粉,所有样品的显色指数均在80以上,能够较好满足室内照明的要求,色温从高色温9 556 K逐渐降低到低色温3 085 K。

表7-5 复合荧光玻璃陶瓷封装成白光LED后的光学参数

序号	$Sr_2Si_5N_8:Eu^{2+}$含量	色温(K)	显色指数 Ra	色坐标 x 值	色坐标 y 值
1	1%	9 566	83.5	0.291 2	0.274 7
2	2%	6 596	84.5	0.315 3	0.301 2
3	3%	4 306	86.2	0.365 8	0.358 9
4	4%	3 689	81.5	0.391 0	0.372 6
5	5%	3 085	80.6	0.413 0	0.363 3

为此研究在YAG:Ce^{3+}荧光玻璃陶瓷中加入红色荧光粉后复合荧光玻璃陶瓷的PL光谱图和相对光谱强度,如图7-42所示。从图中可以看出,随着温度升高,样品的PL光谱强度逐渐降低,当温度达到453 K时,复合玻璃陶瓷片的发光强度可以达到91.3%,可能是由于这种材料具有较高的热导率和低的热膨胀系数,有利于释放芯片的温度;但当温度达到523 K时,样品的光谱强度下降比较明显,可能是由于加入红色荧光粉的缘故。

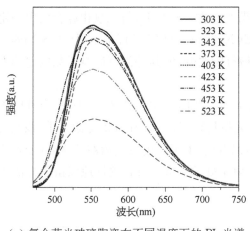
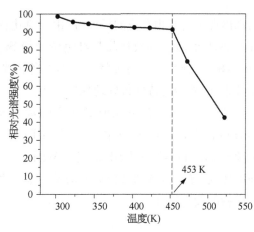

（a）复合荧光玻璃陶瓷在不同温度下的 PL 光谱　　　　（b）相对光谱强度折线图

图 7 - 42　在 YAG：Ce^{3+} 荧光玻璃陶瓷中加入红色荧光粉后复合荧光玻璃陶瓷的 PL 光谱和光谱强度折线图

7.3.6　掺红色荧光粉的 LuAG 荧光玻璃陶瓷的光学性能研究

蓝光 LED 芯片与黄光荧光粉复合的白光 LED，其红光区域显色性能不足的问题可以通过添加一种红光荧光材料的方式来进行改善。近几年，随着红、绿荧光粉的稳定性和效率的提高，可以通过加入红、绿荧光粉在蓝光 LED 芯片激发下得到白光，提升显色指数。研究通过将绿色荧光粉 LuAG：Ce^{3+} 与氮化物荧光粉 $Sr_2Si_5N_8$：Eu^{2+} 和基质玻璃粉混合得到复合荧光玻璃陶瓷材料，复合荧光玻璃陶瓷片的 PL 光谱宽度可以通过红、绿两种荧光粉比例进行调节，进而得到半高峰宽较宽、覆盖区域广的高显色白光，从物相结构、光学性能、微观形貌、封装性能及热稳定性等方面对其进行研究。

实验研究不同红色荧光粉 $Sr_2Si_5N_8$：Eu^{2+} 掺入量下复合荧光玻璃陶瓷的物相结构变化，如图 7 - 43 所示。从图 a 可以看出，所有样品在 $2\theta = 23.24°$ 附近均保持着较宽的玻璃馒头峰，这是样品中存在 Si - O - Si 的非晶体衍射峰，说明样品基质主要仍是玻璃相。从图 b 可以看出，与绿色荧光粉 LuAG：Ce^{3+} 的 PDF 标准卡（JSPDS No 73 - 1368）相比，样

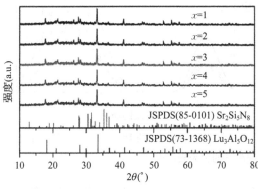
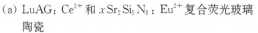
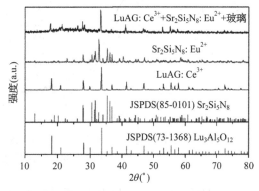

（a）LuAG：Ce^{3+} 和 $x Sr_2Si_5N_8$：Eu^{2+} 复合荧光玻璃　　（b）含有 3％红色荧光粉 $Sr_2Si_5N_8$：Eu^{2+} 复合荧光
　　　陶瓷　　　　　　　　　　　　　　　　　　　　　　　玻璃陶瓷

图 7 - 43　红色荧光粉 $Sr_2Si_5N_8$：Eu^{2+} 不同掺入量下复合荧光玻璃陶瓷的 XRD 图

品都出现了与其相对应的行射峰,由于氮化物荧光粉在 700 ℃下,与二氧化硅会发生一定程度的界面反应,导致样品与红色荧光粉 $Sr_2Si_5N_8$:Eu^{2+} 的 PDF 标准卡(JSPDS No85 - 0101)相比,缺少一些特征峰。虽然红色荧光粉有所改变,但其并没有影响样品的整体发光效果,荧光粉的特性很好地保留下来。

图 7 - 44 为复合荧光玻璃陶瓷的荧光光谱图。从图 a 中可以看出,两者均可以被 450 nm 蓝光有效激发,其中 $Sr_2Si_5N_8$:Eu^{2+} 荧光粉具有 350～550 nm 的宽激发带,该激发带源于 Eu^{2+} 的 $4f^7 \rightarrow 4f^6 5d^1$ 跃迁。从图 b 中可以看出,由于红色荧光粉在 609 nm 处发光强度较低,导致检测到复合荧光玻璃陶瓷的发射主峰位于 505 nm,较好地保留了样品中荧光粉的荧光特性。

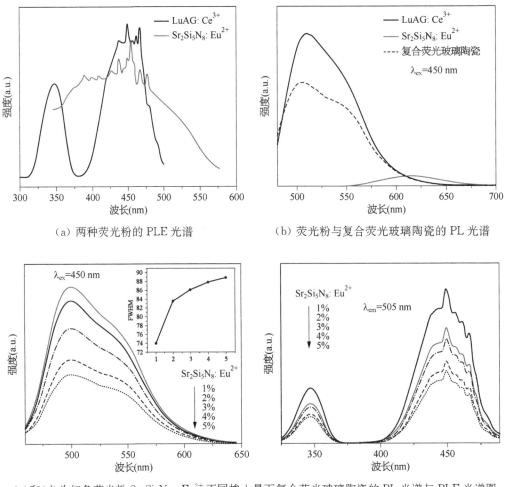

(a) 两种荧光粉的 PLE 光谱　　　　(b) 荧光粉与复合荧光玻璃陶瓷的 PL 光谱

(c)和(d)为红色荧光粉 $Sr_2Si_5N_8$:Eu^{2+} 不同掺入量下复合荧光玻璃陶瓷的 PL 光谱与 PLE 光谱图

图 7 - 44　复合荧光玻璃陶瓷的荧光光谱图

从图 7 - 44c、d 可以看出,样品的发射主峰强度随着 $Sr_2Si_5N_8$:Eu^{2+} 荧光粉浓度增加而降低,其原因是在测试过程中,光源总能量是不变的,随着红色荧光粉的增多,样品中绿色荧光粉受到蓝光激发的能量减少,导致绿光强度下降。此外,为了验证红色荧光粉掺入对样品发射光谱的影响,用 origin 软件对光谱的半高峰宽进行拟合计算。半高峰宽是吸收谱带高度为最大高度的一半时吸收谱带的宽度,光谱半高峰宽可以在一定程度下反映光谱的纯度,半高峰宽越窄,颜色越纯。从图 c 中可以看出,通过调节样品中红、绿荧光粉的比例可以改变光谱的半高峰宽,半高峰宽从 74.07 增加到 88.93,最终得到半高峰宽更宽、覆盖区域更广的发射光谱,以达到提高显色指数的目的。

图 7-45 为绿、红两种荧光粉混合的 $Sr_2Si_5N_8：Eu^{2+}$ 不同掺入量下复合荧光玻璃陶瓷透过率曲线图。在 $400\sim750\,nm$ 测试光谱范围内,随着红色荧光粉掺入量的增多,样品的透过率降低,最高的透过率在 $9\%\sim10\%$。从样品的实物图也可以看出,随着荧光粉的浓度增加,样品颜色从绿色变化为红色,此外由于红色荧光粉的加入,折射率的不匹配,使光散射作用进一步增强。与 YAG：Ce^{3+} 荧光玻璃陶瓷相比,透过率进一步降低。透过率从 10% 逐渐下降至 1.5%。其透明度降低和红色荧光粉与基质玻璃的界面反应也有一定关系。从图 7-45

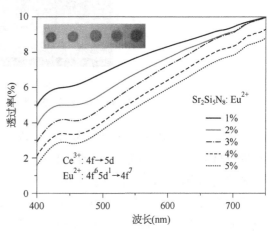

图 7-45　绿、红两种荧光粉混合 $Sr_2Si_5N_8：Eu^{2+}$ 不同掺入量下复合荧光玻璃陶瓷的透过曲线

中可以看出,所有样品在 $450\,nm$ 处均有吸收峰。该吸收峰来源于 Ce^{3+} 和 Eu^{2+} 的吸收,与前面测试的荧光光谱结果相吻合。

商用 LuAG：Ce^{3+} 荧光粉的形状呈球状、形貌规则,可以达到实际需要,黄、红荧光粉和符合荧光玻璃陶瓷的微观形貌如图 7-46 所示。从图 b 可以看出,$Sr_2Si_5N_8：Eu^{2+}$ 红色荧光粉的形貌不规则,会加强光散射现象,导致样品透过率变低,对后续测试有一定影响。但从图 c 中可以看出,荧光粉颗粒较好地分布在基质玻璃中,荧光粉有团聚现象,陶瓷片中荧光粉的尺寸与初始荧光粉相比没有明显改变,同时可以观察到,抛光会破坏部分荧光粉的颗粒完整性,影响样品的发光效率。

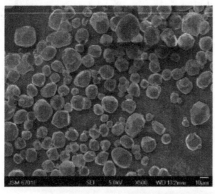

（a）LuAG：Ce^{3+} 荧光粉

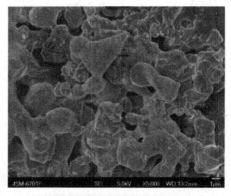

（b）$Sr_2Si_5N_8：Eu^{2+}$ 荧光粉

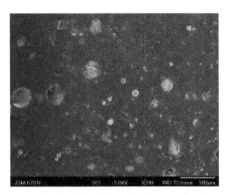

（c）复合荧光玻璃陶瓷的 FESEM 图

图 7 - 46   黄、红荧光粉和复合荧光玻璃陶瓷的微观形貌

考虑实际应用，将抛光后的复合荧光陶瓷片与目前商用的 GaN/InGAN 蓝光 LED 芯片进行封装，并测试白光 LED 器件的光电性能参数。在 20 mA 的电流激发下封装后复合荧光玻璃陶瓷的光谱功率分布如图 7 - 47 所示，随着 $Sr_2Si_5N_8$：Eu^{2+} 荧光粉浓度的增加，样品的发射主峰位置从 540 mm 变化为 600 nm。芯片发出的蓝光照射陶瓷片时部分转换成绿光和红光，剩余的蓝光与红光和绿光复合从而得到白光，通过调整红色荧光粉的掺入量可以使 LED 实现低色温、暖白的效果。图 7 - 48 为色坐标及实物样品点亮图，从图中可以看出，白光 LED 的发光颜色从冷白转换为暖白，相对应色坐标变化也是如此，同时可以从实物图中看到，手工抛光的陶瓷片不能全部覆盖在蓝光芯片上，导致样品边缘有绿光或红光漏出。

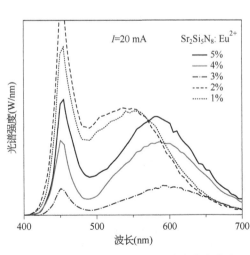

图 7 - 47   封装后复合荧光玻璃陶瓷光谱功率分布图

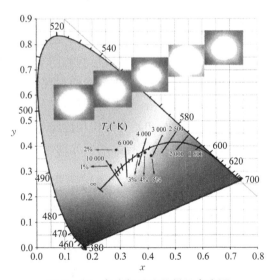

图 7 - 48   色坐标及实物样品点亮图

复合荧光玻璃陶瓷封装成 LED 后的光学参数见表 7 - 6，可以看出，由于在样品中掺入红色荧光粉，所有样品的显色指数均在 75 以上，随着红色荧光粉含量的增多，样品的色温逐渐降低,从 9 804 K 降低到 3 089 K。

表 7 - 6　复合荧光玻璃陶瓷封装成白光 LED 光学参数

序号	$Sr_2Si_5N_8：Eu^{2+}$ 含量	色温(K)	显色指数 Ra	色坐标 x 值	色坐标 y 值
1	1%	9 804	75.1	0.264 8	0.323 8
2	2%	7 704	76.5	0.286 6	0.384 0
3	3%	4 306	83.6	0.365 8	0.358 9
4	4%	3 689	85.2	0.391 0	0.372 6
5	5%	3 089	82.4	0.413 0	0.363 3

　　将制备得到的复合荧光玻璃陶瓷进行热稳定性测试,测试结果如图 7 - 49 所示。从图中可以看出,随着温度升高,复合陶瓷片光谱强度逐渐下降,PL 光谱主峰位置有一定的向左偏移;当温度达到 453 K 时,样品的光谱强度仍可以达到 83.6%,同样是由于加入红色荧光粉,当温度升高到 523 K 时,样品的光谱强度下降到 64.41%。

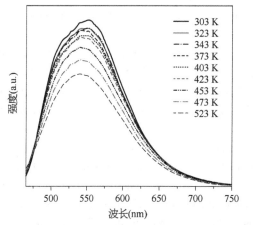
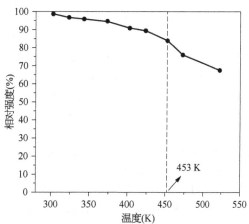

（a）复合荧光玻璃陶瓷在不同温度下的 PL 光谱图　　　　（b）相对强度折线图

图 7 - 49　复合荧光玻璃陶瓷的 PL 光谱图

参考文献

［1］Muthu S, Schuurmans F J P, Pashley M D. Red, Green, and Blue LEDs for White Light Illumination ［J］. Selected Topics in Quantum Electronics, IEEE Journal of, 2002, 8(2): 333 - 338.

［2］Shur M, Arturas Z. Solid-state lighting: Towards superior illumination ［J］. Proc. IEEE, 2019, 93 (10): 1691 - 1703.

［3］Sheu J-K, Kuo C H, Su Y, et al. White-light emission from near UV InGaN-GaN LED chip precoated with blue/green/red phosphors ［J］. Photonics Technology Letters, IEEE, 2003, 15(1):

18 - 20.

[4] Mckittrick J, Shea-Rohwer L. Review: Down Conversion Materials for Solid-State Lighting [J]. Journal of the American Ceramic Society, 2014,97(5): 1327 - 1352.

[5] Hsu K-F, Lin C-W, Jung Min H. Selecting conversion phosphors for white light-emitting diodes package by generalized reduced gradient method in dispensing application [C]//IEEE. 15th International Conference on Numerical Simulation of Optoelectronic Derices (NUSOD 2015): 7292837.

[6] Ye S, Feiyun X, Pan Y, et al. Phosphors in phosphor-converted white light-emitting diodes: Recent advances in materials, techniques and properties [J]. Materials Science & Engineering R-reports-MAT SCI ENG R, 2010,71(1): 1 - 34.

[7] Jacobs R, Krupke W, Weber M. Measurement of excited-state-absorption loss for Ce^{3+} in $Y_3Al_5O_{12}$ and implications for tunable 5d→4f rare-earth lasers [J]. Applied Physics Letters, 1978, 33(5): 410 - 412.

[8] Piao X, Machida K-I, Horikawa T, et al. Synthesis and luminescent properties of low oxygen contained Eu^{2+}-doped Ca-α-SiAlON phosphor from calcium cyanamide reduction [J]. Journal of Rare Earths, 2008,26(2): 198 - 202.

[9] Lin Z, Lin H, Xu J, et al. Highly thermal-stable warm w-LED based on Ce: YAG PiG stacked with a red phosphor layer [J]. Journal of Alloys and Compounds, 2015,649: 661 - 665.

[10] Ying S-P, Fu H-K, Hsieh H, et al. The Modeling of Two Phosphors in Conversion White-Light LED [J]. IEEE Transactions on Electron Devices, 2017,64(3),1088 - 1093.

[11] Ying S-P, Shen J-Y. Concentric ring phosphor geometry on the luminous efficiency of white-light-emitting diodes with excellent color rendering property [J]. Optics Letters, 2016,41(9): 1989.

[12] Yang B, Zou J, Shi M, et al. Enhancement of thermal stability and reliability of green LuAG phosphors by appropriate Y substitution [J]. Journal of Materials Science: Materials in Electronics, 2016,28(5): 4075 - 4082.

[13] Zabinski J. American National Standards Institute (ANSI)[M]. 2000,43.

[14] Guo C, Zhang W, Luan L, et al. A Promising Red-Emitting Phosphor for White Light Emitting Diodes Prepared by Sol-Gel Method [J]. Sensors and Actuators B-chemical, 2008,133(1): 33 - 39.

[15] Zhang R, Wang B, Zhu W, et al. Preparation and luminescent performances of transparent screen-printed Ce^{3+}: $Y_3Al_5O_{12}$ phosphors-in-glass thick films for remote white LEDs [J]. Journal of Alloys and Compounds, 2017,720: 340 - 344.

[16] Chen L-Y, Jin-Kai C, Cheng W-C, et al. Chromaticity tailorable glass-based phosphor-converted white light-emitting diodes with high color rendering index [J]. Optics express, 2015,23(15): A1024 - A1029.

[17] Chen J, Zhao Y, Mao Z-Y, et al. $CaAlSiN_3$: Eu^{2+}-based color-converting coating application for white LEDs: Reduction of blue-light harm and enhancement of CRI value [J]. Materials Research Bulletin, 2017,90: 212 - 217.

[18] Yi S, Chung W J, Heo J. Stable and Color-Tailorable White Light From Blue LEDs Using Color-Converting Phosphor-Glass Composites [J]. Journal of the American Ceramic Society, 2014, 97 (2): 342 - 345.

[19] Zhu Q Q, Xu X, Wang L, et al. A robust red-emitting phosphor-in-glass (PiG) for use in white lighting sources pumped by blue laser diodes [J]. Journal of Alloys and Compounds, 2017,702: 193 - 198.

［20］ Sijin，Liu，Meiling，et al. CsPbX$_3$ nanocrystals films coated on YAG：Ce^{3+} PiG for warm white lighting source ［J］. Chemical Engineering Journal，2017,330：823 – 830.

［21］ Lin Z，Lin H，Xu J，et al. A chromaticity-tunable garnet-based phosphor-in-glass color converter applicable in w-LED ［J］. Journal of the European Ceramic Society，2016,36(7)：1723 – 1729.

［22］ Xiang R，Liang X，Li P，et al. A thermally stable warm WLED obtained by screen-printing a red phosphor layer on the LuAG：Ce^{3+} PiG substrate ［J］. Chemical Engineering Journal，2016,306：858 – 865.

［23］ Xin，Zhang，Xiangwen，et al. Sinterability Enhancement by Collapse of Mesoporous Structure of SBA – 15 in Fabrication of Highly Transparent Silica Glass ［J］. Journal of the American Ceramic Society，2015,98(4)：1056 – 1059.

［24］ Zhang R，Lin H，Yu Y，et al. A New-Generation Color Converter for High-Power White LED：Transparent Ce^{3+}：YAG Phosphor-in-Glass ［J］. Laser & Photonics Reviews，2014,8：158 – 164.

［25］ Effect of metal halide fluxes on the microstructure and luminescence of Y$_3$Al$_5$O$_{12}$：Ce^{3+} phosphors ［J］. Materials Chemistry and Physics，2011,129(3)：955 – 960.

［26］ Lü W，Guo N，Jia Y，et al. Tunable Color of Ce^{3+}/Tb^{3+}/Mn^{2+}-Coactivated CaScAlSiO$_6$ via Energy Transfer：A Single-Component Red/White-Emitting Phosphor ［J］. Inorganic chemistry，2013,52(6)：3007 – 3012.

［27］ Cho J，Jung K Y，Kang Y. Two-step spray-drying synthesis of dense and highly luminescent YAG：Ce^{3+} phosphor powders with spherical shape ［J］. RSC Adv，2014,5(11)：8345 – 8350.

［28］ Chen L，Chen X，Liu F，et al. Charge deformation and orbital hybridization：Intrinsic mechanisms on tunable chromaticity of Y$_3$Al$_5$O$_{12}$：Ce^{3+} luminescence by doping Gd^{3+} for warm white LEDs ［J］. Scientific reports，2015,5(1)：11514.

第 8 章

蓄光型发光材料及其应用

8.1 引言

蓄光型发光材料又名长余辉发光材料,其特点是能够储存激发光能量,即当受到光激发时,其可在激发态下存储激发能,当激发停止后,在热扰动下能将能量以光的形式逐步释放,是一类具有延迟发光效应的节能型光致发光材料。蓄光型发光材料从古代就有,如东汉时期的郭况用"悬明珠与四垂,昼视之如星,夜望之如月"炫耀自己的尊贵,唐朝诗人王翰用"葡萄美酒夜光杯"抒发自己的豪情。这些"夜明珠"和"夜光杯"的发光正是蓄光型发光材料产生的一种特殊现象。近年来,随着低碳经济的快速发展,世界各国关于开发和利用低碳、绿色储能材料的呼声越来越高。蓄光型发光材料因其节能、环保及特殊的余辉性能,在光电器件、军事夜视、防伪编码、生物成像、能源及环境工程等前沿科学领域都具有重要的应用价值,得到了广泛关注。

回溯历史,最早记载的蓄光型发光材料是 1602 年发现的重晶石,这种石头的发光可能是因其含有铜离子掺杂的 BaS 蓄光型发光材料。如今蓄光型发光材料的种类达数百种,按照基质的不同,蓄光型发光材料大致可以分为硫化物类、铝酸盐类、硅酸盐类、镓酸盐类及其他类型。1996 年,Matsuzawa 等发现 $SrAl_2O_4$:Eu^{2+},Dy^{3+} 经紫外光或可见光激发后,能发射明亮持久的绿光,并且余辉时间可达 10 h 以上。这一发现迅速掀起了新型蓄光型发光材料的研究热潮,从此各种稀土离子掺杂的碱土金属铝酸盐蓄光型发光材料层出不穷。近年来,蓄光型发光材料的开发与利用逐渐趋于成熟,稀土离子掺杂的碱土铝酸盐蓄光型发光材料获得了市场的青睐,其应用也从装饰、照明等逐步扩展到信息存储、生物成像等领域。随着社会经济的迅速发展和科学技术的全面进步,新兴的技术和应用对蓄光型发光材料的蓬勃发展提出了更高的要求。

8.2 蓄光型发光材料的研究进展

8.2.1 材料分类

蓄光型发光材料被发现于 1866 年,研究人员在蓄光型发光材料的研究上获得了许多成果,也被广泛应用于日常生活中。截至目前,蓄光型发光材料被开发出许多种类,可以依据化学家族、应用及激发源等不同方式进行分类。根据激发方式的不同,可分为光致发光、阴极发光、X 射线发光、摩擦发光、声致发光、电致发光、热致发光、化学发光和生物发光。目前蓄光型发光材料常根据发光中心的基质材料种类进行分类,从最开始的以金属为发光中心基质材料,到现在以稀土离子为发光中心基质材料,蓄光型发光材料的各项性能都得到极大的改善与提升,不断地扩大蓄光型发光材料的应用领域。

根据基质材料可分为硫氧化物、硫化物、钛酸盐、镓酸盐、磷酸盐、碱土硅酸盐及碱土铝酸盐等体系。目前研究较成熟、应用范围较广的主要有硫化物、硅酸盐和铝酸盐三类体系的蓄光型发光材料,表 8-1 对比了这三类体系的各种性质。

表 8-1 蓄光型发光材料性质对比

性质	硫化物体系	硅酸盐体系	铝酸盐体系
色彩	色彩丰富	色彩丰富	蓝光、绿光、蓝绿光
发光性能	吸光快、余辉短	亮度低、余辉长	亮度高、余辉长
稳定性	不稳定	稳定	稳定
耐水性	弱	强	弱
耐腐蚀性	弱	强	弱
成本造价	高	低	高

1) 硫化物体系蓄光型发光材料

自 1866 年法国 Sidon 发现 ZnS:Cu 以来,蓄光型发光材料开始进入了人们的视野和生活,硫化物体系是最早被研究的蓄光型发光材料,是第一代蓄光型发光材料。为了研究其发光机理、合成工艺、影响因素等,研究人员开展了深入的研究,并不断开发出基于硫化物为发光中心的蓄光型发光材料。硫化物体系蓄光型发光材料光学性能参数见表 8-2。

以硫化物为基质的蓄光型发光材料色彩丰富,且在弱光环境中能快速吸光。但其稳定性、耐水性及耐腐蚀性等性能较差,且生产成本较高,同时生产的过程会产生含硫的有害气体,对空气造成污染,应用领域受限。

表 8-2 硫化物体系蓄光型发光材料光学性能参数

代表物质	发光颜色	发光波长(nm)	余辉时间(h)
CaS:Eu,Tm	红色	650	1
CaSrS:Bi	蓝色	450	1.5
ZnS:Cu,Co	黄绿色	530	8

2) 硅酸盐体系蓄光型发光材料

由于硫化物体系应用受限,随着研究的不断深入,研究者开发出了基于硅酸盐为基质的蓄光型发光材料,其稳定性、耐水性、耐腐蚀性及发光时间等均优于硫化物体系蓄光型发光材料,硅酸盐体系蓄光型发光材料得到了研究者的高度重视,成为新兴的研究热点。硅酸盐体系蓄光型发光材料光学性能参数见表 8-3。

硅酸盐体系蓄光型发光材料各方面均优于硫化物体系蓄光型发光材料,虽然其亮度不及铝酸盐体系,但硅酸盐体系蓄光型发光材料由高纯度的二氧化硅提炼制备,原料丰富易得、制备工艺简单、制造成本低,得到了较快的发展。

表 8-3　硅酸盐体系蓄光型发光材料光学性能参数

代表物质	发光颜色	发光波长(nm)	余辉时间(h)
$Sr_2SiO_4：Eu$	蓝色	479	0.09
$Sr_2SiO_4：Dy$	白色	—	1
$CaMgSi_2O_6：Eu，Dy$	蓝色	438	4
$Ca_2MgSi_2O_7：Eu，Dy$	绿色	545	20
$Sr_2MgSi_2O_7：Eu，Dy$	蓝色	466	20

3) 铝酸盐体系蓄光型发光材料

1968 年,Palilla F. C. 首次报道了高亮度 $SrAl_2O_4：Eu^{2+}$ 蓄光型发光材料,引起了人们的广泛关注,为铝酸盐体系的蓄光型发光材料的研发奠定了基础。由于铝酸盐体系蓄光型发光材料具有无毒无害、发光时间长、发光亮度高等许多优良特性,在 20 世纪 90 年代开始被广泛应用于各种领域。目前,随着科学技术的进步,铝酸盐体系蓄光型发光材料得到了改善与提高,其应用领域在不断拓展。铝酸盐体系蓄光型发光材料光学性能参数见表 8-4。

表 8-4　铝酸盐体系蓄光型发光材料光学性能参数

代表物质	发光颜色	发光波长(nm)	余辉时间(h)
$BaAl_2O_4：Eu^{2+}，Dy^{3+}$	绿色	500	2
$SrAl_{12}O_{19}：Eu^{2+}，Dy^{3+}$	蓝色	400	3
$SrAl_4O_7：Eu^{2+}，Dy^{3+}$	蓝色	480	3
$CaAl_2O_4：Eu^{2+}，Dy^{3+}$	蓝色	440	5
$SrAl_{14}O_{25}：Eu^{2+}，Dy^{3+}$	蓝色	490	20
$SrAl_2O_4：Eu^{2+}，Dy^{3+}$	黄绿色	514	30

4) 其他体系蓄光型发光材料

上述几种体系的蓄光型发光材料性能各异,其研究基础和工艺制备较成熟,被广泛应用于生活中的各个方面,但均不完美,研究者为了获得性能稳定和性能优良的产品,不断地拓展基于其他基质的蓄光型发光材料,如锡酸盐体系蓄光型发光材料。表 8-5 给出了几种其他体系的蓄光型发光材料光学性能参数。

表 8-5 其他体系蓄光型发光材料光学性能参数

种类	代表物质	发光颜色	发光波长(nm)	余辉时间(h)
钛酸盐	$CaTiO_3$：Pr^{3+}	红色	613	1
硫氧化物	Y_2O_2S：Eu，In	红色	625	6
镓酸盐	$ZnGa_2O_4$：Mn^{2+}	蓝绿色	503	1

8.2.2 蓄光型发光材料合成方法

随着科学技术的进步和应用领域的扩大,新的应用领域对蓄光型发光材料的设计方法、形态和功能提出了更多的要求。为了满足这些要求,越来越多的合成需要被制备成小型、均匀、持久的纳米荧光材料。从 2009 年至今在尺寸控制、形貌控制、均匀性控制、功能化设计及余辉性能优化等方面取得了长足的进展。蓄光型发光材料的合成方法众多,主要包括高温固相法、溶胶-凝胶法、水热合成法、模板剂法、共沉淀法、燃烧合成法和物理方法(如激光烧蚀法、电子束法等)。

蓄光型发光材料的合成方法对于决定其微观结构、余辉性能、荧光量子效率和缺陷分布等特性具有重要意义。传统的合成蓄光型发光材料的方法是以粉状原料为起始原料,采用固态反应。这些荧光粉由于晶粒相对粗糙,需要较高的烧结温度才能获得具有设计成分的蓄光型发光材料,但较高的烧结温度会导致晶体的非均匀分布和较大的晶粒尺寸。近年来,人们对蓄光型发光材料作为生物标记和光催化剂的应用越来越感兴趣,这些应用要求蓄光型发光材料具备高均匀性、单分散性和小尺寸等特点。传统的合成条件提出了优化的形貌与余辉时间之间的矛盾,即较高的合成温度有利于提高持续时间,但会形成不规则的结块产物。

1) 高温固相法

高温固相法是固体与固体之间的反应,由于其相对简单,非常适合大批量生产,且产出的粉体颗粒性能较好,因此是制备蓄光型发光材料中氧化物、硫(氧)化物和氮(氧)化物方法中应用最广泛。使用高温固相法合成蓄光型发光材料是目前比较好的方法,因为较高的烧结温度通常会增加固有热缺陷的数量。这些晶格缺陷和畸变对应的阳离子空位、阴离子空位、间原空位等可以改善余辉性能。虽然高温固态法在合成的蓄光型发光材料方面有很多优点,但也存在不可避免的缺点,用该方法制备的荧光粉粒度可达几十微米、煅烧温度高、均匀性差、形貌控制不佳,这些缺点极大地限制了纳米级蓄光型发光材料在生物医学、生物科学、能源工程和环境科学等领域的发展和应用。高温固相法制备工艺如图 8-1 所示。

图 8-1 高温固相法制备工艺

2）溶胶-凝胶法

溶胶-凝胶法在无机纳米粒子的合成中受到了广泛的关注，其主要步骤包括溶胶-凝胶路线、凝胶路线和可聚合络合物路线。一般采用金属盐或醇盐为前体，柠檬酸为合配体，酒精为交联剂，在分子水平上形成聚合树脂。在此过程中由于需要热处理，溶胶-凝胶技术是制备蓄光型发光材料的首选方法，小的纳米晶被封装到交联剂提供的离散空间中，从而限制了纳米晶在较高合成温度下的生长，有利于提高余辉性能。无机盐基溶胶-凝胶法在铝酸盐和硅酸盐基磷光材料中的应用受到了广泛的关注。

为了更好地抑制纳米晶的生长，提出一些合成方法来开发蓄光型发光材料，如溶胶-凝胶-微波法、溶胶-凝胶-燃烧法和溶胶-凝胶模板剂法。例如，红色 $Sr_3Al_2O_6$：Eu^{2+}，Dy^{3+} 采用溶胶-凝胶-微波法制备宽约 $80\,nm$ 的纳米棒，微波辐照的优点是可以有效地缩短反应时间，从而减小颗粒尺寸；溶胶-凝胶燃烧法合成 $SrAl_2O_4$：Eu^{2+}，Dy^{3+}，将原料溶解在浓硝酸中，混合溶液加热（$90\,℃$），少量乙醇缓慢滴入溶液中，直到没有红褐色气体（NO_2）蒸发出来。使用电子显微镜观察其颗粒大小，分析其纳米颗粒的粒径分布范围为 $90\sim250\,nm$。溶胶-凝胶法制备工艺如图 8-2 所示。

图 8-2　溶胶-凝胶法制备工艺

3）水热合成法

水热合成法是指在高于环境温度和压力的密封加热溶液中通过化学反应制备物质，与溶胶-凝胶法和共沉淀法不同，水热合成法通常在指定的反应容器（热压罐）内进行，反应容器用于提供高压和密封的环境，从而促进固体前体之间的反应。因此，与其他合成路线相比，这种方法可以在相对温和的条件下合成高晶体的纳米材料。水热合成法是一种很有前景的方法，它可以更好地控制从分子前驱体到反应参数（如反应时间和反应温度）得到高度均匀的产物，一些有机添加剂或表面活性剂与特定的官能团（如油酸）通常是添加随着反应前体来实现同步控制结晶阶段、大小和形态。合适的高温是形成目标热液反应堆必不可少的条件。

4）模板剂法

模板剂法是一种较为成熟的合成蓄光型发光材料的方法。一个重要的策略是将蓄光型发光材料层沉积在介孔二氧化硅纳米球表面，从而形成"二氧化硅@长余辉"复合材料。

最近一些研究者开发了一种方便的模板剂法用于蓄光型发光材料，该方法制备的蓄光型发光材料尺寸较小。首先，将单分散二氧化硅微球浸入金属离子水溶液中，使金属离子浸到模板的介孔中。然后，在一定条件下对离子浸渍的单分散二氧化硅进行退火处理，形成尺寸分布较窄的光纳米材料。该方法的主要特点是，介孔二氧化硅纳米粒不仅是硅源，而且是控制纳米粒（$50\sim100\,nm$）形貌和尺寸的硬模板。

5）共沉淀法

共沉淀法是用通常可溶解的物质沉淀物在所用条件下进行的。将所有原料溶解在溶液中,加入一定的试剂,使所有的阳离子共沉淀。析出相被分离,热处理使反应前驱体分解,最后退火使粉末结晶。该方法是制备无机纳米材料的一种有效方法,是因为原料充分混合,使得元素在前驱体中有良好的分散,使产物更加均匀。目前,该技术已被用于制备氟基和氧化物基发光纳米粒子,经过更高的温度处理后,这种改进的共沉淀技术会被研究人员广泛用来制备蓄光型发光材料,如 $CaAl_2O_4$：Eu^{2+}，Nd^{3+}、$Sr_3MgSi_2O_8$：Eu^{2+}，Dy^{3+}、Y_2O_2S：Sm^{3+}，Mg^{2+}，Ti^{4+}等。

6) 燃烧合成法

另一种制备蓄光型发光材料的常用方法是燃烧合成法。这种技术是基于自发燃烧的放热氧化还原反应。金属硝酸盐(氧化剂)和燃料(还原剂)的混合物(如尿素、柠檬酸或甘氨酸)在加热条件下发生自燃,放热反应产生的化学能将反应前驱体混合物加热到高温。获得前驱体后需要进行高温处理,这样的高温导致了蓄光型发光材料的形成和结晶。通过仔细调整实验变量,颗粒粒径分布较小的蓄光型发光材料,其结晶度好,并具有蓄光性能。

7) 其他方法

溶胶-凝胶法、水热合成法、模板剂法、共沉淀法、燃烧合成法和溶胶法等是制备单蓄光型发光材料的常用方法。除此之外,不少的研究人员也在不断地探索新的制备方法以满足不同领域的需求,比如溶剂热法、水热离子交换反应和微波合成等。

8.2.3 蓄光型发光材料的发光原理

自 20 世纪 90 年代开始,探究蓄光型发光材料的发光机理成为研究蓄光型发光材料性能的重要研究方向,国内外学者提出了多种模型来解释蓄光型发光机理。蓄光型发光机理包括载流子传输模型、隧道模型和位形坐标模型三种。其中,载流子传输模型包括空穴传输模型、电子转移模型、电子-空穴共传输模型;隧道模型包括全隧道模型和半隧道模型。上述模型中均能有效解释蓄光型发光的基质,其中空穴传输模型和位形坐标模型被业界普遍认可。

1) 空穴传输模型

Matsuzawa、Yamamoto 等提出了空穴传输模型,空穴传输模型如图 8-3 所示。Matsuzawa 等在研究铝酸锶蓄光型发光材料时发现,在 365 nm 紫外灯照射下,当 $SrAl_2O_4$ 掺杂了辅助活性剂 Dy^{3+} 后,出现了 Eu^{2+} 的 4f→5d 的电子跃迁现象。蓄光型发光材料在受到外界的激发后,Eu^{2+} 变为 Eu^+,同时受热的空穴转移到价带被 Dy^{3+} 捕获,使 Dy^{3+} 变为 Dy^{4+}。当停止照射后,由于受激作用,空穴从 Dy^{4+} 被释放到价带中,Dy^{4+} 变为 Dy^{3+},而后空穴沿着价带被 Eu^+ 所捕获与电子复合,产生余辉发光现象。

2) 位形坐标模型

位形坐标模型最初是由 Qui 等提出,图 8-4 为位形坐标模型,图中 A 为基态,B 为激发态,C 为缺陷能级。当电子受到外界刺激时,电子从基态 A 跃迁到激发态 B,如过程 1;电子跃迁到激发态 B 后,一部分电子直接返回基态 A,一部分电子被缺陷能级 C 捕获,如过程 3;电子在缺陷能级内产生热扰动吸收能量,吸收能量后回到激发态 B,最后回到基态

A,如过程 2 和过程 4。蓄光型发光材料的发光时间由缺陷能级的深度、电子浓度、电子从激发态返回基态的速率和吸收能量共同决定。

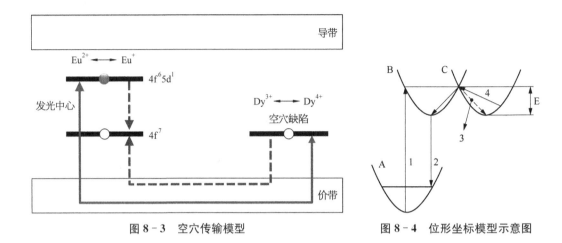

图 8-3　空穴传输模型　　　　　　　图 8-4　位形坐标模型示意图

8.2.4　蓄光型发光材料应用

与传统硫化物蓄光型发光材料相比,碱土铝酸盐蓄光型发光材料发光其亮度和余辉高出 30 倍以上,且耐候性极好、寿命长、无毒害,目前已广泛用于交通、安全、生物、军事及工艺美术等众多传统与高科技领域。在消防、安全、交通等领域,由碱土铝酸盐蓄光型发光材料制作的安全指示标识、交通标识、提示标识具有吸光发光、无须电源、免维护等优点,在不需要外部电源支持、紧急断电的情况下,可以起到信息指引、快速疏散、安全逃生等指示作用。在纺织及装饰材料领域,添加稀土掺杂碱土铝酸盐蓄光型发光材料制备的纤维纺织品和装饰材料已得到消费者的普遍青睐,发光时装已经成为年轻人追求的一种时尚,发光纤维被用来做成各种纺织品和装饰品,发光装饰布已经成为家庭居室的美化点缀。碱土铝酸盐蓄光型发光材料广泛用于塑料、陶瓷发光工艺品领域,采用碱土铝酸盐蓄光型发光材料制作的各种塑料、陶瓷制品具有自发光功能,呈现出良好的夜光标识和装饰美化效果。

目前,碱土铝酸盐蓄光型发光材料已从弱光照明、路标指示等传统应用领域向信息储存、传感检测等新兴领域不断拓展。将蓄光型发光材料植入光纤可制备荧光光纤温度传感器,利用蓄光型发光材料可以显示新鲜皮脂腺潜指纹,根据蓄光型发光材料余辉特性可以实现生物传感与成像。因此,可以预见,碱土铝酸盐蓄光型发光材料的应用领域还将不断拓展,市场需求潜力巨大。

8.3　蓄光型发光材料在蓄光纽扣中的应用

8.3.1　蓄光纽扣的制备

由于蓄光型发光材料的种类众多,选用 $SrAl_2O_4:Eu^{2+}$,Dy^{3+} 蓄光型发光材料进行样品制作与分析。实验用到的原料有:$SrAl_2O_4:Eu^{2+}$,Dy^{3+} 蓄光型发光材料、环氧树脂

A 胶、固化剂 B 胶。蓄光纽扣制备工艺如图 8-5 所示。将实验室制备的 $SrAl_2O_4$：Eu^{2+}，Dy^{3+} 蓄光型发光材料使用 300 目和 200 目的过滤网进行过筛,选出大小均匀的粉体。$SrAl_2O_4$：Eu^{2+}，Dy^{3+} 蓄光型发光材料、A 胶、B 胶按照化学计量比用电子秤进行称量,置入混胶杯中,为精确称取所需原料,称取时应先称 A 胶、B 胶,再称取蓄光型发光材料。称量好的混合物先使用手工搅拌 5～10 min,再使用行星式重力搅拌机进行深度搅拌使各种原料完全混合。将得到的混合液装到点胶机针管中,使用点胶机将混合料依次滴入夹具上的填充型纽扣。最后将纽扣放入电热鼓风干燥箱中在 120 ℃下烘烤 30 min,取出冷却至室温,装袋待测试。

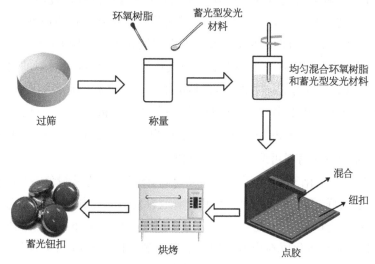

图 8-5　蓄光纽扣的制备工艺

8.3.2　蓄光纽扣物相与结构分析

图 8-6 为 $SrAl_2O_4$：Eu^{2+}，Dy^{3+} 蓄光型发光材料和蓄光纽扣的 SEM 图,其中图 a～d 为蓄光型发光材料 SEM 图,图 e～h 为蓄光纽扣 SEM 图。通过对比可以观察出两者的明显变化。

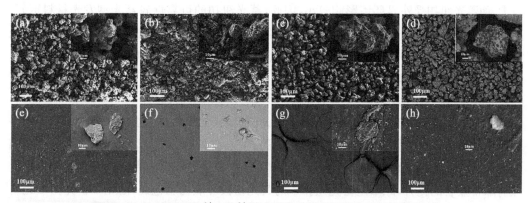

图 8-6　$SrAl_2O_4$：Eu^{2+}，Dy^{3+} 蓄光型发光材料和蓄光纽扣的 SEM 图

  图 8-6a 和 e 分别为未进行老化实验的 $SrAl_2O_4$：Eu^{2+}，Dy^{3+} 蓄光型发光材料和蓄光纽扣微观表面图，从图中可以明显地看出蓄光型发光材料被 A 胶、B 胶包裹后，表面变得平坦整齐，但表面有少量的块状颗粒。这说明虽然粉体经过筛子过筛的均匀粉体与 A 胶、B 胶混合后搅拌不够均匀，粉体与胶水结合形成块状沉淀物，如果存在的块状沉淀物较多时，对纽扣整体的发光有一定的影响，因此在选择纽扣做老化实验时，应先观察纽扣表面是否整洁，避免选择形貌不好的纽扣。

  图 8-6b 是经过 144 h 高温高湿老化试验的 $SrAl_2O_4$：Eu^{2+}，Dy^{3+} 蓄光型发光材料，图 8-6f 是 500 h 高温高湿老化后的蓄光纽扣。从图 8-6b 中可以看出，存在大量的块状物体，这是由于粉体在高温高湿环境中发生水解反应的剩余产物和蓄光型发光材料的结合物，但表面却是光滑整齐的，这是由于用来固化蓄光型发光材料的环氧树脂和固化剂具有良好的防水特性，另一方面是环氧树脂和固化剂填充了 $SrAl_2O_4$：Eu^{2+}，Dy^{3+} 蓄光型发光材料之间的空隙，有效防止了外界的水与其接触，大大提高了材料的耐水性。此外，观察图 8-6f 发现其表面存在一些凹坑，这是由于蓄光纽扣表面存在如图 8-6e 表面的块状沉淀物与纽扣整体固化不牢，在 85 ℃ 的高温高湿环境中被水冲击后残留坑洞。上述说明蓄光纽扣的耐水性比裸露的粉体更好，稳定性更高，因此高亮度、高性能的 $SrAl_2O_4$：Eu^{2+}，Dy^{3+} 蓄光型发光材料可应用于蓄光纽扣。

  图 8-6c 是氙灯老化 144 h 的蓄光型发光材料，图 8-6g 为黄绿色蓄光纽扣经过 500 h 氙灯老化后的表面样貌。从图 8-6g 中可以清地看到蓄光纽扣的表面出现了裂纹，并且裸露在表面的颗粒变得粗糙，这是因为在高温和高曝光的环境下环氧树脂发生了明显的热氧化降解，其表面热氧化层在应力作用下引发开裂。图 8-6h 为黄绿色蓄光纽扣经过 12 h 高低温循环冷热冲击老化后的状态，可以清晰地看到蓄光纽扣的表面颗粒变得粗糙，粗糙的表面影响了蓄光型发光材料的发光效果，因此经高低温循环冷热冲击老化对蓄光型发光材料发光效果是存在一定影响的。

8.3.3 蓄光纽扣余辉特性分析

  图 8-7 为三种老化实验在同一 365 nm 紫外灯照射不同时间的 $SrAl_2O_4$：Eu^{2+}，Dy^{3+} 蓄光纽扣辉光图。从图中可以看出，$SrAl_2O_4$：Eu^{2+}，Dy^{3+} 蓄光型发光材料受到外界的环境影响较大，而蓄光纽扣受外界环境影响较小，因此，蓄光纽扣的可靠性较蓄光型发光材料更好，其原因是蓄光纽扣中的蓄光型发光材料被性能优异的环氧树脂保护。从图 8-7 可直观地看出蓄光纽扣受冷热冲击老化的影响最小，其次是高温高湿老化，影响最大的是氙灯老化。

8.3.4 蓄光纽扣可靠性分析

1）高温高湿老化分析

  图 8-8 为蓄光纽扣高温高湿老化的 PL 光谱图、PL 衰减图及其色坐标图。从图 a 中可以看出，随着老化试验的进行，蓄光纽扣发光中心波长峰值逐渐减弱，其衰减曲线如图 b 所示，当老化时间为 500 h，亮度降低了 30%。相对于荧光粉的高温高湿老化亮度的衰减有非常显著的提升，原因是蓄光纽扣中的荧光粉被环氧树脂包裹，防止了蓄光型发光材料与水接触发生水解反应，这在色坐标图中也得了验证。从图 c 中测得的蓄光纽扣发光

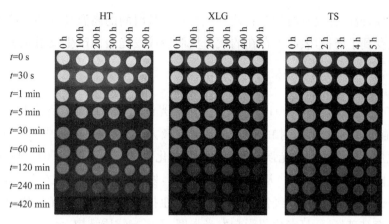

图 8-7　三种老化实验在同一 365 nm 紫外灯照射不同时间的 $SrAl_2O_4$：Eu^{2+}，Dy^{3+} 蓄光纽扣辉光图

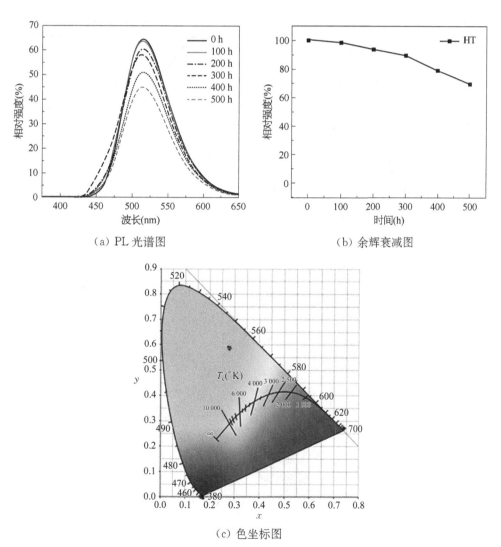

（a）PL 光谱图　　　　　　　　　　　　（b）余辉衰减图

（c）色坐标图

图 8-8　蓄光纽扣高温高湿老化的 PL 光谱图、余辉衰减图及色坐标图

颜色几乎不变,说明并没有新的产物使颜色偏移。长时间的高温高湿环境使得蓄光纽扣的发光表面受到了磨损,表面上存在的大量坑洞造成发光表面产生反射是中心波长亮度衰减的原因之一。

2) 氙灯老化分析

图8-9为蓄光纽扣经500 h氙灯老化的PL光谱图、PL衰减图及色坐标图。从图中可以看出,氙灯环境对蓄光纽扣的发光强度具有较大的影响,从图b中可以明显看出,经过氙灯老化后的蓄光纽扣发光强度较高温高湿老化明显降低了,经500 h的氙灯老化后中心波长强度降为原来的45%。从图c中可以看出,发光夜色并没有发生偏移,结合图a发光中心波长未发生偏移,说明经氙灯老化的蓄光纽扣内的蓄光型发光材料的带隙能量和晶体结构没有被破坏,氙灯老化仅影响发光强度,不影响物质结构。

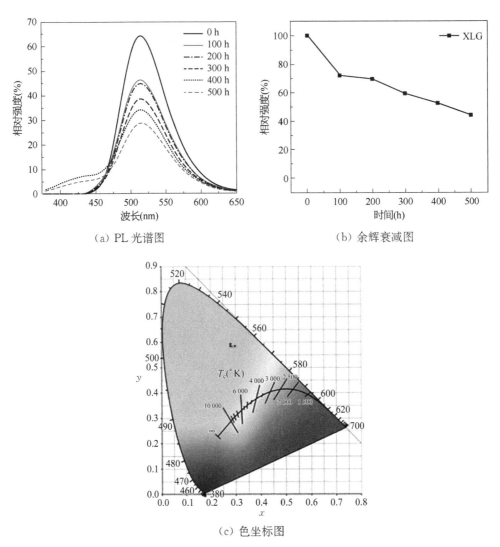

(a) PL光谱图   (b) 余辉衰减图

(c) 色坐标图

图8-9　蓄光纽扣经500 h氙灯老化的PL光谱图、余辉衰减图及色坐标图

3) 冷热冲击老化分析

图 8-10 为蓄光纽扣冷热冲击老化 PL 光谱图、PL 衰减图及色坐标图。从图上可以看到经过冷热冲击后发光中心波长强度衰减较小,经冷热冲击 12 h 后,强度衰减了 17%,在图 b 中可以看出,中心波长强度衰减曲线较平缓,说明冷热冲击对蓄光纽扣的发光影响相对较小,蓄光纽扣在冷热冲击环境下的可靠性较高,图 c 说明了这一结论,即蓄光纽扣的发光颜色在老化前后是没有任何变化的。

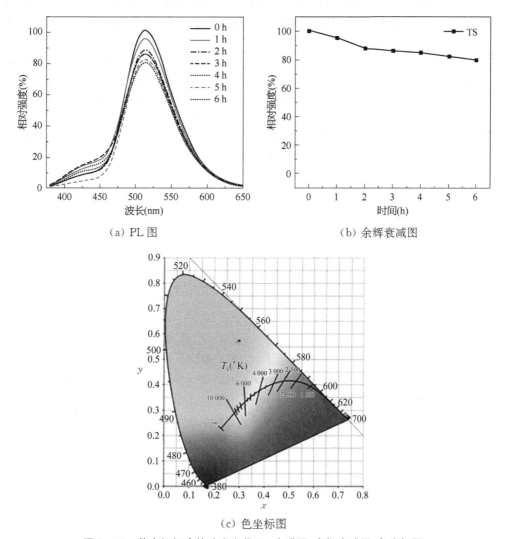

(a) PL 图　　　　　　　　　(b) 余辉衰减图

(c) 色坐标图

图 8-10　蓄光纽扣冷热冲击老化 PL 光谱图、余辉衰减图、色坐标图

参考文献

[1] Liu Z R, Zhong R X. Green and red long lasting phosphorescence (LLP) in Y-Zn₃(PO₄)₂: Mn²⁺/Ga³⁺[J]. J. Alloys Compd, 2013,556: 6-11.

［2］ Shi L R，Zhang J C，Li H H，et al. Afterglow luminescence properties and mechanism of novel orange afterglow phosphor：$Ca_2Sb_2O_7$：Sm^{3+}［J］. J. Alloys Compd，2013，579：82 − 85.

［3］ Nazarov M，Brik M G，Spassky D，et al. Structural and electronic properties of $SrAl_2O_4$：Eu^{2+} from density functional theory calculations［J］. J. Alloys Compd，2013，573：6 − 10.

［4］ Zhang J C，Qin Q S，Yu M H，et al. The photoluminescence afterglow an up conversion photostimulated luminescence of Eu^{3+} doped Mg_2SnO_4 phosphors［J］. J. Lumin，2012，13：23 − 26.

［5］ Shin H，Ullah S，Chung K. Effect of nominal substitution of Dy^{3+} for host cations in $SrAl_2O_4$：Eu^{2+} phosphor on phase evolution and long afterglow luminescence［J］. J. Alloys Compd，2012，544：181 − 187.

［6］ Li W Y，Liu Y L，Ai P F. Synthesis and luminescence properties of red long-lasting phosphor Y_2O_2S：Eu^{3+}，Mg^{2+}，Ti^{4+} nanoparticles［J］. Mater. Chem. Phys，2010，119：52 − 56.

［7］ Kshatri D S，Kahre A. Characterization and optical properties of Dy^{3+} doped nanocrystalline $SrAl_2O_4$：Eu^{2+} phosphor［J］. J. Alloys Compd，2014，588：488 − 495.

［8］ Mei Y H，Xu H，Zhang J C，et al. Design and spectral control of novel ultraviolet emitting long lasting phosphor for assisting TiO_2 photocatalysis：Zn_2SiO_4：Ga^{3+}，Bi^{3+}［J］. J. Alloys Compd，2015，622：908 − 912.

［9］ Duan B C，Zhang J C，Liu X，et al. Tunable blue-white-red photoluminescence and long lasting phosphorescence properties of a novel zirconate phosphor：$La_2Zr_2O_7$：Sm^{3+}，Ti^{4+}［J］. J. Alloys Compd，2014，587：318 − 325.

［10］ Feng P F，Zhang J C，Wu C Q，et al. Self-activated afterglow luminescence of un-doped $Ca_2ZrSi_4O_{12}$ material and explorations of new afterglow phosphors in a rare earth element-doped $Ca_2ZrSi_4O_{12}$ system［J］. Mater. Chem. Phys，2013，141：495 − 501.

［11］ Shi M M，Zhang D Y，Chang C K. Tunable emission and concentration quenching of Tb^{3+} in magnesium phosphate lithium［J］. J. Alloys Compd，2015，627：25 − 30.

［12］ Katsumata T，Nabae T，Sasajima K，et al. Effects of composition of the long phosphorescent $SrAl_2O_4$：Eu^{2+}，Dy^{3+} phosphor crystals［J］. J. Electronchem. Soc，1997，144：243 − 245.

［13］ Jin Y H，Hu Y H，Chen L，et al. Luminescent properties of a red afterglow phosphor Ca_2SnO_4：Pr^{3+}［J］. Opt. Mater，2013，35：1378 − 1384.

［14］ Jahan M S，Cooke D W，Hults W L，et al. Thermally stimulated luminescence from commonly occurring impurity phases in high-temperature superconductors［J］. J. Lumin，1990，47(3)：85 − 91.